20世纪
中国审美价值论研究

殷学明等 著

齊魯書社

目 录

导 论

20世纪前半叶,中国长期处于内忧外患、民不聊生的动荡时期。马克思曾如是说:"与外界完全隔绝曾是保存旧中国的首要条件,而当这种隔绝状态在英国的努力之下被暴力所打破的时候,接踵而来的必然是解体的过程,正如小心保存在密闭棺木里的木乃伊一接触新鲜空气便必然要解体一样。"①可以说,20世纪是中国因暴力突遭解体由旧拓新的蜕变探索的世纪。从价值层面看,"启蒙"与"救亡"成为当时中国社会的两大主题。值得注意的是,中国由近代走向现代的价值追求并不是仅仅通过理性诉求而获得的,反倒是在很大程度上经过了审美渗透而完成了转化。换句话说,审美追求与价值诉求相结合是20世纪中国社会发展、文化前进的重要动力。不管是梁启超追求"不有之为"的人生而掀起的"小说界革命",还是蔡元培"以美育代宗教"对国民的拯救、胡适"致用即真理"的实用主义追求、鲁迅"摩罗诗人"的呼唤以及李泽厚"以美启真,以美储善"社会美学的探求等,都体现了20世纪中国审美价值论的深刻印迹。

毋庸置疑,20世纪中国审美价值论是充满着矛盾和焦虑的一种观念和思想。首先,在其思想深处就存在着无功利的审美与功利的价值追求的矛盾,即审美与价值本身就是难以调和的矛盾体。其次,在中国传

---

① (德)马克思、恩格斯:《马克思恩格斯选集》(第2卷),人民出版社1972年版,第3页。

统美学观念与现代价值实现上也充斥着焦虑色彩。一方面,20世纪中国的知识分子对传统审美观念有着割舍不断的文化情结;另一方面,他们又对西方现代文明有着近乎狂热的追求和羡慕。这一切的矛盾与焦虑在当时中国的特殊社会环境下又实现了难以置信的高度统一。20世纪中国审美价值论研究以人的终极关怀、深厚的历史积淀、鲜活的当下性,实现了逻辑与历史、理论与实践的完美融合。20世纪中国审美价值论是如何发生的?其本质性特征以及价值归宿又是什么?这是探讨20世纪中国审美价值论的题中应有之义,也是我们研究相关课题的价值与意义所在。

一

中国人对美的感性认识以及价值追求由来已久,如《诗经·鄘风》"美孟姜也",《论语》"子谓韶,尽美矣,又尽善也",以及《庄子·齐物论》"毛嫱丽姬,人之所美也"等;中国人对美也有足够的理性认识,如"羊大为美",《说文解字》曰:"美,甘也。从羊,从大。"但审美一词相对于美的概念则出现得较晚,郑玄笺,孔颖达疏《毛诗正义》较早地出现了审与美的组合。《毛诗正义》曰:"又当恭敬尔在朝之威仪,使教令威仪无不安审美善。"①《毛诗正义》中的"审美"并不是以独立词的形态出现的,而是以"安审美善"的短语形态来释义的。但从意义的层面上看,"安审美善"已具有了一定的审美意义。

在中国美学史上,将审美作为一门学问的理性认识,清代的徐珂功不可没。徐珂曰:"若戏,则喜怒哀乐,心理学也;抬步技击,体育学也;化装扮演,审美学也";"冶游为审美之作用,爱妓之色也。观剧亦审美

① (东汉)郑玄笺,(唐)孔颖达疏:《毛诗正义》,载阮元校刻:《十三经注疏》,中华书局1980年版,第555页。

之作用,爱伶之色也。"(《清稗类钞》)徐珂将审美学界定为"化装扮演",将审美之作用简单化为"爱妓""爱伶"之色,虽失之偏颇,但徐珂将审美作为一门学问进行理性的观照还是有其积极历史意义的。中西合璧的美学家、思想家王国维将审美一词推向现代化,有学者认为"审美"一词是王国维"第一次引进"的。1901年王国维译的《教育学》一书中,就较早出现了"美感""审美""美术""审美哲学""审美的感情""宏大"等现代美学词汇。王国维在《叔本华与尼采》一文中认为:"彼俄焉委其一身于审美的直观与艺术的制作,俄焉而欲展其意志,展其本能,展其情绪。"在《叔本华之哲学及其教育学说》中王国维又指出:"独叔氏送其一生于宇宙人生上之考察与审美上之瞑想;其妨此考察者,独彼之强烈之意志之苦痛耳。"①王国维持"超功利"的美学观,认为美的性质即"可爱玩而不可利用者"。审美是人生摆脱苦痛的一种解脱之道。王国维、蔡元培、鲁迅等人积极地将"审美"一词推向了现代品性。1903年蔡元培译著的《哲学要领》则最早介绍了美学的词源及其本义。其言曰:"美学者,英语为欧绥德斯 Aesthetics,源于希腊语之奥斯妥奥,其义为觉为见。故欧绥德斯之本义,属于知识哲学之感觉界。康德氏常据此本义而用之,而博通哲学家,则恒以此语为一种特别之哲学。要之美学者,固取资于感觉界。"②真正现代意义上的"审美"一词亦如美学一样都是舶来品,它或从日本转译过来,抑或从欧美直译。《汉语外来词词典》就将"审美"一词列为源日的原语借词,来华传教的英国人罗存德1866年所编的《英华字典》将美学译为"佳美之理"和"审美之理"。

审美是人对美超功利的感性观照,人的审美追求在于提高人的精神

① 谢维扬、房鑫亮主编:《王国维全集》(第1卷),浙江教育出版社2009年版,第91~92页、44页。

② 转引自黄雁鸿:《晚清时期美学在中国的发展历程与早期留学生》,《人文杂志》2008年第5期。

境界、健全鲜活的人性，建构一个和谐诗性的对话机制，从而实现人与世界良性、和谐的发展。这是现代启蒙观念下对审美当下意义的界定。但中国古代对美的认识不是概念、理性的，而是感悟、印象的；不是客观的审美判断，而是诗性的审美体验。于是我们在对中国"审美"一词进行"考古发掘"时就带有很强的学术投机和冒险之嫌——审美终究不是中国的发明。我们考察中国"审美"一词的渊源是为了"告诸往而知来者"，虽然"审美"一词不是中国的土特产，但毕竟是20世纪的中国出现频率很高的关键词。王国维、蔡元培等人是在中国的美学土壤中将西式审美激活的，于是溯源中国的"审美"一词又是接续历史、传承未来的必由之路。

对"价值"这一概念范畴，我们认为它不是事物存在本身的问题，而是事物存在对人的意义的问题，抑或说事物存在失去人也就失去了价值意义本身。宇宙原本无所谓价值，价值只是相对于人生成的意义。这并不意味着价值对人的纯主观存在意义，价值也有其客观约定性。价值是一定时期主体在改造客体世界时所生成的一种特殊关系，价值既非主观的，也非客观的，它是主客观的统一。价值有时代性、民族性、地域性等特点。关于中国古代对价值的认识问题，王国维认为："抑我国人之特质，实际的也，通俗的也；西洋人之特质，思辨的也，科学的也，长于抽象而精于分类……至分类之事，则除迫于实际之需要外，殆不欲穷究之也。"①中国人不同于西洋人，中国人具有强烈的实际功利价值取向，对时事善于做道德的、伦理的、政治的价值判断。《毛诗序》曰："故正得失，动天地，感鬼神，莫近于诗。先王以是经夫妇，成孝敬，厚人伦，美教化，移风俗。"曹丕云："盖文章，经国之大业，不朽之盛事。年寿有时而尽，荣乐止乎其身，二者必至之常期，未若文章之无穷。"(《典论·论文》)可以说，传统中国是一个

---

① 姚淦铭、王燕编:《王国维文集》(第3卷)，中国文史出版社1997年版，第40页。

价值取向色彩浓厚的国度，它不仅表现在道德、政治、文化、历史方面，还深刻地渗透在文学、绘画、音乐等艺术方面之中。

需要指出的是，中国人的价值判断并不是硬性的说教，而是审美的诗性判断。中国人一方面特别重实际，表现出强烈的价值取向性，但同时具有令人难以想象的超脱和诗化特征。这是我们中国传统审美价值判断的“这一个”，具有鲜明的两极相对而又两极相成的特色。可以说，“审美价值”这一概念范畴是审美愉悦与价值功用的完美结合。审美价值判断是基于民族的、文化的因子，对历史、现实、未来的客体所做的美学取舍判定。审美价值不同于道德价值、功利价值、法律价值等纯理性的文化取舍判定，审美价值直接地是无功利的，但间接地或内在地又隐伏着某种功利性；审美价值表层上是形象的、可感的，但深层上又是理性的、深度的；审美价值主观上“诗言志”地表达情感评价，但客观上也“润物细无声”地表达理智认识。审美价值既非主观的，也非客观的，而是主客观的统一。比如龙和凤这两个意象，对中国人来说是具有深厚的审美价值效应的，但对西方人来说可能毫无审美价值可言。因为龙和凤是中国人在中国这个特殊的环境里与客体自然发生关系并改造客体自然时所积淀起来的主客观统一体。审美价值不仅是主客观的统一，而且具有鲜明的时代性和民族性等特点，不同时间里有不同的审美价值取向，不同空间里亦有不同的审美价值体验。苏联美学家列·斯托洛维奇在《审美价值的本质》中认为：“‘审美’这个术语简略地表明人对现实、对世界的审美关系，在这种意义上‘审美’由形容词转变为名词。”“审美价值在功利价值的基础上产生，然后成为它的辩证对立面。不错，审美价值以摆脱直接物质需要的某种自由为前提，它要求对自身的无私态度。”①

---

① (苏)列·斯托洛维奇：《审美价值的本质》，中国社会科学出版社 1984 年版，第 88 页。

近几十年来,对审美价值的研究渐趋火热,出版了大量的专著、译著,主要有黄凯锋《审美价值论》(2005年)、孙绍振《审美价值结构与情感逻辑》(2000年)、杨曾宪《审美价值系统》(1998年)、(苏)列·斯托洛维奇《审美价值的本质》(1984年)、H. A. 梅内尔《审美价值的本性》(2001年)等。据不完全统计,从1980年至2008年单以审美价值为题的学术论文就多达1155篇。比如杜书瀛《审美价值的生产》、石观海《论宫体诗的审美价值》、庞希云《人心与灵魂:中西文学人文关怀的审美价值指向》、刘洁《从〈敦煌歌辞〉中乐妓形象看中古时期中国文化审美价值体系的多元化态势》、张之沧《论人生的审美价值》、黄力之《审美价值的重建与现代性资本逻辑的反思》、张涵《审美价值应作为文艺批评的根本标准》等。

不管新世纪对审美价值的概念内涵如何进行扩容,对20世纪中国审美价值概念的认定都应该锁定当时的历史语境,这样才能对20世纪中国审美价值的本质论、特征论以及价值论本身做出科学、合理的判断。我们认为,20世纪中国审美价值论是在中国传统审美价值观的土壤里引进西式的美学种子而生根发芽的,并历经升华而成为百花园中的奇葩。这是我们对"20世纪中国审美价值"这一概念范畴所做的基本界定。

二

对"20世纪中国的审美价值"这一概念范畴作基本界定是基于"名不正,则言不顺;言不顺,则事不成"的古训,只有概念范畴明晰了,我们才能"寻声律而定墨"。在对"审美价值"这一概念进行"名正"以后,我们必须"寻声律"。何谓20世纪中国审美价值论的"声律"? 我们认为,将审美价值论发生、发展、式微的过程描画出来,审美价值论在中国的律动也就自显,继而中国的审美价值论之本质、特征的"墨"亦可衡定。

关于20世纪审美价值论在中国的发展,我们认为主要经历了理论发轫期、实践创作期、隐在式微期、勃兴发展期、颠覆解构期、化归和解期。

（一）理论发轫期

20世纪中国的审美价值论不同于西方,在诞生的初期它就以深度的理论出场,是“早熟的儿童”。中国的审美价值论这种独特的“早熟”品性是基于中国特殊的社会环境——内忧外患,国破民困,经济上贫穷落后,文化上保守不前,政治上专制分裂,民智上愚昧麻木……于此情境之中,造就了先进知识分子的现代性忧虑,或求民智启蒙,或文化批判,或经济救国,或政治图强,“拿来”“唯新”成为中国大批知识分子图强的共鸣。从晚清一直到五四新文化运动前后,大量西方思想、文化、主义喷薄地涌入中国,审美价值论亦在其列。黑格尔、康德、尼采、叔本华、柏格森、马克思等人的美学思想传入中国并生根发芽,形成了中国特色的审美价值论。中国审美价值论的理论发轫期主要有两种审美价值论:一种是以梁启超、王国维、蔡元培、胡适、宗白华等人为代表的西式派,他们或求文化生存,实现解脱之道;或启蒙民智,求得美育代宗教;或体验生命,得以美学散步……另一种是以李大钊、陈独秀、毛泽东、瞿秋白等人为代表的马克思主义审美价值论,他们“按照美的规律创造事物”,寻求整体,反对个体,追求深度,反对平面,具有较强的意识形态性。

（二）实践创作期

从晚清一直到五四新文化运动,中国的审美价值论完成了深厚的理论发轫。从五四新文化运动到30年代,中国的审美价值论开始运用到实践创作之中,不管是马克思主义的作家群,还是信奉自由的非马克思主义的作家都创作了大量优秀杰出作品,此时是中国的审美价值论得以诗性具体展开的创作黄金期。鲁迅的《呐喊》和《彷徨》、郭沫若的《女神》、巴金的《家》、老舍的《骆驼祥子》、茅盾的《子夜》、曹禺的《雷雨》、沈从文的《边城》、萧红的《生死场》等创作高潮迭起。他们或对国民性加以揭示、批判、启蒙，或对人性加以深度挖掘，或真实反映中国的现实，救人民于水火，或张扬个性，讴歌自由……可以说，从五四新文化运动到 20 世纪 30 年代，中国文学的创作高峰与晚清以来的审美价值论的理论发轫有着直接的渊源——理论发轫直接引发了实践创作的高峰，实践创作的高峰是审美价值论的具体展示和运用。

（三）隐在式微期

中国审美价值论于 20 世纪 30 年代式微，深度的审美价值理论缺失，宏大的创作减少。究其原因，主要是 20 世纪 30 年代以后中国内在方面出现混战，外在方面日本发动侵华战争致使中国的经济、政治、文化、思想碎片化，原有的审美价值论逐渐瓦解。此时人们更为关注的是人的生存、民族的独立、国家的富强，审美更加让位于价值。在严峻艰苦的生死环境里，审美的合法性甚至受到了怀疑。正因如此，我们才认定三四十年代是中国审美价值论的隐在式微期。这个时期中国审美价值论弱化审美，突出意识形态性，否定碎片，认同整体性、纪律性……

值得庆幸的是，在非马克思主义审美价值论废墟上，大众化整体性的马克思主义审美价值论开始崛起。通俗易懂、短小精悍的“鼓点式”作品大量出现，尤其是进入 40 年代，毛泽东在延安文艺座谈会上的讲话的发表标识了新的审美价值论——马克思主义审美价值论趋于成熟。在马克思主义审美价值论的指导下，解放区的文学通俗化运动如火如荼地展开，田间的诗、赵树理的小说、艾青的《我爱这土地》成为时代主题性旗帜。别样的孤岛文学偏安一隅，也进行着隐在的文学创造和理论建构。三四十年代是中国两大审美价值论——马克思主义与非马克思主义审美价值论互为消长的激烈斗争期，在斗争中马克思主义审美价值论开始凸显出来。马克思主义与非马克思主义审美价值论的斗争是中国审美价值论重组的表征。审美价值论重组是中国审美价值论完善、深度发展的必由之路，在审美价值论重组期内却是中国审美价值论隐在式微之时。三四十年代虽然中国亦出现了大量的作品和审美价值论,但较之于前一时期,无论在理论深度上还是精品数量上都是难以匹敌的。

(四)勃兴发展期

1949 年新中国的成立终结了国内混乱局面,完成了民族独立,为中国的审美价值论复苏提供了良好的土壤。中华人民共和国成立初期,我国主要移植了苏联的审美价值体系。20 世纪 50 年代,中国大规模地学习和引进苏联的马克思主义文艺美学体系,将季莫菲耶夫、毕达可夫等人的文艺美学奉为经典,并形成了所谓的“苏联模式”。20 世纪中国美学史上共出现了三次“美学热”。20 世纪初王国维、蔡元培、梁启超、朱光潜、宗白华等积极介绍西方美学,掀起了中国第一次理论自觉的“美学热”。中华人民共和国成立后的五六十年代,朱光潜、蔡仪、吕荧等人的美学大讨论掀起了中国第二次“美学热”。七八十年代,李泽厚的马克思主义实践美学的崛起触发了中国第三次“美学热”,随之刘再复的性格组合论、刘纲纪的实践本体论、蒋孔阳的实践论美学等不同的审美价值理论喷涌勃发。可以说,20 世纪 50 年代到 80 年代是中国审美价值理论的勃兴发展期。

(五)颠覆解构期

20 世纪中国浮现的三次“美学热”都有追求深度的美学价值,追求一种整体性、建构性、一元性、中心性的美学品性。进入 20 世纪末尤其是 90 年代以后,随着我国改革开放的逐步深入,经济飞速发展,商品意识滋生蔓延,人们原有的观念、思想被摧毁、颠覆,深度美学的深度亦被消融、瓦解。由此,否定性美学得以大写、凸显。暴力美学、肮脏美学、网络美学、垃圾派、世纪末一族等开始进入人们的视野。人们不再追求深度的整体,而是平面的碎片;不再向往中心的狂欢,而是向往边沿的自赏;不建构,而是解构,解构崇高、解构权威、解构历史……解构一切!出现水煮、大话、去经典的“审丑”现象——20 世纪末,中国进入了审美价值的反题阶段——颠覆解构期。

（六）化归和解期

中国的审美价值论在20世纪末颠覆解构的同时孕育着新的生命——网络审美价值论。此时中国审美价值取向出现了激烈的动荡：由审美滑向审丑、整体化归碎片、建构抛向解构、理性转向感性……审丑的否定性解构与审美的整体性建构对抗、反思后，最终实现了美学的和解——网络审美价值论的崛起。网络审美价值论是随着网络技术的提升、赛博空间的开拓、网络文本的生成、网络群体的结集而逐渐展示出来的，网络审美价值论取消了对立性的意识形态话语专断，实现了平等、民主、即时互主性的虚拟对话。网络审美是声音、形象、文字的多维体验，给视觉、听觉、触觉以更大的震撼和冲击等。网络审美在人类审美史上具有哥白尼式的革命性功绩，势必对传统审美价值观产生巨大冲击力，甚至影响到人们生活方式的重新选择。网络审美为人类生存提供了新的和解价值。当然，网络审美价值论在其初创阶段不可避免地也出现了很多负面效应，但网络审美价值论终归是时代赋予审美价值论的新指向，它会经过反思而走向成熟和完善。

以上我们为20世纪中国审美价值论做了一种粗浅的历史描画，商榷与争议确乎难免，但我们看重的并非历史分期本身，而是现“象”本身。在历史分期中我们至少可以现“象”出审美价值论的形态类型。20世纪中国审美价值论从价值的指向上看可分为两大类：一类是注重审美的主体性价值，强调审美活动的超越性解脱和无功利性，认为审美最重要的价值是提升精神境界，学会用美学的眼光看待生活，并通过审美实现人美学的生活价值；另一类是注重审美的客观性价值，强调审美活动的现实功利性价值，认为审美最重要的价值是改变人生、改造社会，是创造美好未来的有力工具。从生成的主体看，主要有马克思主义审美价值论和非马克思主义审美价值论两大形态，马克思主义审美价值论又分左、右派两种不同的审美价值论，非马克思主义审美价值论内部更是形态各异。从接受渊源上看,20 世纪中国审美价值论的形成渊源是多方位的,主要有来自欧美的审美价值论、苏联的审美价值论、日本的审美价值论、中国传统审美价值论等,在引进的基础上形成了 20 世纪中国审美价值论纷呈各异的形态类型。我们对 20 世纪中国审美价值论进行粗浅的历史分期,现"象"20 世纪中国审美价值论的形态类型,正如海德格尔所说:"道路,而非著作。"

三

20 世纪中国审美价值论历史现象的诗性还原过程就是其本质论、特征论的展示过程,因为现象是本质的现象,现象是特征的感性显现。我们认为,20 世纪中国审美价值论的特征主要可概括为以下几个方面:

第一,20 世纪中国审美价值论带有浓郁的现代性焦虑特征。从分期上看,现代性焦虑贯穿于 20 世纪中国美学历史的始终,尤其是五四时期和七八十年代中国审美价值两大理论高潮更为显明。先进的美学家都抱着急切的"拿来主义"和"唯新思想"大量地引进现代的美学思想和价值观念,带着浓郁的现代性焦虑,或启蒙,或革命。从思想上看,这种焦虑体现在思想的二重性所构成的二律背反。中国特殊的国情使中国先进的知识分子面临一个难以逾越的鸿沟——传统文化与西方文化的碰撞取舍。在我国对"现代性"的体认不是"原生态性"的,而是在西方现代性的冲决下一种被迫面对的事态,因而"现代性"对于中国来说只是一座"围城",它没有历史的土壤和事态的文化积淀。中国在经历了工具技术层(洋务运动)→制度美学层(戊戌变法)→革命救亡层(辛亥革命)→启蒙模式层(五四运动)"一个事件" 引发了"另一个事件"走向现代化的艰难啮合探索后,要真正实现西方的现代化就必须引进西方文化,而引进西方文化就必须斩断自己赖以生存的文化根。这是难于取舍的悖论。这种悖论造成了中国的现代性焦虑,于此矛盾、彷徨、苦闷等二重性的思想滋生蔓延。王国维、茅盾、郭沫若、朱光潜、李泽厚……都承载着这种焦虑,鲁迅的《彷徨》、郭沫若的《女神》、郁达夫的《沉沦》、路遥的《平凡的世界》《人生》……都是焦虑的鲜活展示。这种二重性现代性焦虑伴随着中国审美价值论发生、发展以及终结。所以说,不管从启蒙还是从革命的意义上看,使中国走向现代性是20世纪中国审美价值论的指向所在,而现代性焦虑亦成为中国审美价值论的重要特征。

第二,20世纪中国审美价值论带有强烈的意识形态特征。意识形态也称观念形态,是历史唯物主义基本范畴之一。它包括认识、情感、思想、意志等要素,用表象、概念、观念反映现实的或历史的社会生活,也可以描绘未来。从外在特征上看,中国特殊的国情使得20世纪中国审美价值论带上了浓郁的现代性焦虑特征;从内在品质上看,中国特殊的国情则使得中国审美价值论带上了强烈的意识形态尤其是政治意识形态的特征。早期的理论家王国维、蔡元培、宗白华、朱光潜等人以及20世纪80年代的美学家引进的西方美学一般是美本身问题,康德的"无目的的合目的性"、柏格森的生命哲学、尼采的超人哲学、叔本华的强力意志等都是从人自身出发而回归人自身,是一种无功利的合功利性以及无规律性的合规律性统一。但当这些思想的种子被撒进中国的土壤时,新的成果就烙上了强烈的忧患意识,具有强烈的意识形态特征。20世纪中国审美价值论不再是从人自身出发而回归人自身,而是从人自身出发而发散到社会、民族、政治等领域,具有强烈的济世情怀和任整体而排个体的文化倾向。

1919年李大钊与胡适关于马克思主义和实验主义的"问题与主义"之争;李大钊、瞿秋白和梁启超、梁漱溟在20世纪20年代还进行了一场"东西文化论战";1922年3月起,文学研究会作家沈雁冰、郑振铎与创造社作家郭沫若、郁达夫等又发起激烈而持久的论战,这场论战与其说是"为人生"与"为艺术"的不同文艺观念的论辩,不如说是审美意识形态的较量。后来"左联"的成立、延安文艺座谈会上的讲话、新中国"二为方针”的制定,都体现了20世纪中国审美价值论带有强烈的意识形态特征,无功利、纯个体的审美价值取向在20世纪中国特殊的语境中是得不到认可的,当然也不能认可。强烈的意识形态性是20世纪中国审美价值论的取向和又一重要特征。

第三,20世纪中国审美价值论具有下位关怀的美学特征。从发展的历史看,20世纪中国审美价值论的发展是美学逐渐下移、逐渐日常化的过程。王国维的“解脱之道”→蔡元培“美育代宗教”→鲁迅的“哀其不幸”→毛泽东的“为工农兵服务”→赵树理的“山药蛋派”→中华人民共和国成立后全民写诗时代……文化的、审美的逐渐下移成为时代的主流。五四时期的白话文运动,与其说是语言学的革命,不如说是中国美学思想的下位关怀革命。平等、民主、科学是粉碎专制并转型为下位关怀的有力号角。

从中国传统审美价值论与20世纪中国现代审美价值论的区别上看,20世纪中国审美价值论具有鲜明的下位关怀特征。传统审美价值论是一种上位关怀,即上层群体(高官、诗人、哲人……)的审美价值效应圈内关怀。当然,古代也有不少诗词文赋表现下层人民的疾苦,但这大多是上层对下层的同情与怜悯,构不成真正意义上的下位关怀。当清政府解体,社会开始由旧拓新的蜕变,每个中国人都被卷入碎片的重组,下位关怀是时事的必然,这种审美价值观甚至一直延续至今。我们今天所说的“日常生活的审美化”与“审美的日常生活化”亦是这种下位关怀的当下展示。可以说,20世纪中国审美价值论的下位关怀不仅是其价值论的美学特征,也是中国审美价值论走向现代的重要标志。

第四,20世纪中国审美价值论具有软性诗化特征。梁漱溟指出,中国文化“两大古怪点”之一就是中国人“几乎没有宗教的人生”,但还能诗意地亘古生存。缘何?就是基于软性的诗化中华文化本身。老子在《道德经》中提出了“专气致柔”“柔弱处上”的软性诗化思想。这种思想不仅使中华文化绵绵不息,而且铸就了中国人的审美价值取向。中国进入 20 世纪,进入现代化,虽然受到了西方审美价值论极大冲击,虽然要进行民族解放,凸显意识形态品性,但中国传统审美价值论的软性诗化特征仍然没有变。20 世纪中国审美价值论即使在隐在式微期甚至在三四十年代的艰难环境里,"一个有思想,又且本着他的思想而行动"的梁漱溟韧性地通过"乡村建设运动"来实践自己的审美价值;四面受敌的解放区也创造了人民喜闻乐见的艺术作品……

梁漱溟谈中国文化时说:"一面明明白白有无比之伟大力量,一面又的的确确指不出其力量竟在哪里,岂非怪事!一面的的确确指不出其力量来,一面又明明白白见其力量伟大无比,真是怪哉!怪哉!即此便当是中国文化一大特征——第四特征。"①中国人一方面特别重实际,不穷究,体现出强烈的价值取向性和意识形态性,但同时具有令人难以想象的超脱和诗化特征。我们认为"天人合一""人物亲和"的审美诗化特征是中华民族的软性力量,无比之伟大力量。这是我们中国传统审美价值的"这一个",具有鲜明的中国文化元素特征。

20 世纪中国审美价值论的特征除了具有现代性焦虑、意识形态性、下位关怀、软性诗化特征,还具有双轨演进的特征。所谓"双轨",一是指马克思主义审美价值论,具体指李大钊、陈独秀、毛泽东、郭沫若、瞿秋白、周扬、李泽厚等人的审美价值论,二是指非马克思主义审美价值论,主要包括资产阶级、中间人士的审美价值论,具体指胡适、梁实秋、周作人、林语堂等人的审美价值论。而在双轨演进的间隙之中还游走着更为重要的美学、文学巨匠,诸如鲁迅、朱光潜、梁漱溟、宗白华等人的审美价值论,形成了 20 世纪中国审美价值论的特异景观。20 世纪中国审美价值论还具有形态各异、论说繁复等特征。对 20 世纪中国审美价值论的特征研究,使我们明晰了中国审美价值论"是什么样"的问题,但我们不禁要问 20 世纪中国审美价值论"何以是"即为何是这样子的问题——

① 梁漱溟:《中国文化要义》,上海人民出版社 2003 年版,第 16 页。

20世纪中国审美价值论的本质研究。

首先,对20世纪中国审美价值论的本质研究需要我们"审时度势"。所谓"审时",是指要准确地审定20世纪中国的时代脉搏。20世纪是中国由旧向新的裂变期,抑或说是中国由传统向现代的转型期。20世纪中国审美价值论的本质也就是围绕着中国如何走向现代而阐释自己的价值效应,具体说怎样将中国的传统审美价值论移位到现代审美价值论,继而通过审美这一维度实现中国现代化。传统的文化批判、国民劣根性揭示、黑暗政治的控诉、美好生活的向往等成为20世纪中国审美价值论关注的主题,也成为它产生价值意义的场所。所谓"度势",是指要科学地分析20世纪中国的形势。中国的20世纪是不安多艰的世纪。20世纪前半期,中国处于战争纷繁、民不聊生的严峻形势之下;20世纪后半期,中国虽结束战乱,但天灾等形势亦咄咄逼人。20世纪中国审美价值论通过审美产生自己的价值就是在这个不安多艰的形势下完成的。在此艰难的形势下,民族独立、个体生存成为20世纪中国审美价值论产生价值的必然命题。有鉴于此,20世纪中国审美价值论就不能定格在审美自身上,而是延展到民族、社会、政治、经济、文化以及个体的基本生存上,这些元素铸就了20世纪中国审美价值论强烈的意识形态性和价值取向性。

其次,对20世纪中国审美价值论的本质研究还需要我们"入乎其内"。所谓"入乎其内",是要深入20世纪中国审美价值论的概念内核来把握它的本质。我们应该坦然承认20世纪中国审美价值论是由西方的现代概念范畴(诸如美学、审美、崇高等)作为原料来建构的,这些原料概念不是中国的原生态产品,而是在中西文化碰撞之下产生的新生事物,是一种急切的唯"新"的拿来主义的情由。20世纪中国审美价值论的建构注定了是一种艰难的啮合过程,是一种逐渐反思、迁移、认同的过程。20世纪中国审美价值论的概念范畴虽然是非原生态性而是拿来接种的,但经过概念的磨合、迁移,也形成了文化的、情感的认同,形成了中国特色的现代审美价值论。我们认为,王国维、蔡元培、宗白华等人的审美价值论就是中西审美价值论完美合璧的典范。我们研究 20 世纪中国审美价值论的本质就必须入乎其概念内核,也只有把握住了它的逻辑起点——概念内核,才能更好地研究它的本质。

总之,20 世纪中国审美价值论是在不安多艰世纪里和中国由传统走向现代的艰难跋涉过程中,通过引进大量的西方现代审美价值论,在扬弃中国传统审美价值论的基础上,重新建构起的现代审美价值理论体系,并于此语境之中形成了 20 世纪中国审美价值论的现代性焦虑、意识形态性、下位关怀、软性诗化、双轨演进、形态各异、论说繁复的特征。

四

毋庸置疑,审美与价值这两种相反相成的思想融合不仅始终贯穿于整个 20 世纪,而且它以独特的存在方式不断地改变中国的社会、文化以及文学的面貌。具体来说,我们认为,20 世纪中国审美价值论自身的价值意义主要表现在以下几个方面:

第一,从生存价值意义上看,20 世纪中国审美价值论在转换中国人生存观念和生存方式、增强中国人主体性生存的意识等方面起到了很大的推动作用。蔡元培“以美育代宗教”的思想客观上有着积极的社会意义,更重要的是它给中国人的生存提供了多维度的思考方式;鲁迅打破“黑屋子”,揭示“吃人”的历史,对祥林嫂、阿 Q 等下层人民的生存“哀其不幸”,对孔乙己、魏连殳、吕纬甫等知识分子生存状况的揭示,是“要人类都受正当的幸福”。可以说,20 世纪中国审美价值论积极地推动了中国人对生存的再思考和再选择。

第二,从社会价值意义上看,20 世纪中国审美价值论给中国由传统走向现代以很多理论启示。梁启超由萌芽期的“启蒙新民”到后期的“趣味理想”,完成了“论小说与群治之关系”的社会审美价值功能;蔡元培“以美育代宗教”思想达到了积极地改造社会的目的;鲁迅历经传统审美文化积淀、科学美学的吸收、唯美个性的张扬、深度美学的诉求,实现了解剖社会、改造国民性的夙愿;李泽厚通过“以美启真,以美储善”的方式启迪了民智,促进了社会进步。可以说 20 世纪中国审美价值论对中国走向现代化起到了积极的推动作用。

第三,从生产价值意义上看,审美与革命融合,实现了民族独立、社会的和解;审美与启蒙结合,启迪了民智,美学亦得以升华。当下以经济建设为中心的时代,审美与生产的联姻促进了经济飞速发展,于此情景有人提出“审美也是生产力”。陈炎在《美学与艺术也是一种生产力》中认为:“人们对‘生产力’的认识,是随着人类文明的发展和产业结构的调整而不断深入的。……而在以服务业为代表的第三产业占主导地位的后工业时代,美学和艺术作为生产力的要素也便具有了越来越重要的地位。这种新的生产力要素主要是通过三种途径加以实现的:首先是制造直接用于审美欣赏的精神产品,其次是这种产品的衍生物,最后是实用产品中的审美附加值。”①当下是符号的时代、美学的时代,小区建设诗意化、商品包装美学化、购物环境人性化、城市建设审美化……当下审美促进生产、使产品增值已渐成潮流,审美成了生产力的一部分。

第四,从美学价值意义上看,20 世纪中国审美价值论是美学自身的一次划时代的革命,它将传统美学观念变革为现代美学观念,将上位“象牙塔”美学扭转为下位大众美学,美学走向现代,走向整体,走向价值美学。当美学走向大众,走向价值,美学也就实现了自身价值,完成了传统美学向现代美学的迈进。20 世纪中国审美价值论对审美、崇高、悲剧以及美的本质的现代阐释,都不同程度地张扬了人的主体性,使人在真正意义上感知了美、认识了美,为人的生存和社会的进步提供了智力和美学支持。

---

① 陈炎:《美学与艺术也是一种生产力》,《文史哲》2004 年第 3 期。

为此,我们以点带面选取了梁启超、蔡元培、王国维、胡适、鲁迅、冯友兰、李泽厚等美学家和文学家对审美价值的相关论述,运用念珠贯串之法展开 20 世纪中国审美价值“史”与“论”相结合的研究,以“审美价值”为核心期望再现 20 世纪中国美学的真相。当然,20 世纪中国审美价值论自身的价值意义也是不断生成、不可竭尽的,还是有待挖掘和重新认识的。这也是我们研究的指向所在。具体来说,我们研究 20 世纪中国审美价值论主要有三个目的。

首先,研究 20 世纪中国审美价值论是为了“告诸往”。尽管中国审美价值论已步入崭新的 21 世纪,但新世纪的美学正处于关键的十字路口——美学是无限地越界堕落,还是抽身警醒回到自己的界限? 20 世纪中国审美价值论发展是由内向外、由上至下转变的过程,即由美自身向美外围、由精英到大众转变的过程。这种审美价值无政府主义的极端发展必然导致美学的合法性危机。21 世纪的美学要摆脱危机,走出徘徊的十字路口就必须回溯、反思 20 世纪中国审美价值论的发展路途。

其次,研究 20 世纪中国审美价值论是为了“知来者”。任何研究都应该面向未来,才能实现研究的价值。我们不仅为梳理 20 世纪中国审美价值论的历史而研究,而且要为继往开来的 21 世纪中国美学的发展提供史与论等角度的智力支持。

最后,研究 20 世纪中国审美价值论也是为了一种精神。20 世纪前半期是中国多灾多难的时期,但从中国审美价值论里所透射出的韧性战斗精神、生生不息的美学生存精神、科学求知的探索精神、舍生取义的民族大义精神……都是值得我们后人秉承的。

第一章　梁启超:
追求“不有之为”的人生

作为19世纪末20世纪初的一位思想家、政治家与文学家,梁启超以其传承性的历史身份与传奇性的个人经历彰显了“美学”独特的定义与内涵。美学思想是梁启超整个思想文化体系中的重要部分,体现于其哲学、政论、文艺等领域中,散见于演讲、信件、书稿、论文等媒介中。近年来,对梁启超美学思想的研究,学界已有了较大的开拓和成就,在相关的概念范畴、逻辑脉络、文艺思想等各方面都进行了较为系统的研究,出现了大量的文章、专著,形成了对梁启超美学思想较为全面的认识与较为客观的评价。理论前行的路径是永无休止的。随着美学研究重心由本体论到审美实践论的转移,对梁启超美学思想的研究,也必然要求我们采取新的视角与新的方法。审美价值论作为20世纪美学思想的重要部分,一方面体现于审美活动的具体实践中,另一方面又体现在美学自身的功能定位上。从审美价值论的视角建构梁启超的美学思想体系,对于凸显与把握其美学思想的文化特质、给予其美学思想以准确的历史定位来说,都是极为有利的。

第一节　梁启超审美价值观的形成

社会文化由古典到近代、现代的转型,先天地赋予了时代知识分子以起承转合的历史使命,梁启超正是勇于承担历史使命的知识分子之一。从政治到哲学到文艺,驳杂而不失整饬的梁启超思想体系责无旁贷地承担起了启蒙新民、继往开来的时代任务。具体到美学思想来说,梁启超审美价值观的形成与演化过程亦无不与其本人的政治身份、个人经历息息相关。从现存资料看,梁启超的美学思想与追求活动主要集中于1896年至1928年之间,其间以1918年欧游为界,可分为1896年至1917年的萌芽期与1918年至1928年的成型期。前期梁启超主要是以政治家的身份出现于历史舞台,后期梁启超辞去政职,于1918年至1920年间周游欧洲大陆,回国后即专心致力于学术研究,以学者的身份走完了其56年的人生历程。梁启超美学思想有其独特的发展演化过程,在借鉴吸收了康德、柏格森的美学思想,并为我所用,“化合结婚”之后,形成了其以“趣味主义”为核心的审美价值体系,为中国近现代美学研究的转型打下了坚实的根基。

一、梁启超审美价值观的阶段划分

将梁启超美学思想以1918年欧游为界,划分为前期的萌芽期与后期的成型期,所依据的,也主要是其美学思想的意识形态特质。总的来说,梁启超美学思想前后期的发展演化呈现出“变而非变”的特征,由萌芽期的“启蒙新民”到后期的“趣味理想”,凸显了其人生论美学的基本学术立场和由社会政治理性观向文人价值观迈进的基本轨迹走向,这一走向又是与其前期的政治家身份转向后期的学者身份的个人经历分不开的。对梁启超美学思想的划分,以其1917年辞去政职与1918年的欧游为界,能够更有利于突出其美学思想的个性化特征。

(一)萌芽期的审美价值观

梁启超前期的美学思想主要体现在其对“三界革命”的理论倡导之中。通过对“诗界革命”“小说界革命”“文界革命”的倡导,梁启超提出了“力”与“移人”两个美学范畴,主张以小说、新文体等在内的文学作品启蒙新民进而改良社会。这一时期的美学思想主要体现在《变法通议·论幼学》《论小说与群治之关系》《惟心》等著作中。

19世纪末20世纪初，尤其是1917年前后的中国社会，正面临着急剧的社会变革。伴随着侵略者的炮火和铁蹄，“西学东渐”成为不可阻挡的文化趋势，深刻地影响并改变着古老的中华大地，改变着生存于这片土地上的每一个人。正是在这一时期，中国思想文化开始了由封闭、古典的传统思想文化逐渐向开放、多元的现代思想文化过渡转型的艰难步履。而这一时期的知识分子，自然地就被赋予了过渡时期的转承特征。新与旧的融合、改良与变革的历史使命、启蒙与救亡的时代主题，为这一时期的思想文化总体披上了一层矛盾的外衣。梁启超的美学思想正是从文化改良开始，以文学作为改良的工具，以期促进社会政治制度的变革和社会文化总体的转型。

1896年，梁启超发表了《变法通议·论幼学》。《变法通议》虽是一篇倡导社会变革的政治论文，但其中不乏梁启超美学思想的精彩言论。在《论幼学》一节中，梁启超专门谈到了“说部书”即小说。他将小说与经书做比较，认为小说用俚语写作，较之经书文言，更通俗易懂，“妇孺农氓”皆可读之，所以“读者反多于六经”，从而对社会风气发生广泛影响。因此，他认为：“今宜专用俚语，广著群书，上之可以借阐圣教，下之可以杂述史事，近之可以激发国耻，远之可以旁及夷情，乃至宦途丑态，试场恶趣，鸦片顽癖，缠足虐刑，皆可穷极异形，振厉末俗，其为补益，岂有量耶。”①实际上梁启超是提倡利用小说的形式，规范小说的内容，来发挥小说的功能，使其对社会风气产生正面影响。在这里，梁启超正是从读者的立场出发，提出了小说作为独立文体在语言形式方面的重要价值。虽然这种实用功利的价值观与现代美学反功利、重审美的思想原则

---

① 梁启超：《变法通议·论幼学》，《梁启超全集》，北京出版社1999年版，第39页。

不无抵触，但其对文学语言形式的分析与其对作品接受的重视，又无不与文学作品的本体存在息息相关。也正是这种实用功利的价值观，成为梁启超美学观念的源头，并影响了其美学思想的每一步前行。

在此基础上，1902 年梁启超发表了另一篇论文《论小说与群治之关系》，在文学与社会改良的美学价值观方面向前迈进了一大步。他认为文学不仅是传统文化的重要部分，还是传统文化的主要承载与阐释工具，不变革文学的特质与功能，就不能有效地实现新思想的传播。在这一时期，鉴于戊戌变法的失败，梁启超救亡思想的重心由政治变革转移到了文化启蒙上。避难日本期间，他先后创办了《清议报》《新民丛报》《新小说》等报刊，并于《新民丛报》的创刊号上提出了欲救国先新民，欲新民“莫急于以新学说变其思想”的革新主张。正由于此，作为革新思想的文学备受梁启超的青睐。与此同时，“三界革命”也成为梁启超以文学为武器变革社会、启蒙人心的重要举措。

在《论小说与群治之关系》一文中，梁启超对以小说为代表的新文学的社会价值给予了充分肯定，提出“欲新道德，必新小说；欲新宗教，必新小说；欲新政治，必新小说；欲新风俗，必新小说；欲新学艺，必新小说；乃至欲新人心，欲新人格，必新小说”，最后得出结论“欲改良群治，必自小说界革命始；欲新民，必自新小说始”。① 具体到小说改良群治的实践机制上，梁启超提出了其美学思想的两个重要范畴——“力”与“移人”。从“力”的命题出发，他概括并阐释了小说所具有的四种艺术感染力与两类作用机制，得出了小说“有不可思议之力支配人道”，从而达成“移人”之境的基本结论。在这篇文章中，梁启超还对小说的艺术特性和人的本性之间的关系做了深入探讨，指出小说具有既能摹“现境界”之景，又能极“他境界”之状和“寓谲谏于诙谐，发忠爱于馨艳”的艺术表

---

① 梁启超:《新大陆游记 · 论小说与群治之关系》,《梁启超全集》,北京出版社 1999 年版,第 886 页。

现特性，强调这两种特性可以满足人性的基本需求，从而达到“因人之情而利导之”的目的。在探讨小说艺术特性时，梁启超还涉及了“理想派”与“写实派”的概念，这在中国文论与美学史上是首次。以小说的社会功能与审美特质为基础，而非从经学的角度比附小说的价值，这是梁启超对近代文学得以独立，并获得其社会价值的极大贡献。《论小说与群治之关系》也因此使梁启超成为使中国小说思想由古典向现代转换的关键人物。

萌芽时期应该提到的梁启超另一部作品是《惟心》。《惟心》发表于1899年，是梁启超对美的本质及其与美感的关系问题的一次重要表述。在这篇论文中，作者主要从哲学与心理的层面对美作了本体论的论述。他将审美活动具象化为“境”的体验，指出：“境者，心造也。一切物境皆虚幻，惟心所造之境为真实”；“天下岂有物境哉？但有心境而已”；“物境之果为何状，将谁氏之从乎？仁者见之谓之仁，智者见之谓之智，忧者见之谓之忧，乐者见之谓之乐。吾之所见者，即吾所受之境之真实相也，故曰惟心所造之境为真实”。① 梁启超把“境”视为“心”即人的主观精神的创造物，提出了境的实质以及物境与心境的关系问题，认为一切物境皆着心之主体色彩，体现了梁启超的主观唯心主义观念。从重视人的精神能动性出发，他高度肯定了在审美活动中作为主体的人的重要地位，并以诗词鉴赏为例，做了具体说明：“‘月上柳梢头，人约黄昏后’，与‘杜宇声声不忍闻，欲黄昏，雨打梨花深闭门’，同一黄昏也，而一为欢憨，一为愁惨，其境绝异。‘桃花流水杳然去，别有天地非人间’，与‘人面不知何处去，桃花依旧笑春风’，同一桃花也，而一为清净，一为爱恋，其境绝异。‘舳舻千里，旌旗蔽空，酾酒临江，横槊赋诗’，与‘浔阳江头夜送客，枫叶荻花秋瑟瑟。主人下马客在船，举酒欲饮无管弦’，同一江

---

① 梁启超：《自由书·惟心》，《梁启超全集》，北京出版社1999年版，第361页。

也,同一舟也,同一酒也,而一为雄壮,一为冷落,其境绝异。”①《惟心》肯定了主体的审美地位,为梁启超的审美价值论奠定了良好的基础,这一点对于理解梁启超后期美学思想中的“趣味”和“情感”范畴具有重要意义。

《惟心》与《论小说与群治之关系》是体现梁启超前期美学思想的双子之作。两者分别从本体论和功能论的角度肯定了审美活动的重要社会价值,体现了梁启超作为过渡时期启蒙思想家面对社会转型的勇气与魄力。

(二)成型期的审美价值观

成型期主要是梁启超欧游之后,回到国内一心治学的十年。这一时期梁启超的美学思考主要侧重于对美的形上本体的研讨,在美的本质和特征的问题上提出了“趣味”这一重要的美学范畴,并结合艺术审美中的“情感”问题,建构了自己的“趣味主义”人生美理想。这一时期因为梁启超关注的重心主要在学术,作为学者的梁启超一时间声名大噪,成就斐然,其中关于美学思考的著作主要有《欧游心影录》(1919)、《翻译文学与佛典》(1920)、《欧洲文艺复兴史序》(1920)、《“知不可而为”主义与“为而不有”主义》(1921)、《中国韵文里头所表现的情感》(1922)、《情圣杜甫》(1922)、《屈原研究》(1922)、《什么是文化》(1922)、《美术与科学》(1922)、《美术与生活》(1922)、《趣味教育与教育趣味》(1922)、《学问之趣味》(1922)、《为学与做人》(1922)、《敬业与乐业》(1922)、《人生观与科学》(1923)、《陶渊明》(1923)、《中国之美文及其历史》(1924)、《书法指导》(1927)、《为什么要注重叙事文学》(1927)、《知命与努力》(1927)等。这些著作主要从两个层面展开对美学的思考:首先是对美的本质的体认与感悟,主要表现在哲学与人生观层面上;

---

① 梁启超:《自由书·惟心》,《梁启超全集》,北京出版社1999年版,第361页。

其次是对美、美感、审美及艺术问题的具体认识与实践,主要表现为从文学与艺术层面进行具体作家、作品的鉴赏与分析。

1918 年以前,梁启超作为一个改良主义者,其启蒙与救亡的主要路径是化用西方资源,革新中国传统文化。1918 年欧游之后,梁启超作为一个“世界人”,视野进一步扩大,对中西文化的差异与现状也有了更深刻的认识:战后的欧洲到处是断垣残壁,昔日“绝好风景的所在,弄成狼藉不堪”。曾经令梁启超满心向往的近代文明发祥地,如今却令他连连感叹文明人的暴力。《欧游心影录》是这一时期的代表作,梁启超从整个人类文明存在发展的整体出发,进一步修整深化了自己的文化结婚论。梁启超引蒲陀罗的话说:“一个国民,最要紧的是把本国文化发挥光大。好象子孙袭了祖父遗产,就要保住他,而且叫他发生功用。就算很浅薄的文明,发挥出来都是好的。因为他总有他的特质,把他的特质和别人的特质化合,自然会产出第三种更好的特质来。”①与前期化用西方资源为我所用的方法所不同的是,欧游之后的梁启超在对欧洲文明的亲历亲受之后,思想少了一些对西方文明的向往,而多了一些理性与辩证。在《欧游心影录》中他进一步指出:“自然知道我们的国家,有个绝大的责任横在前途。什么责任呢?是拿西洋的文明,来扩充我的文明,又拿我的文明去补助西洋的文明,叫他化合起来成一种新文明。”②同时,新文明的创构不仅要把自己的国家挽救建设起来,还要对人类全体有所贡献。从世界主义的立场来看思想启蒙的意义,这是成型期梁启超美学思想有所提升的根基所在。正是在此基础上,《欧游心影录》的启蒙主张将目光更具体地潜入到国民的思想解放与人性自由层面上,从国

---

① 梁启超:《欧游心影录 · 中国人对于世界文明之大责任》,《梁启超全集》,北京出版社 1999 年版,第 2986 页。

② 梁启超:《欧游心影录 · 中国人对于世界文明之大责任》,《梁启超全集》,北京出版社 1999 年版,第 2986 页。

民的人格建构与精神特质的培养出发,强调"彻底"的"思想解放"和"尽性主义",是对个性独立的一次真切呼唤。此外,在对文学的认识上,《欧游心影录》较之前期的《论小说与群治之关系》也有发展。通过对西方文学浪漫派与自然派文学的分类评析,梁启超表达了自己的价值取向,提出了文学要表现价值理想及人的意志自由的问题。这是对于文学审美特性与审美规律的重要把握,标志着梁启超由前期对美的现实功能探求深入到了对美的价值理想追寻的层面。

除了《欧游心影录》,这一时期梁启超还从具体的文学作品、作家入手,深入到艺术作品的审美鉴赏层面,具体表现为对屈原、陶渊明、杜甫三大作家的作家批评论,对美术、书法等艺术门类鉴赏,对美文、韵文等文学作品发展历史的研究等。大量的艺术作品鉴赏实践,为梁启超的美学思想体系的建构奠定了坚实的基础,其"趣味主义"的人生论理想、"情感"本位的审美理念正是在这些艺术审美的具体实践过程中得以成型的。

二、梁启超审美价值观的思想渊源

主张中西化合、为我所用的梁启超,其美学思想自然也是中西合璧的完美体现。一方面,传统文化中的儒道思想是其思想体系建构的出发点与根基;另一方面,西方现代学术的高度理性思辨与逻辑追问又为其提供了方法论借鉴。正是在这两方面的基础上,梁启超秉其先天的敏锐与聪慧,建构了自己的趣味美理论。

(一)儒道思想的陶冶润化

早期的梁启超深受中国传统文化的熏陶,这一点从其自述中即可看出。梁启超在《三十自述》中指出,他四五岁就在父母膝下受四子书、《诗经》,六岁后,就父读,受中国略史,五经卒业,八岁学为文,九岁能缀千言,十二岁应试学院,十三岁知有段、王训诂之学,十六岁入学海堂为正科生,十七岁举于乡,成为名噪一时的“乡人”。由秀才到举人,由帖括到训诂,梁启超是深受传统文化经史之学熏染的。总括起来,对梁启超美学思想有所影响的学识可以分为儒道两方面加以追溯。

儒家以“仁”“礼”为核心的伦理美学,一方面强调个体人格实现的必要性和合理性,另一方面又处处把个体欲求的满足导向伦理规范,在社会整体的规范中完善个人。这首先就是一种积极主动的入世精神,这一点对梁启超始终关注社会变革,强调个体的社会责任感,以民族文化的弘扬与发展为根本立场的思想观念影响极为深刻。

“仁”与“礼”的关系首先体现为个体与社会的关系。儒家创始人孔子毕生以恢复和维护“周礼”为己任,把基于氏族血缘关系的亲子之爱看成“仁”的根本,从而以“仁”的实现达成“礼”的恢复。在他看来,只要人人都能按照个体本真的欲求唤起亲亲之爱,注重孝,泛爱大众,那么,“仁”即可以实现,天下即可大治,而“礼”的秩序也就同时实现了。

具体到“仁”与“礼”的实现,孔子又提出他的诗乐观,把“诗”“乐”“艺”看成实现“仁”的一种手段。他认为,对包括艺术在内的各种技艺的自由熟练掌握,只有依据仁义道德来实践,对人的成长完善才有真正的意义。他强调“志于道,据于德,依于仁,游于艺”,认为吟诗习乐对于掌握礼义是十分重要的,“诗”能激发人兴起扬善去恶之心,“乐”有助于陶冶人的性情,唤起道德之心,这与强调以“仁”作为立身的根基是统一的,目的都在于塑造仁人君子。因此,孔子“兴于诗,立于礼,成于乐”的思想充分肯定了诗乐在完善个人、调整人与人之间的关系,从而改善社会,达到和谐过程中的重要作用。这些都对梁启超以文艺启蒙人性,从而实现救亡社会、推动民族文化极大发展的思想影响深远。

梁启超“趣味主义”人生论理想所涉及的两个重要范畴“知不可而为”主义与“为而不有”主义,也是分别来自孔子和老子的思想。

以老子为代表的道家无为思想是梁启超“不有之为”人生论美学理想的深远来源之一。道家美学思想的一个根本范畴是“道”,“道”是宇宙万物一切存在的本体,即所谓“道生一,一生二,二生三,三生万物”的思想。老子认为,“道”的存在又是虚无缥缈的。他指出:“道之为物,惟恍惟惚。惚兮恍兮,其中有象。恍兮惚兮,其中有物。”①对此,老子又解释说:“是谓无状之状,无物之象,是谓惚恍。迎之不见其首,随之不见其后。”②这里其所谓的“道”与美是相通的,正如庄子所言“天地有大美而不言”。这里的“大美”是宇宙万物的本体——“道”,体认这种“道”的唯一方式是顺应自然,无为而为,即所谓“无为而无不为”“泽及万物而不为仁”。“不为仁”不是不要“仁”,而是不刻意求“仁”,却达到了最高的“仁”的境界,即“爱人利物”。由此,道家美学强调的是超越具体的忧患得失,而去追求个体生命的自由发展,把超越外在必然而获得精神自由视为美的根源。老庄美学并不是讲出世,而是讲以超功利的态度来体悟自由畅神的现世美。正是受此影响,梁启超在其“趣味主义”人生论理想中,提出“为而不有”主义,主张“去妄”之为,即去除得失之计、利害之计的为,超越具体的利害关系,从而达到“做事的自由的解放”。③这一点与老庄的审美之“道”在根本上是一脉相承的。

对于儒家与道家的美学思想,梁启超认为这些理想在根本上是相同的。道家并不就是消极避世,而是从更为根本的层次上实现物我的同一。两者只有具体实现方法上的不同,而无本质的差异:“孔子是从日常活动上去体验,庄子嫌他啰嗦了,要‘外形骸’去求他。所以他说孔子是‘游方之内’,他自己算是‘游方之外’。这两种方法哪样对,暂且不

① (春秋)老子著,韩宏伟、何宏注译:《道德经》,安徽人民出版社2005年版,第48页。

② (春秋)老子著,韩宏伟、何宏注译:《道德经》,安徽人民出版社2005年版,第32页。

③ 梁启超:《“知不可而为”主义与“为而不有”主义》,《梁启超全集》,北京出版社1999年版,第3415页。

论……”①其对社会、对民族的高度责任感，都是以人的完善发展为根本出发点的，在这一层面上，儒道思想无疑是殊途同归的。梁启超自名“饮冰室主人”，“饮冰”二字就出自《庄子·人间世》，意为“朝受命，夕饮冰”。由此，我们也可以看出梁启超以天下为己任的忧世之深、律己之切。

（二）西方现代学术的学理启示

西方现代美学的独立始于1750年，德国哲学家鲍姆嘉通创立“Aesthetics”一词，用以描述美学作为感性认识的学科性质，开创了美学本体研究的感性之维。之后，康德、叔本华、尼采、柏格森等都对美学的本体存在给予了不同的解释。其中，美学相关于人的感性力量，相关于情感本体的启蒙意义，对于转型时期的中国知识分子来说是具有极大启示意义的。梁启超正是在启蒙人性与主体完善的层面上吸收与借鉴了西方现代美学的学术成果，其中以康德与柏格森的思想为代表。

首先，康德对美学思考的最大贡献在于把由鲍姆嘉通确立的美学“从认识论中解脱出来”，从而使美学“具有了最一般的形而上学（哲学）的意义”，为美学的情感本体与价值本质拉开了帷幕。从康德始，美开始走向情感，走向个性，走向人的完善与人自身的价值。可以说，自康德始，美学才实至名归，真正获得了自身的安身立命之所。康德对美的哲学思辨与情感界定对梁启超的哲学思考与美学创构产生了深刻影响。

具体来说，康德美学思想以情感为中介，肯定了审美判断在本质上是与情感相联系的价值判断。在康德那里，判断力是关于感情的一种认识能力，与逻辑判断的理解力和理性不同，康德称之为反省的判断，即审美的判断，而审美判断就是对于个别事物表示主观态度的情感上的判断。康德认为，通过审美判断这座桥梁，可以把现象界和物自体、自然的必然和道德的自由沟通起来。对此，康德运用了“目的”这一概念。他

---

① 梁启超：《评胡适之中国哲学史大纲》，《晨报》副刊，1922年3月16日。

指出,自然界作为个别现象受必然规律的支配,是没有目的的,但把它作为整体,它就有目的了;同时,从主观认识方面而言,自然的形式符合人的主观认识的目的。这种符合目的,康德称为主观的目的性,也就是审美观。当外物的形式符合了主观认识的目的,我们就会产生一种满足或快乐的情感,当这种情感具有了普遍性和必然性,就成为一种美感,而审美判断实质上就是审美对象的"主观的合目的性"。由此,审美活动就成为以对象为中介的、主体对自我的一种情感体认。这种情感体认,在康德看来,就是纯粹趣味判断,是无功利的功利、无目的的合目的。受此影响,梁启超的"趣味"美理想,也是以"情感"为核心的,强调情感是趣味之美实现的基质与内因,趣味是由内发的情感和外受的环境共同催生出来的。以情感为出发点的趣味美理想,是对康德美学的一种中国化认同。

其次,柏格森生命美学的理念对梁启超也具有直接意义上的启发与影响。简单地说,柏格森的生命美学强调直觉是认识世界本体的唯一根据。他认为,世界的本体是"生命冲动",即"意识的绵延"。只有它才是宇宙运转的唯一动力,客观万物无非其外在表现形式而已。靠理性分析永远不能把握世界的本质,只有依靠直觉才能获得实在的知识,才能认识世界并解决社会的一切问题。由此出发,柏格森美学把审美感知亦看成是生命冲动,认为美的本质就是通过感性的形象显现出内在的生命本体。然而,由于人与自然之间,尤其是人与自身的生命绵延之间隔着一层厚重的物质外壳,使审美主体不能深入到生命之流中去,观照到客体对象的生命本体之美。那么,如何才能打破这层厚重的外壳,直接认识和把握内在生命本体之美呢?柏格森认为唯有直觉才能穿透物质的阻力,直面生命的本体存在。相反,理性与逻辑分析最终是无法穷尽对物自体的认识的,而只能是一些机械的物理反映。

柏格森哲学与美学在总体上表现出限制科学理性、裁抑物质生活、高扬生命主体的能创性的人本主义倾向。这种非理性主义的生命哲学,在梁启超看来，是对人格及自由意志的高度推崇，是对精神生活意义的充分肯定，是解决西方唯理性科学主义给人类带来困境的“一服丈夫再造丸”，让人看到了“新文明再造”的曙光。借此在批判西方科技理性的基础上，梁启超提倡中西文明互补共适，“拿西洋的文明，来扩充我的文明，又拿我的文明去补助西洋的文明，叫他化合起来成一种新文明”①。在这里，其所谓“我的文明”是王阳明的心学。梁启超对柏格森生命美学的借鉴吸收正是在中国传统资源与现实需求的基础上进行的。

与西方近代的理性启蒙思潮不同，中国近代的启蒙思想带有强烈的“主情反理”的人文主义色彩，正如梁启超所说：“最近三十年思想界之变迁，虽波澜一日比一日壮阔，内容一日比一日复杂，而最初的原动力，我敢用一句话来包举他，是残明遗献思想之复活。”②“残明遗献思想”即阳明心学，强调“心即是理”，同样是对主体性的极大张扬。与柏格森强调“直觉”作用不同的是，阳明心学的根本在于“诚意”，诚意是体现良知之心的境界。王阳明的“诚意”论追求的是在生命的整体性原则下，普遍和特殊、感性和理性的统一。正是通过“诚意”的要求，王阳明把儒家的理性观念转化为感性体认，又通过感性体认把日常的感性经验转向理性超越。感性体认的中心地位和中介作用，使阳明心学具有一种美学精神，“诚意”则成为一种人生审美化的理想追求。梁启超正是在中国近代启蒙思潮的现实环境下对柏格森生命美学有所借鉴与转化的，其一方面强调生命本体的重要意义，另一方面又强调超越个体之上的“理性”承担，从而更具有现实意义和社会价值。

---

① 梁启超：《欧游心影录·中国人对于世界文明之大责任》，《梁启超全集》，北京出版社1999年版，第2986页。

② 梁启超：《中国近三百年学术史》，《梁启超全集》，北京出版社1999年版，第4442页。

第二节　梁启超审美价值观的特征

审美价值作为价值的一种表现形式，指的是客体事物能够满足主体的审美需要，使审美主体得到审美愉悦的作用和意义。按照马克思的哲学价值理论，审美价值表现为审美客体与主体间关于美的信息的因果性同构，更进一步，这种“因果性同构”的信息表现为客体对主体作用与影响而产生的功能、效应，并形成人的超越性、理想性、目的性，指向人的发展目标。由此，在主客体关系的意义层面上，审美价值的形态特征表现为客观性和主观性两个方面。

审美价值具有客观性。这种客观性不仅表现在审美价值的生成与客体的形状属性有关，更重要的是因为作为审美主体的人的审美需要具有客观规定性，并非人的主观随意性所能决定。审美需要是审美价值形成的前提。主体需要的客观性，本质上是人的存在、生存、发展及其条件的客观性反映，是人的本质和本性的客观性表现。人的需要，无论是生理的还是心理的，自然的还是社会的，物质的、精神的还是物质—精神综合的，在根本上都同人的社会存在相联系，因此它有不以人的主观意志为转移的客观性和必然性。价值的客观性，正是以揭示主体的具体历史客观性为依据的。

审美价值也具有主观性。从微观来看，审美价值的生成，如果以个人为主体，则个体的审美需要是丰富多彩的；同时，审美价值必须通过个体的感受体验评价才能被掌握，在这一过程中，个体的感知、情感、想象、理性等心理活动极为活跃，具有个体独特性。审美过程中的感知、情感、想象、理性等主体心理活动构成了审美价值精神实践活动的特质，表现为审美价值的主观性。

20 世纪中国审美价值论的发生也表现为两大形态类型：一类是注重审美价值的客观性，即强调审美活动对于审美主体、社会现实的改良意义;另一类是注重审美价值的主体性,强调审美活动作为一种精神实践活动的现实超脱性和无功利性。当然,两种形态类型的划分不是绝对的,任何一种审美价值的发生都不可能只拘囿于一种属性范围,而是表现为以某一种形态特征为主。具体到梁启超的审美价值观,其形态特质属于注重审美价值的客观性一类。注重审美价值的客观性,这在梁启超的美学论述中主要体现为民族性立场、人文性关怀、情感性诉求三个方面。

一、梁启超审美价值观的民族性立场

19 世纪末 20 世纪初是中国社会文化急剧转型的关口之一,古今之争、中西对立,分别从时间与空间上为传统文化设立了多元的价值选择。在这其中,民族性立场始终是梁启超文化价值观的根本出发点。

在梁启超的美学思想中,一方面,民族性立场表现为如何更好地维护、发扬民族传统文化,从而达到启蒙新民、匡救时弊、救亡图存的作用。这是梁启超审美价值论构成的一大主流。其审美价值观首先表现出一种强烈的尚实意识。在内忧外患的特定时代背景下,试图开辟出民族新学术建设的通衢,以学术建设的精神性力量达到民族自立自强的政治性目的,是梁启超学术理念的独特品质。与此相关,梁启超的美学思考亦不是纯审美的,而是文化建设与人生实践的统一。具体到美学实践活动方面,前期梁启超主要以“三界革命”的倡导为中心,注重美与社会变革的联系,提出了“力”与“移人”的重要命题。后期则主要以生活、美、艺术之间的关系为中心,提出了美的“趣味”本质和“情感”特征的命题,更为注重艺术与美的特殊性,重视审美教育在社会变革中的独特功能。应该说,梁启超前后期美学思想在研究对象、具体论点、研究方法上都有所变化,有所发展。但不管是前期还是后期,他的爱国主义思想、启蒙主义理想、现实主义精神一以贯之。虽然,他个人生活的方式从前期直接以政治变革为目的转向后期以学术文化为桥梁,他启蒙新民的理念由前期以个体的人格完善为出发点转向后期以人类整体的生命存在为关注重心，但民族文化在世界范围内的发扬、发展，人类作为多元文化主体的价值选择始终都是梁启超美学思考的重心所在。只有通过审美的价值选择，个体的人才能成为民族的人，进而成为世界的人。启蒙意义上的审美价值观因此首先表现为一种民族文化立场。

另一方面，体现在学术方法上，梁启超主张文化"结婚论"："盖大地今日只有两文明：一泰西文明，欧美是也；二泰东文明，中华是也。二十世纪，则两文明结婚之时代也。吾欲我同胞张灯置酒，迓轮俟门，三揖三让，以行亲迎之大典，彼西方美人，必能为我家育宁馨儿以亢我宗也。"①"文化结婚"的理想正是基于对民族文化演化前景积极乐观的态度，以主动、自觉的姿态吸收化合西方文化，从而找到民族文化发展的新路径，这正是梁启超坚定民族立场的显现。

二、梁启超审美价值观的人文性关怀

从启蒙新民的思想宗旨出发，梁启超以生命的本体存在作为审美实践的最终归宿，并把美理解为实现趣味美理想的人生实践活动。作为一种完善个体人格、改造生命主体的思想工具，梁启超的美学思想固然表现出鲜明的尚用倾向，但这种尚用性是指向人的，表现出对人的自由精神与全面发展的人文向往。梁启超审美价值观的人文性关怀首先表现为以人为中心的价值理念，其次表现为对审美主体的大众化选择。

首先，以人为中心的价值理念亦即价值建构的人文理想。人文理想是现代资产阶级的重要价值理念，其核心就是对人的关怀与尊重。从文艺复兴始，人文理想成为现代资产阶级的重要精神追求。它表现为对个

① 梁启超：《论中国学术思想变迁之大势》，《梁启超全集》，北京出版社1999年版，第563页。

体感性生命的赞美与对世俗生活的肯定，表现为对处于愚昧与蒙蔽中的个体的呼唤，表现为对个体生命自由的尊重，表现为个性的解放与张扬。人文理想肯定了以人为中心的价值追求，是人的本质觉醒的精神表征。从本质而言，人文理想是一种现代精神素质，是现代独立自由的人所具有的自觉的精神追求。具体到梁启超的美学思想，一方面其始终将美的目标置于现实的人生实践中，以趣味、情感、力为中介，强调审美活动与人生实践的同构关系，既表达了对感性生活实践的热爱和激情，也表现了对人生意义价值的关注与追寻。另一方面，其所遵循的“除心奴，反依傍”，自由独立的学术原则，更是立足于对精神文化重要性的深刻认识与极力弘扬，提倡通过精神与思想的自由解放，重视个体的主体性价值，进而实现人类整体的发展进步。从以上两个方面来说，梁启超美学思想既立足于孕育它的独特社会现实，又回应了西方人文主义的传统，从而形成了其独特的人文关怀品格。

其次，梁启超把美理解为面向社会大众的人生实践活动，认为审美活动的主体应是普遍存在的人类群体。梁启超指出：“人类固然不能个个都做供给美术的‘美术家’，然而不可不个个都做享用美术的‘美术人’。”①把美推向大众、推向大众的生活是梁启超美学活动的基本宗旨。梁启超不是把美看成少数人的专利、看成高高在上不食人间烟火的存在，而是努力让美走向普通大众以及他们的生活。由此，他特别重视小说的美学价值，认为小说以俚语写作，从而拥有更广泛的读者群体，成为“文学中之最上乘”的文体。

最后，梁启超在其美学思考中还谈到了女性文学的审美价值及女性形象的审美理念，在性别平等与性别独立的意义上，充分显示了现代思想解放与人文理想的光芒。

---

① 梁启超：《美术与生活》，《梁启超全集》，北京出版社1999年版，第4017页。

三、梁启超审美价值观的情感性诉求

"情感"是梁启超美学思想的重要范畴之一,正是通过对情感本质的认识,梁启超达成了对艺术本质的认识,从而建构起了"趣味主义"的人生论美学理想。由此可以看出情感理论在梁启超美学思想中的重要意义。

关于情感的本质,梁启超在《中国韵文里头所表现的情感》一文中将其表述为三个层面:首先,情感是人的生命的基质。梁启超把情感理解为生命中最内在、最本真的东西,"我们想入到生命之奥,把我的思想行为和我的生命迸合为一;把我的生命和宇宙和众生迸合为一;除却通过情感这一个关门,别无他路"①。情感的张扬是人的生命活跃和人生实践的基础。没有情感,就没有生命。其次,情感具有强烈的行为驱动力。与理智相比较,"用理解来引导人,顶多能叫人知道那件事应该做,那件事怎样做法,却是被引导的人到底去做不去做,没有什么关系;有时所知的越发多,所做的倒越发少。用情感来激发人,好像磁力吸铁一般,有多大分量的磁,便引多大分量的铁,丝毫容不得躲闪,所以情感这样东西,可以说是一种催眠术,是人类一切动作的原动力"②。情感之所以具有如此强烈的行为驱动力,是因为情感是生命主体与对象的融合为一,它源自对对象的真切体验与领略。再次,情感是"本能"与"超本能"、"现在"与"超现在"的统一。梁启超说:"情感的性质是本能的,但他的力量,能引人到超本能的境界;情感的性质是现在的,但他的力量,能引人到超现在的境界。"③前者强调了情感是感性与理性的统一,后者强调

① 梁启超:《中国韵文里头所表现的情感》,《梁启超全集》,北京出版社1999年版,第3921页。

② 梁启超:《中国韵文里头所表现的情感》,《梁启超全集》,北京出版社1999年版,第3921页。

③ 梁启超:《中国韵文里头所表现的情感》,《梁启超全集》,北京出版社1999年版,第3921页。

了情感是现实与理想的统一。通过对情感的这种二重性的分析,梁启超实际上已把个体情感活动视为感性个体生命与宏观历史运化、现实人生实践与价值理想追寻的统一。当梁启超从生命本体意义来看情感的时候,他更多地看到了情感的神秘与魔力。而当他从社会历史变动来看情感时,他又看到了情感中的理性与理想。

以上对情感本质的三个层面的认识,实际是肯定了情感在人生实践中的价值和意义。正是以情感为基石,梁启超建构了“趣味主义”的人生论美学。趣味主义的人生论是和个体实践密切相关的,其突出的是主体在实践中的根本性、能动性与决定性意义。因此,情感作为趣味发生的内在主体条件即主体心理基础,也是梁启超所认为的审美活动展开与实现的根本性条件。鉴于情感的重要作用及情感本身美善并存的二重性,就要对情感进行一定的陶冶,即情感教育。梁启超明确指出:“情感教育最大的利器,就是艺术。”通过对艺术本质的分析,梁启超列出了艺术作品的五种表情方法,分别为“奔迸的表情法”“回荡的表情法”“含蓄蕴藉的表情法”“写实派的表情法”“浪漫派的表情法”。与此相关,梁启超还进行了大量的艺术鉴赏活动,包括对屈原、陶渊明、杜甫三大作家的评论在内,情感理论是其展开一切艺术鉴赏与美学建构的理论基石。

第三节　梁启超审美价值观的本质

在审美价值观的本质问题上,梁启超对美的本质和功能问题的回答体现为他的“趣味主义”人生论美学理想。关于“趣味”美的论述,主要集中在他后期的著作里,尤其是《“知不可而为”主义与“为而不有”主义》《知命与努力》《美术与生活》《美术与科学》《人生观与科学》《为学与做人》《敬业与乐业》《学问之趣味》《趣味教育与教育趣味》等论文中。

对于“趣味”一词的概念,以及梁启超“趣味主义”人生论美学的具体内容，近年来学者多有研究，所持的观点也各有侧重。2008年第3期《文艺争鸣》开辟专栏展开对梁启超美学思想与文论的讨论。其中王元骧、聂振斌、杜书瀛、曾繁仁、金雅五位教授分别撰文，就“趣味”美理论、美文研究、趣味教育等各方面的问题发表了看法。在“趣味”这一范畴的含义问题上，总的来说是将其理解为梁启超的反功利主义，以情感为根基的实践论美学主张，具体表现为趣味美的本质、趣味美的发生以及趣味教育三个层面。趣味美是梁启超综合了中国传统文化资源与西方现代美学命题，在人生实践论的层次上提出的一个美学范畴，其不仅具有近代转型时期的理论指导意义，在当下也极富深远的启示意义。

一、“趣味”的词源探析

“趣味”一词在中国审美文化中最早使用是在唐代，司空图在《与王驾评诗书》中就有“右丞、苏州趣味澄夐，若清风之出岫”的说法。这里的“趣味”是指一种文学创作风格。在此之前，“趣”与“味”都是分开使用的，各有其不同的含义。“味”的概念在先秦典籍就已出现，《论语·述而》：“子在齐闻《韶》，三月不知肉味，曰：‘不图为乐之至于斯也。’”①这里的“味”还是作为食物之味使用的，以之与艺术欣赏所得的快感相比较，用来说明二者的不同。此外，《韩非子》中亦有“食不二味，坐不重席”的说法，显然，这里的“味”是用来表示食物的味觉特征。之后，到了魏晋时期，与“味”相关的一大批概念，诸如“滋味”“可味”“余味”“遗味”“辞味”“义味”等，开始被用于人物品评，继而进入了文学批评领域。阮籍的《乐论》第一个明确地把“无味”与音乐的美感相联系，其中提到“乾坤易简，故雅乐不烦；道德平淡，故无声无味；不烦则阴阳自通，无味则百物自乐，日迁善成化而不自知，风移俗易而同于是乐”②。同时期还

---

① （春秋）孔子著，刘琦译评：《论语》，吉林文史出版社2003年版，第55页。
② （清）王谟辑：《汉魏遗书钞》，清嘉庆三年刻本。

有嵇康的《声无哀乐论》：“夫曲用每殊，而情之处变，犹滋味异美，而口辄识之也。五味万殊，而大同于美，曲变虽众，亦大同于和。”①这就将口之识味直接类同于音乐之审美了。到了陆机那里，“味”已开始进入诗论；钟嵘则以“滋味”论诗，称“五言居文词之要，是众作之有滋味者也”。②“滋味”自此成为中国传统文论中的一个重要范畴。

与此同时，魏晋时期的“趣”也开始用于诗文品评中，但是用法与含义复杂得多。《文心雕龙》中多以之指称“意”或“旨”，如《体性》：“子政简易，故趣昭而事博。”《练字》：“扬马之作，趣幽旨深。”类似的例子不胜枚举。还有以“趣”指称美感风格的，如《晋书·王献之传》中有“献之骨力远不及父，而颇有媚趣”的说法。“媚趣”即指称王献之书法的阴柔之美。将“趣”与“味”联合使用，以指称诗文鉴赏中的美感，最早就是如前所述的司空图了。

总体来看，在中国传统文献中，“趣味”这一概念由口食之味逐步进入到文艺审美领域，由具体的感观层次上升到抽象的体悟层次，其审美对象与审美方式都有所变化，然而总不脱离于审美感观之域，是对审美过程中主体所产生美感的一种描述。与之相似，“趣味”范畴的使用在西方美学那里也有一个逐步演化的过程。

在西方美学史上，最早在审美领域使用“趣味”概念的，是 18 世纪英国经验主义美学家休谟。在休谟这里，趣味首先是一种审美能力，即审美鉴赏力或审美判断力。休谟认为，理智传达真和伪的知识，趣味产生美与丑及善与恶的情感。理智与真相联系，是冷静的超脱的；趣味与情感相联系，形成了一种新的创造。这种新的创造，在休谟看来，就是用

---

① （三国魏）嵇康著，吉联抗译注：《声无哀乐论》，音乐出版社 1964 年版，第 40 页。

② （梁）钟嵘著，曹旭集注：《诗品集注》，上海古籍出版社 1994 年版，第 36 页。

从内在情感借来的色彩来渲染一切自然事物。亦即,趣味是一个与情感、创造联系在一起的概念,具有变化性、不确定性。趣味作为审美判断,在休谟这里,还是对客观对象的一种体认,与理智相对,同属于认识论的范畴。

继休谟之后,康德也使用“趣味”的概念阐释审美判断的本质。对于美的本质,康德认为:“没有关于美的科学,只有关于美的评判;也没有美的科学,只有美的艺术。因为关于美的科学,在它里面就须科学地,这就是通过证明来指出,某一物是否可以被认为美。”①康德指出,审美判断的实质是一种个人的趣味判断,而这种个人的趣味判断,同时具有一种人人共通的同一性,即他所说的“普遍有效性”。那么,个人的趣味如何能达到“普遍有效性”呢?康德所说的“普遍有效性”来自纯粹的主观,审美判断达到这种“普遍有效性”的唯一途径就是情感。情感判断不同于认识判断与道德判断,而是处于“知”与“意”之间的一个体悟过程,要“判别某一对象是美或不美,我们不是把(它的)表象凭借悟性连系于客体以求得知识,而是凭借想象力(或者想象力和悟性相结合)连系于主体和它的快感和不快感”②。这种想象力与悟性相结合的过程就是情感判断的过程,也就是反思的过程。反思是返回情感的手段,通过反思判断主体反观自身,达到对自我的情感体认。这种反思实质是一种先验的反思,即超越个人的偶然经验,而去寻求“普遍有效性”。由此,审美判断就脱离了认识论与道德论的领域,而进入到纯粹趣味判断的层面。

综合以上中西文化资源中的“趣味”含义,梁启超建构了自己的“趣味主义”人生论美学。梁启超的趣味不同于中国艺术中的具体美感,也不同于休谟甚至康德所谓的主体先验的判断力。梁启超的“趣味”美理

---

① (德)康德著,宗白华译:《判断力批判》,商务印书馆1964年版,第150页。
② (德)康德著,宗白华译:《判断力批判》,商务印书馆1964年版,第39页。

想是建立在人生哲学与生命哲学意义上的，“趣味”作为人的生命实践与审美实践的最终旨归，属于人生论的范畴，而非休谟、康德所谓的艺术论与审美论范畴。这一点是由梁启超所处特殊时代的历史语境和社会环境决定的，启蒙的最终归宿就是人类整体的生存实践，这既是梁启超“趣味主义”人生论美学建构的原动力，也是其“趣味”美内涵的特质所在。

二、趣味美范畴的理论构成

对于“趣味”美范畴的理论阐释，散见于梁启超的论文、著作及演讲稿中。归纳起来，梁启超主要从三个层面阐释了“趣味”美范畴的理论内涵：首先从“趣味”存在的重要意义上，论述了“趣味”与生命本体存在的密切关系；其次对于“趣味”范畴内质的阐释；最后，强调了“趣味”美关于人的生命实践的特质。以上三个方面互为前提，构成了梁启超“趣味”美论的理论体系。

首先，梁启超从趣味和人生的密切关系入手，论述了“趣味”范畴的重要价值。1922 年 4 月 10 日，梁启超在直隶教育联合研究会讲演时说：“假如有人问我：‘你信仰的什么主义？’我便答道：‘我信仰的是趣味主义。’有人问我：‘你的人生观拿什么做根柢？’我便答道：‘拿趣味做根柢。’”①在梁启超看来，一方面，趣味对于生活具有本体意义，即趣味主导生活，生活本于趣味。他认为为趣味而忙碌是人生最合理的生活，是有价值的生活，没有趣味便不成生活。另一方面，趣味是生活的动力所在，“生活的原动力”就来自趣味；“趣味干竭，活动便跟着停止”。② 由

① 梁启超：《趣味教育与教育趣味》，《梁启超全集》，北京出版社 1999 年版，第 3963 页。

② 梁启超：《趣味教育与教育趣味》，《梁启超全集》，北京出版社 1999 年版，第 3963 页。

此看来，趣味与生活是同步存在的，具有互为阐释的同位性，前者是后者的动力、前提，后者对是前者的具体实践。

其次，从趣味相对于生命本体的重要意义出发，梁启超进一步涉及了趣味范畴的理论内涵。对此问题，梁启超没有直接正面回答。对于美的本质问题，在经历了从本体论到认识论，从认识论到语言论的两大转向之后，美的可定义性已经受到了质疑。对于美的本质内涵之类问题的最好回答方式就是采用“否定之否定”的描述方式。20世纪初的梁启超在谈到“趣味”美的理论本质问题时，采取的正是这种方法。其首先从趣味生活的反面，对无趣的生活做了一番界定，无趣的生活有两种：一是“石缝的生活”，其特点是“挤得紧紧的没有丝毫开拓余地”；二是“沙漠的生活”，其特点是“干透了没有一毫润泽，板死了没有一毫变化”。① 这两种生活都与趣味无关。与之相比较，趣味表现在两个方面，首先趣味是生命的活力，其次趣味是创造的自由。除此之外，梁启超还从发生条件上，阐释了趣味发生的过程，认为趣味是“由内发的情感和外受的环境交媾发生出来”的。主体自身的精神实践活动和外在环境的融合是趣味得以产生的必备条件。由以上两个方面可以看出，梁启超对趣味美本质的界定主要有三个层面，一是情感的内在激发，二是生命的活力，三是主体创造的自由。其中情感的激发是生命活力的来源，两者共同构成创造自由的前提。这三个方面相辅相成，构成趣味生活的基本内质。

最后，趣味主义作为一种人生实践的理想，其对个体生命的存在具有实在的指导意义，从而表现为实践层面上的人生原则与态度。对此，梁启超有几种不同的语言表述：“知不可而为”主义、“为而不有”主义、“无所为而为”主义、“责任心”等，其关注的重点即在于“为”与“不有”的关系。梁启超在《学问之趣味》中认为，趣味主义最重要的条件就是“无所为而为”。“无所为而为”是“知不可而为”主义与“为而不有”主

① 梁启超：《美术与生活》，《梁启超全集》，北京出版社1999年版，第4017页。

义的统一。“知不可而为”主义是“做事时候把成功与失败的念头都撇开一边,一味埋头埋脑的去做”,甚至“明白知道他不能得着预料的效果,甚至于一无效果,但认为应该做的便热心去做”。“为而不有”主义是“不以所有观念作标准,不因为所有观念始劳动”,是“为劳动而劳动”。梁启超指出,这两种主义“都是要把人类无聊的计较一扫而空,喜欢做便做,不必瞻前顾后”。① 从“无所为而为”的趣味主义原则出发,梁启超通向的不是纯粹的个体感性趣味,而是有责任的趣味。他说:“我半生来拿‘责任心’和‘兴味’这两样事情做我生活资粮,我觉得于我很是合宜。……‘责任心’和‘兴味’都是偏于感情方面的多,偏于理智方面的很少。”②一方面追求做事的无功利性、无目的性,从而达到“做事的自由的解放”;另一方面心中又时刻不忘个体之于社会、之于人生的责任,正是“手中一头攥着感性的激扬解放,一头攥着个体的社会责任”,这就是梁启超趣味主义人生理想的真谛。

三、趣味教育的实践意义

趣味美的实现是以生命主体的实践为根本前提的,趣味美从根本上说不是一个纯审美论范畴,而属于人生论范畴。趣味在梁启超那里是一种特定的生命意趣及其具体实现状态,与人生实践密切相关。鉴于趣味对于生命本体的重要意义,如何实现人生的趣味美理想,就构成了梁启超趣味教育理论的实际内容。

在这个问题上,梁启超首先提出了趣味教育的目标。建构趣味主义的人生态度是根本。在此基础上,趣味又体现为三个具体的层面:第一,

---

① 梁启超:《“知不可而为”主义与“为而不有”主义》,《梁启超全集》,北京出版社1999年版,第3415页。

② 梁启超:《“知不可而为”主义与“为而不有”主义》,《梁启超全集》,北京出版社1999年版,第3411页。

所谓的趣味,不能是不正派的、不敢见人的趣味,那样的趣味不能和自然的品性统一起来,只能偷偷摸摸地去追求,即便获得了一定的快感,也只是低级的快感,称不上是审美的快感;第二,不能是损人利己的,审美趣味本来应该是超功利的,既不求所得自然也就会无所失了,而如果以个人的快乐作为评价的标准,那么它可能会丧失真正的快乐,至于那种把自己的快乐建立在别人的痛苦之上更是这样;第三,不能是性质不纯的,那样的趣味只能是“相间相续”的,实现不了真正的快乐,而审美趣味必须是从趣味始至趣味终,这样才不至于最终落个没趣的结果。总的来说,对趣味进行教育的目的就是把那些低级的趣味压服、抛弃,引导人们向健康的、高尚的趣味方面发展。

对于趣味教育的原则与方式,梁启超认为首先应该以引导的原则为主。在人的幼年、青年时期,趣味是最浓的,这个时候若不进行教育,它就必然“乱碰乱进”,难免发展到下等趣味中去;同时,如果教育不得法的话,青年人的趣味就会找不到合适的出路,自然也就会向下等趣味的方向发展。所以,一方面必须进行趣味教育,在青少年时期就应该对他们加以引导和陶冶;另一方面,还必须从审美的角度进行趣味教育,使青少年的趣味循着一种正确、健康的道路发展,最终使他们养成健康、长久的趣味。在这一点上,梁启超指出,艺术是趣味教育的主要内容与形式。与此相关,他批判了三种与趣味主义相违背的教育方式:一是旧八股文教育的“注射式”教育;二是科目太多的“疲劳式”教育;三是完全将工作和学业看作手段的“敲门砖式”教育。从中国社会的实际出发,梁启超提出了四种趣味作为趣味教育的主旨:劳作、游戏、艺术、学问。这四种趣味之所以被梁启超认作趣味教育的主旨,是与他超功利的审美人生观密切相关的,是其审美观在人生实践方面的具体实现。

趣味教育作为梁启超趣味美论的重要部分,体现了其美学思想尚实、尚用的倾向,反映了特定时期中国知识分子的基本学术素养。在教育发展史上,趣味教育是对传统经学教育的一次根本背离,蕴含了现代教育的特质,具有划时代的意义。

第四节　梁启超审美价值观的评析

梁启超趣味主义的审美价值观具有多方面的价值与意义,在社会改良方面、人生实践方面、美学研究方面,其开拓与创制的价值都是不容置疑的。这里我们主要从美学的相关领域来研究趣味美学的价值与启示。

首先,在文学批评上,梁启超的审美价值观是不容忽视的。第一,梁启超一反传统文学批评依经立意的价值观念,突出强调文学作品的美学价值。梁启超认为,文艺批评有两个着眼点:一是时代心理,二是作者个性。其中的“个性”又包括两点:一是“不共”,即不和别人共有,要创新;二是要“真”,即讲求情感的真实流露。此外,在《“知不可而为”主义与“为而不有”主义》《中国韵文里头所表现的情感》等文中,梁启超又多次强调情感之于文学鉴赏、文学创作的意义,反对重视内容而忽视形式的审美倾向,表现出了全面而公允的审美价值观。第二,梁启超较早接受西方文艺思潮,并有意识地运用西方文艺理论中的相关范畴分析批评传统文学作品,在引进西方学术资源方面,做出了较大贡献。如 1902 年在《论小说与群治之关系》一文中,梁启超就首次提到了“理想派”“写实派”的概念,之后又结合《诗经》《楚辞》等作品进行了具体论述,这一点对中国文艺批评的现代转型起到了至关重要的作用。第三,梁启超还谈到了艺术创造的相关问题,在艺术表情方法、艺术构思等方面都不乏卓见。如其在《中国韵文里头所表现的情感》一文中,所提出的五种艺术表情法——“奔进的表情法”“回荡的表情法”“含蓄蕴藉的表情法”“写实派的表情法”“浪漫派的表情法”,以现代西方的理论方法整理中国传统的文艺资源,极大地促进了中国传统文论的现代转型。除了以上三方面,梁启超还提出了文艺发展与环境的关系、文艺批评的古今之争等问题。此外,在美文、书法等方面梁启超也都有大量的鉴赏实践活动,这些都反映了梁启超以审美为宗旨的文艺价值观念。

其次,在美学思想上,梁启超的审美价值观也是不可小觑的。梁启超美学思想的学术贡献主要体现在两个方面:一是新的美学意识的萌芽,二是新的美学范式的创构。具体来说,在美学意识方面,首先强调美的启蒙价值,坚持美与人生的联系,这是梁启超美学思想的最大特质,凸显了其美学思考的人生指向与实践品格,也开启了中国现代美学的启蒙主义传统。其次,肯定感性生命状态的意义,突出趣味与情感在审美中的地位,这是梁启超美学重视精神主体自由创造性的一大特色。再次,梁启超美学思想强调了美与真的联系,弘扬了个性之美与写实艺术的美学意义,将西方文论的范畴和方法运用到中国传统文论中,实现了开拓性的进步。此外,其对崇高与悲剧的美感价值的强调,还进一步冲击了中国古典美学和谐优美的审美传统。最后,梁启超美学思想肯定了审美教育的价值与意义,开创与丰富了中国现代美育思想的重要内涵,这一点对当下人文教育的开展尤其具有重要的启示意义。

最后,在学术资源方面,梁启超的审美价值观也是值得深入挖掘的。梁启超美学思想是中国特定历史时期民族政治与文化的产物,其作为学术资源,一方面具有极高的历史和理论价值;另一方面,由于时代与文化传统的影响,也表现出了某些局限性。正如某些学者所说,在当时那个苦难深重的时代,民族灾难与个体危机并存,在一个以生存为第一要义的时代,梁启超大谈“趣味”美人生论理想,这明显带有脱离实际的“审美救世主义”的倾向。此外,以审美救世,以审美启蒙,也显然是对审美无功利的一种悖反。这一点,对梁启超趣味美学思想来说,是时代历史的需要赋予其美学思想以人生论的特质;另一方面,也是时代历史的文化价值观念使这种审美人生论过多地呈现出不合时宜的色彩。这正提示我们,对于梁启超美学思想的价值,要以历史的眼光去评析它,而不应是非此即彼的粗暴舍取。

第二章　王国维:人生痛苦“解脱”之道

王国维,字静安(或庵),又字伯隅,号观堂,1877 年出生于浙江海宁一个濒于破落的书香家庭。世纪之交的社会变革,正像影响了同时代所有知识分子一样,深深影响了王国维,影响了其哲学、美学、文学乃至人生观的各个层面。从早期的举业秀才到戊戌变法前的西学、哲学,转而又至文学,最后是晚期的考据、史学,短短三十多年的学术生涯,王国维不断变换着自己的学术领域,苦苦追寻着一代知识分子的读书立命之所。特殊的时代使命,天赋的文字才情,敏锐而沉潜的性灵,铸就了王国维一生精湛的学术造诣,从而使其成为中国近现代学术史上一个难以绕开的话题。

单就其美学思想来说,王国维的美学思考主要集中在前期受康德、叔本华哲学的影响而致力于西学的阶段,并主要与其对人生观的思索相联系。自 1908 年至 1911 年,王国维的学术兴趣即从哲学转入文学,此一时期的美学思考也相应地从对美学基本原理的理论思辨转入对具体文学作品的审美鉴赏。1911 年,辛亥革命后不久,王国维即随罗振玉留居日本。此后,他一心专治国学,对美学的思考倘有涉及,也是无意而为之了。

总的来说,王国维的美学思想主要体现为四个大的方面:一是对美的本质的认识层面,持一种“超功利”的美学观,认为美的性质就是“可爱玩而不可利用者”;其次,反映在人生观上,主要体现为其“悲观主义”

的人生论，认为人生的本质就是苦痛，而艺术之美则可以作为人生摆脱苦痛的一种解脱之道；第三，反映在文学艺术层面上，王国维提出了“古雅”“境界”等范畴，以论述其美存在“形式”的观点；最后，在美育层面上，王国维还就审美心理做了具体分析，提出了“嗜好”的概念，以艺术作为人的全面发展的进身之阶。以上就是王国维美学思想体系的大概。审美价值论作为一个潜体系蕴于其中，一方面是王国维作为20世纪初知识分子一员美学思考的一个共性；同时，在具体的思辨过程中，又体现出其独特的个性。以下即从发生论、特征论、本质论、价值论四个方面分别论述之。

第一节　王国维审美价值观发生论

王国维审美思想的发生，一方面与其个人先天的主体性情密切相关，另一方面与后天环境的熏染紧密相连。

一、个性性情的选择

总的来说，王国维的个性性情可以概括为两个层面：一是天才的敏锐情思，二是沉潜的忧郁性格。正如王国维自己所说：“余之性质，欲为哲学家则感情苦多，而知力苦寡；欲为诗人，则又苦感情寡而理性多。”①天赋的才情给予王国维以诗人的悲悯、强烈而充沛的情感，这些在其美学思考中，无不化作真切而朴实的文字。从某种程度上说，王国维的美学论述与其说是理论的思辨，不如说是感性的分析更切合些。以《〈红楼梦〉评论》为代表，王国维描述主体所达到的自由审美境界时提道：“此犹积阴弥月，而旭日杲杲也，犹覆舟大海之中，浮沉上下，而飘著于

① 姚淦铭、王燕编：《王国维文集》（第3卷），中国文史出版社1997年版，第473页。

故乡海岸也;犹阵云惨淡,而插翅之天使,赍平和之福音而来者也;犹鱼之脱于罾网,鸟之自樊笼出而游于山林江海也。”①没有概念的界定,演绎的推理,更多的只是形象的描述,情感的渲染。与此相关,王国维的美学思考更多的也是以人生观的启迪、主体自我的修明达志为出发点,以美术之道而摆脱生活之欲之苦痛,从而达到“拒绝意志”的“纯粹主体”的自由境界,这就是审美的最大价值所在。天才的敏锐情思,是王国维美学思考及一切学术研究的动力所在。王国维受西方哲学,特别是叔本华唯意志天才论思想的影响很大。叔本华认为,天才把他自己心灵的一切力量指向某一点,在这一点上,他使得这些力量统一和集中得如此强烈、牢固、专一,以致世界的其余一切对他来说都消失了。同时,天才的强烈情感在赋予王国维以学术研究的热情的过程中,也酝酿了悲剧命运的种子。那种为天才所特有的强有力的集中,有时也出现在现实世界的客体中和日常生活的事件中,而当现实世界的诸多客体和事件因素被置于一个焦点之下,被扩大到一种荒诞的程度,就可能出现一种惊人的结果。诸多物象的出现可能本像无数跳蚤,而在太阳般的显微镜下,却显出无数大象的身材。王国维性格中本有的忧郁沉潜的因素,在其天才的敏锐激情的诱发下,一方面,形成了其悲观主义的人生论,乃至影响了其一生的命运;另一方面,在美学观念方面,王国维借鉴康德、叔本华的“天才论”,以天才的救世者自居,提出了自己的美学观念。这都是其独特性情的体现。

二、外在环境的影响

先天个体性情的因素之外,王国维审美思想的发生又是后天特定环境影响的结果。其后天环境又可以分两个方面概括:一是海宁家世的渊

---

① 王国维著,周锡山编校:《王国维文学美学论著集》,北岳文艺出版社 1987 年版,第 3 页。

源，二是中西理论的借鉴。

（一）海宁家世的渊源

俗语说，一方水土养一方人。从海宁家世来说，王国维的美学思想的产生与此不能说没有关系。浙江海宁优美的自然环境及悠久的人文传统、王氏家学嫡传的学识修养，都是王国维一生学术思想发展的潜在源头。

王国维出生于浙江海宁城双仁巷内。“双仁巷”，源于海宁城内的“双仁祠”，祠内祭祀的是“唐颜鲁公真卿，公尝为浙西节度使，宦寓盐官（唐代的盐官县即今海宁），人高其节，为立庙，并（颜）杲卿祀之”。由此可知，“双仁”即指颜真卿、颜杲卿兄弟。前者一代书法大家，且兼为唐代名臣自不必说了。其兄颜杲卿亦有典可考，即为文天祥《正气歌》中所称颂的“或为常山舌”之起兵讨安史、骂贼而死的颜常山。两位名人的高风亮节在王国维心目中都留下了深刻的印象，廉洁奉公、忠义而亡的悲壮形象唤起了早年王国维胸中的壮美之情，后来王国维亦有诗亟赞鲁公书品，即为证。

海宁州城还具有悠久的历史人文传统，学术风习由来已久。据近代查元复、朱宝瑨等纂辑的《海宁州志稿》考证，单有清一代，海宁入“文苑”传者，就多达四百多人。在史学、哲学、文辞训诂考据之学等领域，及至诗词创作入“艺文志”者，更是不胜枚举。晋代的干宝、唐代的顾况、清代的词章之士，无不在史学、哲学、文学、考据学等各个方面积淀了海宁沉郁、醇正的学术风气。王国维身处其中，21岁之前致力于旧学的阶段，无不是耳濡目染在先辈的言传身教之中，对后来其由哲学到文学再到史学，都有深刻的影响。另外，词学创作上的“自南宋以后，除一二人外尚未能有及之者”的诗词作品，想来亦无不是海宁文风的一种延续。

淳厚悠久的海宁人文气息赋予了王国维天才的学术才情。海宁优美秀丽的自然环境还陶养了王国维一颗善察的敏锐心灵。唐代皇甫湜在为顾况的《逋翁集》所做的序中,提到海宁的自然风貌:"吴中山泉,气状英淑怪丽,太湖异石,洞庭朱实,华亭清唳,与虎丘、天竺诸佛寺钩锦秀绝。君出其中间,翕轻清以为性,结泠汰以为质,煦鲜荣以为词,偏于逸歌长句,骏发踔厉,往往若穿天心、出月胁,意外惊人语,非寻常所能及。"①与顾况异时而同乡的王国维,其诗思之美想必也是受了这山川灵秀的滋养孕育。

从海宁整体的自然人文环境来看,王国维的审美思想中有其重壮美的传统。具体到王氏的家世渊源上,王国维受其祖辈及其父王乃誉的影响也是极为深远的。王国维有一篇《先太学君行状》专门追叙了其家世族谱及父亲王乃誉生前的具体情况,还有一篇《补家谱忠壮公传》,盛扬其远祖王禀的忠烈节行。这些都可以佐证王国维自身对家学传统的重视。概括起来说,王氏家学对王国维的影响主要表现在以下几个方面:

第一,对王氏远祖英雄形象的崇拜影响了王国维美学思想中对"天才论"的极力肯定。从颜氏双仁到王禀父子,以及王国维对自身才学的"天才"自信,都是与此有关的。

第二,在审美趣味方面,王国维对悲剧之壮美的认同也源于其早期的英雄崇拜心理。

第三,在具体的艺术鉴赏方面,王乃誉的一些审美见解也深深影响了王国维的美学思考。王乃誉在《日记》《画衍》等著作中显示了其对"笔墨"的重视、论画讲求"境界"的旨趣、论诗画时贵"秀厚"之风格、对艺术作品的鉴别之功等,这些无不在后世王国维的美学、诗学论著中得以再现。

上述影响之外,在对待时政的态度及治学方向等方面,王乃誉对王国维的影响亦是在在有之。《先太学君行状》中称:"君自光绪之初,睹世变日亟,亦喜谈经世之学,顾往往为时人所诟病,闻者辄掩耳去,故独

---

① (唐)顾况:《华阳集》原序,《四库全书》本。

与儿辈言之。今日所行之各新政，皆藐孤等二十年前膝下所习闻者也。"①王国维在学术上得以学贯中西、博闻洽识，其眼光之敏锐、视野之开阔，与其父之言传身教是不无关系的。

总的来说，海宁得天独厚的自然人文环境加之王氏家学源远流长的学术根底，都先天地赋予了王国维以学术之思的优越条件。正如昔者刘勰称屈原之"所以能洞监风骚之情者，抑亦江山之助"，海宁之美对于王国维的审美之思来说，又何尝不是神来之助呢？

（二）中西理论的借鉴

除外在环境的影响，王国维的美学思想还有其直接的理论来源。具体地说，可以分为中西两个层面。中国传统的老庄厌世哲学及"无为"与"大美"的美学范畴是王国维早年涉足西学之前就心向往之的。及至其20岁于罗振玉之东文学社中接触西学时，康德、叔本华的哲学理论开始进入其哲学思辨的视野，自此之后就一发不可收拾。终其毕生对人生、学术的思考，无不渗透着康德、叔本华哲学的余味。此外，席勒的"游戏说"、霍夫丁的心理学思想等对王国维的美学思考具有一定程度的影响，以下以对老庄思想与康德、叔本华思想的分析为主。

1. 老庄哲学对王国维的影响。

王国维在《〈红楼梦〉评论》中，开篇即引老庄的话，"人之大患，在我有身"，"大块载我以形，劳我以生"，以表明自己悲观主义的美学基调。继而在谈到美之性质时，又一言以蔽之曰"可爱玩而不可利用者"，谈哲学则是"可爱者不可信，可信者不可爱"，言谈论调与两千五百多年前的老子论美之"信言不美，美言不信"何其相似。对于中国传统的儒道两派美学思想，王国维更倾向于道家的无为与天地不言之大美，其审美价值观之超功利性、人生观之悲观厌世都与老庄哲学的影响不无关系。具

① 姚淦铭、王燕编：《王国维文集》（第1卷），中国文史出版社1997年版，第90页。

体来说，王国维的美学思想与文学批评，受道家乃至禅宗的影响表现在以下几个方面：

首先，对审美主体自身修养的要求。王国维希望审美主体能超脱功利世俗欲望、保持“赤子之心”，在艺术创作中则主张要写真景物、真感情，反对利害欲望上的追求，唯有此才能摆脱势力之欲的苦痛，达到自由愉悦的高尚境界。这与老子所提倡的“见素抱朴”“少私寡欲”的思想是一脉相承的。

其次，对艺术创作风格的要求。王国维推崇艺术创作之天然成趣、自然浑成，反对人工雕琢伪饰，追求“不著一字，尽得风流”的无我之境，这一点与道家自然无为、“大巧若拙”的艺术主张如出一辙。

再次，对审美境界的追求。无论是文学批评中的“无我之境”“有我之境”，还是美学思想中的“优美”和“壮美”，王国维对审美境界的最高追求都是主体之意志为之遁去，观物则但观其物，从而摒却物我之纠缠。换句话说，就是以物观物。从这一点上说，老庄与禅宗美学都讲求以心化物、物我不分的审美境界，老子观物亦讲求“致虚极，守静笃，万物并作，吾以观复”。这些都可谓王国维美学思想的源头。

最后，对美与真、善关系的认识。王国维推崇道家的天地之大美，追求自由与无限，反对用道德政治限制美与艺术，认为美与伦理之善是并行其道的。此外，对美与真的认识，王国维对道家的“信言不美，美言不信”也是心有所悟的。其1908年从哲学转入文学的契机，就是因认识到哲学之“可爱者不可信，可信者不可爱”，以美求真，则只会增加真之迷惑；以真释美，则只会使美形如枯槁。美与真固然有一定的联系，但两者更有本质的不同。对此，王国维之于老庄是心有戚戚的。

正是因为早期对老庄哲学的吸收借鉴，王国维在引入西方康、叔哲学理论时才能够融会贯通，为我所用，其《〈红楼梦〉评论》中的悲剧论美学也因此表现出与叔本华美学的不同。举例来说，同为人生观上的厌世主义，老庄哲学表现为对现实的不满，但又不放弃对人生美好理想的追求,转而肯定人的自由与无限,是一种向后看的积极态度。叔本华的悲观主义则是对人生的彻底绝望,从根本上否定人类存在的意义,这一点是极端消极的。此外,老庄哲学以“道”作为审美的最高理想,又是哲学的最高境界,而“道”的本质是自然的元始,又是社会无为而治的总规律,也是美的至高境界。三者的同位一体,实际是肯定了自然、社会与人的统一。与之相反,在叔本华的观念中,美是存在于拒绝意志,是与社会、人的本性完全对立的东西,这样人在追求美的过程中就只能异化自身,从而处于一种被动的地位。《〈红楼梦〉评论》中,王国维对庄子“形同槁木,心如死灰”的警语及色、相、空、无等宗教范畴的玩味,对“茫茫大士”以及“渺渺真人”自由行踪等描写的赞美,无不表现出对传统老庄审美理想的倾慕之情。总体来说,叔本华的哲学思想与老庄思想都对王国维产生了极大的影响,鉴于这两种思想的相似与不同,对王国维美学思想的来源也需要具体分析,不能一概而论。

2. 康德、叔本华之哲学对王国维的影响。

康德、叔本华之哲学对王国维的影响主要体现在其对美的本质的认识等美学基本原理的思辨方面。这方面王国维的主要论著有《〈红楼梦〉评论》《人间嗜好之研究》《去毒篇》《古雅之在美学上之位置》等。分开来说,康德之哲学对王国维美学思想的影响主要是其审美超利害说与天才论。叔本华的影响则更多表现为唯意志论和悲观主义的人生论。

《古雅之在美学上之位置》一文集中表现了王国维的审美无功利观念和天才论的思想。文章开篇即言“‘美术者,天才之制作也’,此自汗德以来百余年间学者之定论也”①。从康德的立论出发,王国维依次论述了审美的无功利性质,以及优美、宏壮、古雅等基本美学范畴。在康德那里,其对审美无功利的论述主要从两个层面展开。首先,从审美对象

① 王国维:《王国维遗书》(第3册),上海书店出版社1983年版,第614~615页。

而言,美的对象只相关于事物的形式,与实质无关。自然和社会中的客观事物,在现实生活中都可能与人发生这样或那样的关系,从而表现为各种各样的使用价值,但是这些事物的感性形式对于人就不存在这种关系。审美的发生正是以这些感性形式为对象的,从而与人的利害关系无关。其次,从审美活动的主体方面言之,审美判断力也是不含概念判断、利害观念的直观感受。康德首先将人的心理活动分为知、情、意三个方面,分别对应着知识、情感、伦理道德的三个领域。其中审美活动的发生主要相关于人的情感。情感活动的对象就是事物的形式。任何事物的存在对于人类来说都具有其内容和形式的合目的性。审美活动的发生正是人的情感对事物的形式之主观和目的性的认同。这种认同无关概念判断,而仅仅是直观体验。同时,这种审美直观虽无概念判断的过程,但仍具有客观必然性。这种客观必然性即来自先验的审美判断力。先验、普遍的审美判断力产生于天才的天赋,依康德所说:“天才就是那天赋的才能,它给艺术制定法规。既然天赋的才能作为艺术家天生的制造机能,它本身是属于自然的,那么,人们就可以这样说:天才是天生的心灵禀赋,通过它,自然给艺术制定法规。”这就是康德的审美先验论和天才论,这些都在王国维的美学思考中得到了完美的再现。《古雅之在美学上之位置》一文中,王国维将对美的本质属性的认识表述为“可爱玩而不可利用者”,并在此基础上提出古雅的美学范畴,以强调美的本质在于对象的形式。对于康德的天才论,王国维还提出了不同的观点。以古雅为例,其认为美之形式不仅来源于天才给艺术制定的法规,普通人通过后天的努力而得的艺术作品亦可以作为一种“第二形式”,引起人的审美快感。这里王国维对人的主观能动性的强调较之康德的先验论无疑是一种进步。

叔本华之哲学对王国维的影响主要表现在《〈红楼梦〉评论》对悲观主义人生论的论述上。《〈红楼梦〉评论》凡五章:第一章是人生及美术之概观;第二章谈《红楼梦》之精神;第三章论述《红楼梦》在美学上之价值;第四章是《红楼梦》在伦理学上之价值;第五章是余论。其开篇便引了老子的“人之大患,在我有身”和庄子的“大块载我以形,劳我以生”之名言,点出了人类生死忧患之共相,亦即“夫生者,人人之所欲;忧患与劳苦者,人人之所恶也”。接下来全篇基本都是在用叔本华的悲观主义哲学来分析《红楼梦》的艺术价值。具体来说,叔本华的哲学理论又主要受康德的影响,其在《作为意志和表象的世界》第二版《序言》中即写道:“康德的哲学,只要是掌握了它,就会在每个人头脑中产生一种根本的变化,一种如此重大的变化,真可当作一种精神的再生看待。只有康德哲学才能够真正排除掉头脑中那天生的、从智力的原始规定而来的实在主义……谁要是没有掌握康德哲学,那么,不管他在别的方面读了些什么,他总是好象在天真状态中似的,即总是拘囿于那自然而然的、幼稚的实在论中……因此,谁要是向往哲学,就得亲自到原著那肃穆的圣地去找永垂不朽的大师。”①王国维之接受康德的哲学理论就是以叔本华书中对康德理论的介绍为中介的。比较康德、叔本华的哲学理论,两者的不同主要在于叔本华取消了康德哲学中“自在之物”的概念,而代之以“意志”,用意志来说明世界和人的本质。叔本华哲学把人的存在和人生的意义作为哲学的首要任务,从而将唯意志主义、唯我主义、悲观主义和虚无主义融为一体。其哲学的基本意图是把世界观与人生观统一起来进行阐释,从而建立一种没有宗教的信仰。叔本华的意志哲学以意志作为世界的本质,把事物看成意志的现象或表象,把意志与表象的诸种关系又建立在人与世界关系的基础上。从此一前提出发,叔本华创立了一种新型的人生观,即认为生命意志在本质上就是痛苦,人的本质就是悲观,因为一切欲求皆是由于匮乏,是由于对自己的现状不满。欲求得不到满足,就产生痛苦;每一次欲望的满足皆不可能持久,并且皆是新

---

① (德)叔本华:《作为意志和表象的世界》,商务印书馆1982年版,第16~19页。

的欲望之起点。在此一点上,王国维与叔本华有同感,但两者又有不同。叔本华的哲学更多的是存在于理论形态中的形而上学,而王国维是从个人的人生体验去解读叔本华的,当他将叔本华作人本主义解读时,叔本华无形中亦即成了他期待中的人生哲学向导了。这也是后来王国维从哲学转向文学时,对哲学之“可爱而不可信”产生困惑的原因。王国维的哲学出发点是解决现实人生的实际问题,面对的是当时中国社会满目疮痍的苦难现实,这一点与叔本华哲学之致力于理论的建构有着很大的不同。也正是因此,“叔氏自身的性行恰与其学说自相背戾”①。在王国维看来,其学说“半出于其主观的气质,而无关于客观的知识”②。与此相反,王国维哲学美学思想的发生则一直伴随着其对人生百态的切身体验。从早年的因贫扰学,到后来的因病辍学,天才梦一次次被捣碎,在这种万般无奈之情况下,王国维求助于美术,以美术聊以慰藉那摇摆于“厌倦”与“苦难”之间的有形之我。《〈红楼梦〉评论》正是在此基础上产生的。

总的来说,王国维美学思想受康德、叔本华的影响是极为深远的,终王国维一生,直至后期的史学考据研究,乃至其“自沉”的生命终结,都可以看出天才思想及悲观主义人生论的影子。王国维亦曾在《〈静安文集〉自序》中说:“余之研究哲学,始于辛壬之间……其所尤惬心者,则在叔本华之《知识论》,汗德之说得因之以上窥……今岁之春,复返而读汗德之书。嗣今以后,将以数年之力研究汗德。他日稍有所进,取前说而读之,亦一快也。故并诸杂文刊而行之,以存此二三年间思想上之陈迹云尔。”他再三研读康德和叔本华之著作,对这两位哲学大师推崇备至,并写下了《汗德像赞》与《叔本华像赞》。前者曰:“赤日中天,烛彼穷阴;丹凤在霄,百鸟皆喑。谷可如陵,山可为薮;万

① 佛雏:《王国维诗学研究》,北京大学出版社 1999 年版,第 8 页。
② 佛雏:《王国维诗学研究》,北京大学出版社 1999 年版,第 8 页。

岁千秋,公名不朽!”后者曰:“嗟予冥行,百无一可;欲生之戚,公既诏我。公虽云亡,公书则存;愿言千复,奉以终身!”千秋万岁,终身以奉,倾慕之情,可见一斑。

第二节　王国维审美价值观特征论

王国维作为中国近现代美学的奠基者之一,其美学思想具有多方面的开拓性意义。较之于传统美学观念,王国维的审美价值思想表现出向近现代转型的时代特质。具体来说,其对审美价值独立性的高度重视、对审美活动主体独立精神的极力弘扬、对审美之于人生救赎意义的密切关注,都对中国近现代美学学科的规范化独立发展道路具有深远的影响。

一、对审美价值独立性的高度重视

任何一门学科的诞生,都是从强调研究对象的性质以及张扬研究对象的独立价值开始的。美学成为一门独立的学科乃是近代认识论发展的结果。鲍姆嘉通将美学从逻辑学中独立出来,康德将审美关系与认识关系、实践关系区分开来,从而使美学拥有自己的对象、范围、目的和方法而得以独立。美学得以产生、发展的逻辑起点便是确认人类审美活动的个性与价值,标榜审美的无功利性和独立自主,努力把审美从宗教或政治伦理教化功能中解放出来。是否承认、尊重人类审美活动的独立价值,是区分古典美学与现代美学的重要依据。现代美学的诞生正是以其自觉的审美自治理论的出现为标志的。王国维遵循这一学科建立的逻辑,强调审美活动的无功利性,从而探讨审美特性、高扬审美价值以及谋求审美自治,并由此确立了美学学科的独立地位。

王国维之美学思想从形成之初,就突出强调审美自律,倡导审美自治。审美无利害的观点早在1902年王国维“决计从事于哲学研究”时便已形成,并且在其热心于西方哲学、美学研究和对中国文艺现象的批评活动中都有不同方式的表述。可以说,审美无功利性始终贯穿于王国维美学研究与文学批评的实践之中。1903 年,在《论教育之宗旨》一文中,王国维即首次对真、善、美与知、情、意作了区分,这是审美得以进一步确认自身存在的逻辑,进而在整个文化体系中得以独立的前提之一。依据康德的知、情、意理论,王国维在《论教育之宗旨》中明确指出:"精神之中又分为三部:知力、感情及意志是也。对此三者而有真美善之理想:'真'者知力之理想,'美'者感情之理想,'善'者意志之理想也。"① 真、善、美与知、情、意的划分,完全摆脱了中国传统美学把主体心理看作一个混沌整体的思维模式,从而为审美主体的存在找到了独立的空间。此后,1904 年王国维在《孔子之美育主义》《叔本华之哲学及其教育学说》等文中又明确提出了审美超利害的观点。王国维指出:"吾人于此桎梏之世界中,竟不获一时救济欤? 曰:有。唯美之为物,不与吾人之利害相关系,而吾人观美时,亦不知有一己之利害。何则? 美之对象,非特别之物,而此物之种类之形式,又观之之我,非特别之我,而纯粹无欲之我也。"②在《〈红楼梦〉评论》中,这种审美区别于科学和实践并超脱人生欲望的观点又得到进一步发挥。这以后,在《古雅之在美学上之位置》一文中,王国维对审美超越生活利害的观点做了全面的总结:"美之性质,一言以蔽之曰:可爱玩而不可利用者是已。虽物之美者,有时亦足供吾人之利用,但人之视为美时,决不计及其可利用之点。其性质如是,故其价值亦存于美之自身,而不存乎其外。"③这里,他从审美对象和审

① 姚淦铭、王燕编:《王国维文集》(第 3 卷),中国文史出版社 1997 年版,第 57 页。

② 姚淦铭、王燕编:《王国维文集》(第 3 卷),中国文史出版社 1997 年版,第 321 页。

③ 姚淦铭、王燕编:《王国维文集》(第 3 卷),中国文史出版社 1997 年版,第 31 页。

美主体两个层次论述了审美的超功利性，认为审美对象“不与吾人之利害相关系”，具有“可爱玩而不可利用”的性质；审美主体也须有“决不计及其可利用”的态度。这样，审美的价值就“存于自身”，审美活动本身就成为一种不求利害的活动，即“吾人观美时，亦不知有一己之利害”的活动。此外，审美价值的无功利性还表现在审美对象的形式本体上，即“一切之美，皆形式之美也”。王国维据此进一步区分了“优美”与“宏壮”之形式的不同：“优美皆存于形式之对称变化及调和。至宏壮之对象，汗德虽谓之无形式，然以此种无形式之形式能唤起宏壮之情，故谓之形式之一种，无不可也。”①最后，在把审美与功利实用相区别的同时，王国维把文学艺术与政治、道德、伦理、科学等做了明确的区分：“凡记述事物而求其原因，定其理法者，谓之科学；求事物变迁之迹，而明其因果者谓之史学；至出入二者间，而兼有玩物适情之效者，谓之文学。”②他还进一步指出文学的优越性在于“若夫知识道理之不能表以议论，而但可表以情感者，与夫不能求诸实地，而但可求诸想像者，此则文学之所有事也”③。综上所述，这种从人类精神活动方式的高度界定文学艺术的审美性、非功利性、情感性和想象性的比较分析方法，充分显示了王国维审美自治的自觉。

二、对审美活动主体独立精神的极力弘扬

王国维最早从西方引进“美学”这一概念，其对审美活动主体的理解定位于主体的感性存在上。在此基础上，其对美学基本问题的探讨也

---

① 姚淦铭、王燕编：《王国维文集》（第3卷），中国文史出版社1997年版，第32页。

② 姚淦铭、王燕编：《王国维文集》（第4卷），中国文史出版社1997年版，第365页。

③ 姚淦铭、王燕编：《王国维文集》（第4卷），中国文史出版社1997年版，第366页。

无不与美学的感性特征密切相连。在《释理》一文中,王国维即依据叔本华的学说对人类能力作了三大划分。首先,依叔本华所说“吾人之知力普遍之形式”,分而言之有四种:“一、名学上之形式。即从知识之根据之原则者,曰既有前提,必有结论。二、物理学上之形式。即从变化之根据之原则者,曰既有原因,必有结果。三、数学上之形式。……四、实践上之形式。……”在王国维看来,第四种形式,可以列诸第二种之下,亦即人的能力可分为三种:“第一种……乃吾人理性之形式,第二种悟性之形式,第三种感性之形式也。”①理性、悟性、感性的划分,使王国维把对审美问题的讨论首先建立在感性的基础之上。这为其表述个体生命在现实中的焦虑,为解脱人生之欲的痛苦和困惑,从而将审美和艺术作为缓释情感苦闷的家园奠定了感性基础。可以说,作为社会的人的个体感性生命如何体现,如何平息苦闷而又随时深忧现实人生欲求之苦的心理,是王国维审美价值论的主要旨归。

具体来说,王国维对审美活动主体感性存在的强调表现为三个方面:一是对中国传统哲学、美学思想中抽象客体理性范畴的批判。1904年至1906年,王国维写了《论性》《释理》《原命》等哲学论文,集中阐释了其对中国古典美学中诸理性范畴的理解。例如,在《释理》一文中,王国维首先对“理”这个词进行了词源学层面的考证,指出“理”包含两层含义,一为理由,一为理性,两者都是主观之物,“‘理’之意义,以理由而言,为吾人知识之普遍之形式;以理性而言,则为吾人构造概念及定概念间之关系之作用,而知力之一种也。故‘理’之为物,但有主观的意义,而无客观的意义。易言以明之,即但有心理学上之意义,而无形而上学上之意义也”。因而,“所谓‘太极’,所谓‘宇宙大理’,所谓‘超感的理

---

① 姚淦铭、王燕编:《王国维文集》(第3卷),中国文史出版社1997年版,第255页。

性’……不过一幻影而已矣”①。王国维不但从认识论上否定古代理性抽象的实体性，而且明确否定了古代理性范畴的伦理学价值，认为其无益于人的弃恶扬善。“理性者，知力之一种。故理性之作用，但关于真伪，而不关于善恶。然在古代，真与善之二概念之不相区别，故无足怪也”，“理性之但为行为之形式，而不足为行为之标准”。② 在《论性》一文中，王国维又以康德哲学上的知识论为立足点，批判了中国哲学史上的“性善”与“性恶”之争，指出人性问题关系到知识的内容，抽象地谈论人性的本质或普遍的本性是不可能的。在《原命》一文中，王国维将传统的“命”概括为两层含义：一是“言祸福寿夭之有命者，谓之定命论（Fatalism）”；二是“言善恶贤不肖之有命，而一切动作皆有前定者，谓之定业论（Determinism）”。如此理解“命”，就对儒家“生死由命，富贵在天”的宿命论表示了怀疑，自觉地突出伦理学中“自由意志”和“定业论”的矛盾。王国维指出：“此二论之争论而不决者，盖有由矣。盖从定业论之说，则吾人对自己之行为，无丝毫之责任，善人不足敬，而恶人有辞矣。从意志自由论之说，则最普遍最必然之因果律，为之破灭，此又爱真理者之所不任受也。”③通过以上对“理”“性”“命”范畴之内在悖论的批判，王国维进一步为弘扬审美主体的个体感性精神打下了坚实的基础。

二是以天才作为艺术创作与审美鉴赏的主体，呼吁主体通过艺术活动而达到独立与自由。那么，何谓天才？在王国维看来，“天才者，天之所靳，而人之不幸也。蚩蚩之民，饥而食，渴而饮，老身长子，以遂其生活之欲，斯已耳。彼之苦痛，生活之苦痛而已；彼之快乐，生活之快乐而已。

---

① 姚淦铭、王燕编：《王国维文集》（第3卷），中国文史出版社1997年版，第261～262页。

② 姚淦铭、王燕编：《王国维文集》（第3卷），中国文史出版社1997年版，第262、265页。

③ 姚淦铭、王燕编：《王国维文集》（第3卷），中国文史出版社1997年版，第268页。

过此以往,虽有大疑大患,不足以撄其心。人之永保此蚩蚩之状态者,固其人之福祉,而天之所独厚者也。若夫天才,彼之所缺陷者与人同,而独能洞见其缺陷之处。彼与蚩蚩者俱生,而独疑其所以生。一言以蔽之,彼之生活也与人同,而其以生活为一问题也与人异;彼之生于世界也与人同,而其以世界为一问题也与人异。然使此等问题,彼自命之,而自解之,则亦何不幸之有?然彼亦一人耳,志驰乎六合之外,而身扃乎七尺之内,因果之法则与空间时间之形式,束缚其知力于外;无限之动机与民族之道德,压迫其意志于内,而彼之知力意志,非犹夫人之知力意志也?彼知人之所不能知,而欲人之所不敢欲,然其被束缚压迫也与人同。夫天才之大小,与其知力意志之大小为比例,故苦痛之大小,亦与天才之大小为比例。彼之痛苦既深,必求所以慰藉之道,而人世有限之快乐,其不足慰藉彼也明矣”。① 这里王国维所谓天才的特性即表现为独具的个性、敏锐的感受、高度的主观能动性、摆脱社会与自然束缚的抗争精神,以及在此基础上洞见缺陷、发现问题的能力,更能感到被束缚、被压迫的痛苦。这种痛苦就是天才之所以为天才的艺术创作动力与根源。天才的艺术作品就是对痛苦的宣泄,是聊以自娱的“游戏之事业”。通过对天才及其艺术作品特质的分析,王国维实是在呼吁感性个体自我意识的觉醒,这也是其审美价值论的实践意义所在。

最后,王国维对审美活动主体感性存在的强调还表现在其对崇高悲剧精神的弘扬上。这一点在前面提到王国维美学精神受海宁王氏家学渊源的影响时已有所论及了。王国维对壮美的理解与其对悲剧的理解密切相关,这一点在《叔本华之哲学及其教育学说》一文中即有所论述:“而美之中,又有优美与壮美之别。今有一物,令人忘利害之关系,而玩之而不厌者,谓之曰优美之感情。若其物直接不利于吾人之意志,而意

① 傅杰:《王国维论学集》,中国社会科学出版社1997年版,第265页。

志为之破裂,唯由知识冥想其理念者,谓之曰壮美之感情。”①他在《〈红楼梦〉评论》中又做了集中的论述:“美之为物有二种:一曰优美,一曰壮美。苟一物焉,与吾人无利害之关系,而吾人之观之也,不观其关系,而但观其物;或吾人之心中,无丝毫生活之欲存,而其观物也,不视为与我有关系之物,而但视为外物,则今之所观者,非昔之所观者也。此时吾心宁静之状态,名之曰优美之情,而谓此物曰优美。若此物大不利于吾人,而吾人生活之意志为之破裂,因之意志遁去,而知力得为独立之作用,以深观其物,吾人谓此物曰壮美,而谓其感情曰壮美之情。”②可以看出,王国维对壮美的论述主要是借鉴了康德、叔本华之“拒绝意志”说。所谓的壮美与崇高即产生于主体以自身的人格力量战胜并支配自然之“威力”的过程中,从而“使得我们身上的人性免于屈辱”。以拒绝意志、摆脱外在理性束缚的方式获得主体精神的最大认同,这就是王国维终其一生都在践行着的审美价值观念。

三、对审美之于人生救赎意义的密切关注

在王国维的美学思想中,审美问题的提出是与人的悲剧性生存处境相联系的。对人生问题的密切关注是王国维审美价值思想的根本出发点。“美学作为人的哲学的殿军就必须关心人的现实历史境遇,关心人的生存价值和意义,关心有限的生命的超越。”③正是在人文关怀的意义上,王国维以“美术”作为“超然于利害之外,而忘物与我之关系”的一个重要途径,其审美救赎的价值论思想凸显了现代美学转型的独特价值。

---

① 王国维著,周锡山编校:《王国维文学美学论著集》,北岳文艺出版社1987年版,第79~80页。

② 林文光选编:《王国维文选》,四川文艺出版社2009年版,第3~4页。

③ 刘小枫:《诗化哲学》,山东文艺出版社1986年版,第2页。

对王国维来说,人的本质问题是其一生不懈的追求。他的治学之路不惜从哲学转至文学,后而又至史学、考据之学,无不是在寻求人生价值的最大实现。换句话说,终其一生的治学之道无不是孜孜以求人生苦难问题的解决之道。人生的存在意义、人生的苦难何以解脱,类似的问题在王国维的相关美学论著中可以说俯拾皆是。总的来说,其对人生本质的认识可归结为"苦难"二字。在王国维看来,人既有身,就必有欲望,有欲望就不可能没有追求。但在实际生活中,并非人的所有欲望都能得到满足,一个欲望被满足了,其他的欲望就会接踵而至。即使人的所有欲望都获得满足,空虚、无聊、厌倦之情也会袭来,这同样是痛苦的。由此,他得出生活即欲望、人生即痛苦的结论。他在《〈红楼梦〉评论》中说:"生活之本质何?'欲'而已矣。欲之为性无厌,而其原生于不足。不足之状态,苦痛是也。既偿一欲,则此欲以终。然欲之被偿者一,而不偿者什百。一欲既终,他欲随之。……故人生者,如钟表之摆,实往复于苦痛与倦厌之间者也,夫倦厌固可视为苦痛之一种。"①此外,人的痛苦又可分为"积极的痛苦"与"消极的痛苦"。所谓"积极的痛苦",是指为满足生活之欲而付出的劳动造成的痛苦,它含有"快乐之原质";"消极的痛苦",是由无对象的精神空虚引起的,它是"尤为人所难堪"的痛苦。即使"积极的痛苦"含有"快乐之原质",人们也不能经常处于这种痛苦之中,因为人难免有闲暇的时候,这时人们就需要以种种嗜好来缓释"空虚之消极的痛苦"。这种嗜好与生活之欲有关联,"人之一生,唯由此二欲以策其知力及体力,而使之活动。其直接为生活故而活动时,谓之曰'工作',或其势力有余,而唯为活动故而活动时,谓之曰'嗜好'。故嗜好之为物,虽非表直接之势力,亦必为势力之小影,或足以遂其势力

① 姚淦铭、王燕编:《王国维文集》(第1卷),中国文史出版社1997年版,第2页。

之欲者,始足以动人心,而医其空虚的苦痛。"①在种种嗜好中,艺术是最为高尚的一种。

艺术之所以能解脱人生摇摆于"苦痛"与"厌倦"之间的无奈,就是因为其本身的无功利性。在王国维看来,艺术之为物,能"使吾人超然于利害之外,而忘物与我之关系。此时也,吾人之心无希望,无恐怖,非复欲之我,而但知之我也"。② 与此同时,对艺术的审美鉴赏又与主体自身的精神修养密切相关,主体审美态度的无功利性是审美鉴赏得以达成的关键。"是故观物无方,因人而变:濠上之鱼,庄、惠之所乐也,而渔父袭之以网罟;舞雩之木,孔、曾之所憩也,而樵者继之以斤斧。……故美术之为物,欲者不观,观者不欲;而艺术之美所以优于自然之美者,全存于使人易忘物我之关系也。" ③只有通过对自然之美或艺术作品的观赏与创造,忘掉物我之关系与生活之欲,摆脱现实关系对人的限制以及内在的欲求对人的支配以后,人才可以获得自由与解放,主体才能得以自我肯定,继而进入审美之境。

第三节 王国维审美价值观本质论

审美价值首先作为一种价值的形态类型而存在,其本身具有价值的根本属性,"价值就是对象之所以成为有价值的对象的东西。它不是任何外在于对象的东西,而是对象符合自己的概念、完成自己的使命时的

---

① 姚淦铭、王燕编:《王国维文集》(第3卷),中国文史出版社1997年版,第28页。

② 姚淦铭、王燕编:《王国维文集》(第1卷),中国文史出版社1997年版,第3页。

③ 王国维:《〈红楼梦〉评论》,浙江古籍出版社2012年版,第3~4页。

对象本身”①。也就是说,价值不是从外加给对象的,而是内在于、属于对象的,它是对象之所以有价值的东西、之所以成为它自己的东西,亦即,价值是就对象本身而言的。当然,这里的对象本身不是一种纯客观的存在,而是一种意向性的存在,是被意识到或者进入意识领域的客体,是“我思之对象”,相应来说,价值也就不是一种纯粹与主体疏离的东西,而是一种意向性的存在。意向性不单指向主体或客体,而是主客体间的桥梁和媒介。具体到审美价值来说,审美价值是就审美对象而言的,审美价值亦存在于审美对象本身。正如王国维所说:“美之性质,一言以蔽之曰:可爱玩而不可利用者是已。虽物之美者,有时亦足供吾人之利用,但人之视为美时,决不计及其可利用之点。其性质如是,故其价值亦存于美之自身,而不存乎其外。”②那么,审美对象又具有哪些特质属性呢?其表现为两个方面,亦即作为审美价值的审美对象存在于两个层次——感性的存在与情感的存在。

审美对象是知觉的对象,它在完满的感性中,获得自己完满的存在、自己的价值本原。杜夫海纳认为,对象只有当它被意识到时,才成其为对象。同理,审美对象也只有在进入欣赏者的知觉中时才能完全真正成为审美对象,只有欣赏者的知觉才能建立和完善审美对象。知觉的对象正是感性的对象。审美对象首先是一种感觉物。

审美对象又是情感物。在杜夫海纳看来,审美对象之不同于其他对象的特质就在于其为审美活动的主体提供一种意义把握的空间。这种意义不是概念性的,不能用概念进行分析,其存在于一个自为的世界中,具有整体性、精神性,它“以一种不可表达的情感性质概括和表达了世

---

① (法)米盖尔·杜夫海纳:《美学与哲学》,中国社会科学出版社1985年版,第24页。

② 王国维著,周锡山编校:《王国维文学美学论著集》,北岳文艺出版社1987年版,第37页。

界的综合整体:它把世界包含在自身之中时,使我理解了世界。同时,正是通过它的媒介,我在认识世界之前就认出了世界,在我存在于世界之前,我又回到了世界”①。审美价值的真正所在,就在于它能够揭示世界的情感性质。

具体到王国维的美学思想来说,其审美价值的本质就是境界。《人间词话》中以境界论词,认为“词以境界为最上,有境界则自成高格,自有名句”。也就是说,“境界”就是使词之所以为词、为优秀之词的标尺,是高格之词、名句佳篇的特质所在。换句话说,境界就是审美标准,是审美价值的本质,是使美的对象之所以为美的根本所在。在境界之外,王国维提到了审美价值的具体存在方式,表现为“优美”“壮美”“古雅”等审美形态。审美价值的实现还有赖于审美活动主体的自身素养,对此,王国维提到了美育的相关问题。以下分别论述之。

一、审美价值的本质:境界

“境界”的概念,在王国维那里,是相关于文学艺术的本质而存在的,亦即文学艺术作为审美对象的本质存在。《人间词话》第九则中即说:“《严沧浪诗话》谓:‘盛唐诸公,唯在兴趣。羚羊挂角,无迹可求。故其妙处,透澈玲珑,不可凑拍。如空中之音,相中之色,水中之影,镜中之象,言有尽而意无穷。’余谓:北宋以前之词,亦复如是。然沧浪所谓兴趣,阮亭所谓神韵,犹不过道其面目,不若鄙人拈出‘境界’二字,为探其本也。”又说:“言气质,言神韵,不如言境界。有境界,本也,气质、神韵,末也。有境界而二者随之矣。”②

境界作为文学艺术的本质,其具体内容首先表现为文学构成的外在

① (法)米盖尔·杜夫海纳:《美学与哲学》,中国社会科学出版社1985年版,第26页。

② 王国维:《王国维遗书》(第15册),上海古籍书店1983年版,第2页。

因素。依王国维所说,构成文学的基本元素包括两个方面:“文学中有二原质焉:曰景,曰情。前者以描写自然及人生之事实为主,后者则吾人对此种事实之精神的态度也。故前者客观的,后者主观的也;前者知识的,后者感情的也。”①这种主观与客观、景物与情感相结合的具体表现形态就是境界。所谓境界者,“非独谓景物也。喜怒哀乐,亦人心中之一境界。故能写真景物、真感情者,谓之有境界。否则谓之无境界。”②也就是说,一方面,境界是情与景、意与象的交融统一。另一方面,境界要求情景、意象再现的真实性。所谓再现的真实,要求创作者忠实,要求审美者首先能够真切感受情景、意象之美,其次要能够真实地将之表现出来。对此,王国维还专门利用“隔”与“不隔”的概念加以说明。“隔”就无境界,“不隔”才有境界,而“语语都在目前,便是不隔”,亦即境界的审美是通过“语语都在目前”的直觉得以实现的。直觉认识的特点是:第一,审美直觉是纯粹的,是不借任何概念的,在这种过程中,不知何者为我、何者为物。第二,审美直觉的目的不是直觉之物,而是美本身。这样,境界作为审美直觉的对象,其体现出的审美价值特质就比较清晰了。

二、审美价值的实现:优美、壮美、古雅

审美价值的本质是境界,而在具体的审美过程中,对境界之美的体验又体现为优美、壮美、古雅三种类型。对于境界与优美、壮美、古雅的关系,王国维亦有明确的解释。首先,境界“有有我之境,有无我之境”,“无我之境,人惟于静中得之。有我之境,于由动之静时得之。故一优

① 姚淦铭、王燕编:《王国维文集》(第1卷),中国文史出版社1997年版,第25页。

② 王国维:《王国维遗书》(第15册),上海古籍书店1983年版,第1页。

美，一宏壮也”。[①] 也就是说，对境界之美的不同体验方式即表现为优美与壮美的不同类型。

王国维所谓的优美与壮美是存在于具体的审美过程中的，与审美活动之主客体的实践关系相关。离开具体的审美鉴赏活动，优美与壮美也就失去其价值本体的意义了。对此，王国维具体解释：“苟一物焉，与吾人无利害之关系，而吾人之观之也，不观其关系，而但观其物。或吾人之心中，无丝毫生活之欲存，而其观物也，不视为与我有关系之物，而但视为外物，则今之所观者，非昔之所观者也。此时吾心宁静之状态，名之曰优美之情，而谓此物曰优美。若此物大不利于吾人，而吾人生活之意志，为之破裂，因之意志遁去，而知力得为独立之作用，以深观其物，吾人谓此物曰壮美，而谓其感情曰壮美之情。”[②]从这一段话中可以发现优美与壮美的两个构成因素，一是直观之物，一是主体之感情。联系前面对审美价值之本质的分析，可以看出，正是这两个方面赋予了优美与壮美以审美价值的属性。

在优美与壮美的基础上，王国维提出了古雅的概念，以强调审美价值的直观感性与主体的情感无功利性。《古雅之在美学上之位置》一文中指出：“然天下之物，有决非真正之美术品，而又决非利用品者。又其制作之人，决非必为天才，而吾人之视之也，若与天才所制作之美术无异者，无以名之，名之曰古雅。”[③]古雅相关于文学创作的形式美，是王国维在康德所谓“一切之美，皆形式之美也”的美学观念基础上提出来的。在王国维看来，“一切之美，皆形式之美也。就美之自身言之，则一切优美皆存于形式之对称变化及调和。至宏壮之对象，汗德虽谓之无形式，

① 姚淦铭、王燕编：《王国维文集》（第1卷），中国文史出版社1997年版，第142页。

② 俞晓红：《王国维〈红楼梦评论〉笺说》，中华书局2004年版，第31页。

③ 王国维：《王国维遗书》（第3册），上海古籍书店1983年版，第615页。

然以此种无形式之形式能唤起宏壮之情，故谓之形式之一种，无不可也。”①古雅作为一种审美形态，亦是一种形式之美，是形式之形式美。在王国维看来，“一切形式之美，又不可无他形式以表之，惟经过此第二之形式，斯美者愈增其美，而吾人之所谓古雅，即此第二种之形式。即形式之无优美与宏壮之属性者，亦因此第二形式故，而得一种独立之价值，故古雅者，可谓之形式之美之形式之美也”。从这里可以看出，古雅与优美、宏壮是一种互补、并列的关系，而非如有些人所理解的那样，前者凌驾于后二者之上或从属于后二者之中。古雅作为一种第二形式，要理解其概念首先要确定王国维所谓“形式”的内涵。这里的形式是广义的，其相对于人的情感而言。同一物体，作为认识的对象时，其本质是“材质”，作为情感的对象时，其本质就是“形式”了。王国维认为：“就美术之种类言之，则建筑雕刻音乐之美之存于形式固不俟论，即图画诗歌之美之兼存于材质之意义者，亦以此等材质适于唤起美情故，故亦得视为一种之形式焉。释迦与马利亚庄严圆满之相，吾人亦得离其材质之意义，而感无限之快乐，生无限之钦仰。戏曲小说之主人翁及其境遇，对文章之方面言之，则为材质；然对吾人之感情言之，则此等材质又为唤起美情之最适之形式。故除吾人之感情外，凡属于美之对象者，皆形式而非材质也。”②在此基础上，形式又分为多种类型，其分类亦是以所引起主体的情感反应为标准的。优美引起主体内心的宁静之情，宏壮则引起主体保存自己之本能，意志为之遁去，表现为惊奇之情。此二者之外，即“形式之无优美与宏壮之属性者”，亦能引起主体相应的感情，只要这种感情是无功利性的，这种形式就是古雅，其所引起的感情大概就叫“古

① 王国维著，周锡山编校：《王国维文学美学论著集》，北岳文艺出版社 1987 年版，第 38 页。

② 王国维著，周锡山编校：《王国维文学美学论著集》，北岳文艺出版社 1987 年版，第 38 页。

雅之情”了吧。

由此看来,古雅一方面作为形式而存在,需要人的直观得以把握,是人的直观之物;另一方面,古雅是一种审美对象,其相关于审美活动主体的“爱玩”之感情,具有情感的属性,与认知理性无关,是人的情感之物。从这两个方面来说,古雅与优美、宏壮属于相同的审美价值层次,都是审美活动过程中审美价值得以实现的产物。

三、审美价值的意义:美育

鉴于审美价值的实现相关于主体的一系列情感活动,情感的发生又相关于审美活动主体的自身素养,王国维继而提出了美育的相关问题。通过审美教育,提高人的生存境界,从而摆脱苦难之域,这也是王国维美学思考的旨归所在。

王国维主要是从审美心理入手,分析了美育得以实施的必要性和特征。其对人的心理活动过程的分析借鉴了康德知、意、情的三分说,认为“‘真’者知力之理想,‘美’者感情之理想,‘善’者意志之理想也。完全之人物不可不备真美善之三德,欲达此理想,于是教育之事起”①。在具体的心理活动过程中,三者又是密不可分的,由此造成人心之活动的复杂情况:“活动之不能以须臾息者,其唯人心乎。夫人心本以活动为生活者也。心得其活动之地,则感一种之快乐,反是则感一种之苦痛。此种苦痛,非积极的苦痛,而消极的苦痛也。易言以明之,即空虚的苦痛也。空虚的苦痛,比积极的苦痛尤为人所难堪。何则?积极的苦痛,犹为心之活动之一种,故亦含快乐之原质,而空虚的苦痛,则并此原质而无之故也。人与其无生也,不如恶生;与其不活动也,不如恶活动。此生理学及心理学上之二大原理,不可诬也。人欲医此苦痛,于是用种种之方

---

① 姚淦铭、王燕编:《王国维文集》(第3卷),中国文史出版社1997年版,第57页。

法,在西人名之曰'To kill time',而在我中国,则名之曰'消遣'。其用语之确当,均无以易,一切嗜好由此起也。"①王国维结合康德的知情意论和叔本华的生活之欲说、席勒的游戏说,提出人的心理活动即人身体剩余势力的发泄。势力之欲即生活之欲,当势力用于生活而有剩余时,即要求有所发泄。所谓的发泄,就是进行一种有对象性的活动,亦即有对象供以消遣,而嗜好即这种消遣的对象。其中,文学、美术又是最高尚的嗜好。在王国维看来,"若夫最高尚之嗜好,如文学、美术,亦不外势力之欲之发表。希尔列尔既谓儿童之游戏存于用剩余之势力矣,文学美术亦不过成人之精神的游戏。故其渊源之存于剩余之势力,无可疑也。且吾人内界之思想感情,平时不能语诸人或不能以庄语表之者,于文学中以无人与我一定之关系故,故得倾倒而出之。易言以明之,吾人之势力所不能于实际表出者,得以游戏表出之是也。若夫真正之大诗人,则又以人类之感情为其一己之感情。彼其势力充实,不可以已,遂不以发表自己之感情为满足,更进而欲发表人类全体之感情。彼之著作,实为人类全体之喉舌,而读者于此得闻其悲欢啼笑之声,遂觉自己之势力亦为之发扬而不能自已。故自文学言之,创作与鉴赏之二方面亦皆以此势力之欲为之根柢也。文学既然,他美术何独不然?岂独美术而已,哲学与科学亦然。"②也就是说,人心理活动的本质特征决定了以文学、美术展开美育的必要性。特定时期美育的实施一方面能从根本上完善人的自身修养,从而培养德、智、美全面发展的"完全之人";另一方面,20世纪初中国国民的现状,又使每一个有识之士都无法摆脱一种社会担当的责任。提倡美育,以文学、美术作为人生之嗜好,对于填补国民精神的空

---

① 姚淦铭、王燕编:《王国维文集》(第3卷),中国文史出版社1997年版,第27页。

② 姚淦铭、王燕编:《王国维文集》(第3卷),中国文史出版社1997年版,第29~30页。

虚、制止国人吸食鸦片,从而进一步抵制、摒弃社会的不良恶习,使国民拥有高尚的精神生活来说,无疑具有特殊的疗效。王国维的美育思想就这样因“无用”而有用,因“超功利”而具有了至高的功利价值。

具体到美育的实施层面,王国维谈到了美育的三个特点,即自由性、独立性、超功利的纯粹性。所谓自由性,是因为美感愉悦来自对人生自由理想的体验和感情上的慰藉,而非来自欲望上的快感和对物质利益、道德观念的满足。它不受客观必然性的制约,无需“克己”,完全自由。在美育的过程中,受教育者也应具有极强的自主性和选择性,即可以完全凭借个人的情感、兴趣、嗜好选择接受对象,而不必受客观必然性的制约,也不必像其他教育那样带有强迫感。所谓独立性,是从美育的重要性出发,强调其区别于德育、智育的自身特质及完整的系统性。超功利的纯粹性是针对审美本质而言的,强调美育的精神特质。结合美育的这三个特点,在美育实施的过程中,还要注意美育与德育、智育的关系,三者同属于心育的范畴,互为手段,相辅相成。美育一方面能够促进智育的开展,深化认知,另一方面又是通向德育的中介、桥梁,能够促进道德律令的内化,从而实现人与社会的和谐发展。

总的来说,王国维的美育思想从人本立场出发,建立在其对审美价值无功利本质认识的基础之上,从心理学的角度分析了美育的特点,强调美育的功能,将美育放到与德育、智育同等重要的位置上,这与传统美育思想大相径庭。可以说,王国维的美育思想既是中国古代美育思想的终结,又是中国近代美育思想的开端。其中固然有理论的不成熟之处,但王国维筚路蓝缕以及天才的开拓精神是值得后人世代学习的。

第四节 王国维审美价值观之价值

处于古代到现代转折点上的王国维美学思想,一方面是对中国传统美学的总结,另一方面为现代美学的形成奠定了坚实的基础。表现在审美价值观上,王国维的阐释型思维模式、探其本的美学研究宗旨,对20世纪审美价值理论的发展都具有极为重要的开拓意义。

一、阐释研究的美学思维模式

王国维阐释型研究的思维模式——以西方美学思想阐释重构中国传统的美学资源,在20世纪中国美学学科的发展过程中产生了深远影响。具体来说,《〈红楼梦〉评论》即王国维系统采用西方哲学和美学的观点和方法来阐发中国古典文学作品的较早范例。这种阐发研究"应当算做'中国学派'的一个特点"。在比较文学美学领域开创这种阐发研究的正是王国维。这种阐发研究不仅展开了中西学术思想之间的对话交流,而且在传统文学研究注重考据或妙悟式的方法之外,把作品作为作者人生体验的一种符号和象征系统,用推理的方法阐释其中普遍的人生意义和价值,从而开启了我国自上而下的文学研究和批评的先河。用当下的眼光看,王国维的阐释性研究难免也有其不尽如人意的地方,但总的来说,他的这些努力为后来中国现代美学研究提供了一种方法论典范——以西方现代美学来阐发中国传统美学,使后者在与前者的沟通中实现现代转换。这一点对建构过程中的中国现代美学学科来说,其价值是不可估量的。

二、探其本的美学研究宗旨

王国维美学思想以及学术研究的主体和根本目的是探究生存的本质内涵,其探究所注重的是终极、永恒、本体的问题,所谓"探其本""第一义""世界人生之根本""宇宙人生之真理""人人所有之问题,而人人未解决之大问题",这一层面为王国维学术与美学研究的根本所在,是其本源与始基层面。王国维学术与美学思想的研究就是基于对存在本质的深层悟解与认知。这一存在之本在王国维美学思考的不同阶段又有不同的延展和阐释。举例来说,其对美之本质属性的认识体现为“可爱玩而不可利用者”,审美对象的本质就是“形式”,对文学之本质的认识就是“境界”,对人生之本质的认识就是“苦难”。且不说结论的正确与否,探其本的研究宗旨对中国现代美学的研究来说是必不可少的,其不仅突破了传统美学作为道德政治附庸的功利目的,而且也少有现代理性的功利色彩与内涵,这正是王国维无功利的审美价值观的特质所在。此外,在研究方法上,相对于中国传统的诗话评点、兴悟感发,王国维探究本源的审美价值研究以范畴的阐释、概念的界定、理论的演绎建构了一套系统的理论体系,这对于后世美学研究来说都是极为宝贵的学术资源。

总之,无论从美学研究方法上,还是在具体的美学观点上,王国维的审美价值理论都以其天才的创造性、开拓性开启了中国审美价值研究的现代性征程。更进一步说,王国维美学研究的意义不限于其美学、文学等学科方面的意义。王国维“带来中国文学批评中本质的改变”,“他以文学作为探索人生问题的工具,有助于把文学从道统的附庸中解放出来”。① 也不仅仅在于其思想和方法论意义的转型,更在于其突破传统伦理视界与理路而进入生存本体层面的探究和立论,在于其立论基础的转化。无论何种学术思想,人文关怀的视野永远都应是第一位的。

---

① 程国赋:《王国维文艺思想研究的世纪考察》,《学术交流》2005 年第 2 期。

第三章　蔡元培:
“以美育代宗教”的拯救

蔡元培,字鹤卿,号民友,后改号为孑民,1868 年出生于浙江绍兴一个商贾之家。蔡元培少年时期饱读经史,十七岁中秀才,十八岁任塾师,二十一岁中举人,二十四岁中进士,二十六岁升补翰林院编修。1898 年戊戌变法失败,“孑民是时持论,谓康党所以失败,由于不先培养革新之人才,而欲以少数人弋取政权,排斥顽旧,不能不情见势绌。此后北京政府,无可希望。故抛弃京职,而愿委身于教育云”①。同年九月,蔡元培辞官出京,任绍兴中西学堂监督。1901 年,他由浙江来到上海,建立“光复会”,参加“同盟会”,组织中国教育会,创办爱国女校和爱国学社,为革命培养人才,成为“翰林革命”第一人。1906 年,蔡元培留学德国,此后又多次留学西欧,以专一研究美学及考察美育情形为目的,为兼通中西文化奠定了基础。辛亥革命翌年,蔡元培出任中华民国第一任教育总长。1917 年,他激流勇进,担任了北京大学的校长,整饬校风,发展学术,提出了“学术自由”“兼容并包”的办学方针,对北京大学进行了全面彻底的改造,使之成为五四新文化运动的策源地。1929 年,蔡元培辞去他在蒋介石国民党政府中的一切职务,专任中央研究院院长一职,一心一意从事全国科学研究的组织领导工作。“九一八”事变后,蔡元培积极主张抗日,与宋庆龄、鲁迅等人发起组织中国民权保障同盟,为抗日救

① 高平叔编:《蔡元培全集》(第三卷),中华书局 1984 年版,第 320 页。

亡和促进国共两党的合作而操劳奔波。身为民主革命家、教育家的蔡元培,一生以教育和科学为事业的支柱,被毛泽东誉为“学界泰斗,人世楷模”。其中最精彩的一页是在中国还不知美学为何物的20世纪初叶,蔡元培以启蒙为目的,以人道主义为核心,大胆引进西方现代美学思想和美育理论,并结合中国传统,在全社会尤其是在教育领域积极宣传、大力推进美学和美育理论及其实践,由此使自己真正成为我国现代美学和美育理论,特别是我国现代人本主义美学思想和美育理论的奠基者和首倡者之一。蔡元培这种极具时代特点和民族精神的美学思想和美育理论集中体现在“以美育代宗教”这一重要命题上。

第一节　蔡元培“以美育代宗教”生成论

“以美育代宗教”是蔡元培于1917年4月和1930年12月的两次演说中提出来的。毫无疑问,蔡元培主张“以美育代宗教”是建立在他对“美育”和“宗教”及其二者关系的认真分析与深刻思考的基础之上的。1938年2月8日,蔡元培在为萧瑜(子昇)编著的《居友学说评论》一书撰写的序言中说:“余在二十年前,发表过‘以美育代宗教’一种主张,本欲专著一书,证成此议;所预拟的条目有五:(一)推寻宗教所自出的神话;(二)论宗教全盛时期,包办智育、德育与美育;(三)论哲学、科学发展以后,宗教对于智育、德育两方面逐渐减缩,以至于全无势力,而其所把持、所利用的,唯有美育;(四)论附宗教的美育,渐受哲学、科学的影响而演进为独立的美育;(五)论独立的美育,宜取宗教而代之。此五条目,时往来于余心,而人事牵制,历二十年之久而尚未成书,真是憾事。”此书未成,使我们后来者不能进一步地全面了解蔡元培有关这个问题的思想成果,确属憾事。实际上,他在自己以往的著述中已经把上述五个方面的内容提纲挈领地表述出来了。蔡元培曾从人的心理角度认真地分析过宗教的起源及其性质,认为宗教起源于人类的蒙昧时期。原始宗教的产生完全是一种精神作用,是初民们在人类社会生产力极端低下、科学技术极不发达的情况下对世界和人自身的一种解释。而这种解释的结果是不管何种宗教都一律归之于“神道”。在谈到西方宗教的起源和现状时,他曾说:“自兄弟观之,宗教之原始,不外因吾人精神作用而构成。吾人精神上之作用,普通分为三种:一曰知识;二曰意志;三曰感情。最早之宗教,常兼此三作用而有之。盖以吾人当未开化时代,脑力简单,视吾人一身与世界万物,均为一种不可思议之事。生自何来?死将何往?创造之者何人?管理之者何术?凡此种种,皆当时之人所提出之问题,以求解答者也。于是有宗教家勉强解答之。如基督教推本于上帝,印度旧教则归之梵天,我国神话则归之盘古。其他各种现象,亦皆以神道为惟一之理由。”①蔡元培的这种见解可以说基本符合马克思主义经典作家有关宗教起源的分析。恩格斯在《反杜林论》中曾经指出:“一切宗教都不过是支配着人们日常生活的外部力量在人们头脑中的幻想的反映,在这种反映中,人间的力量采取了超人间的力量的形式。”②蔡元培分析说:“天演之例,由浑而昼。当时精神作用至为浑沌,遂结合而为宗教。又并无他种学术与之对,故宗教在社会上遂具有特别之势力焉。”③随着历史的发展,生产力不断提高,科学技术不断创新,社会文明不断进步,原始宗教的神秘面纱逐渐被层层揭开,宗教全盛时期包办智育、德育和美育的局面已成为历史。它的许多功能已被哲学社会科学和自然科学等其他学科所取代,宗教也失去了它原有的意义而仅仅作为一种社会习俗存在,“夫宗教之为物,在彼欧西各国,已为过去问题。盖宗教之内容,现皆经学者以科学的研究解决之矣。吾人游历欧洲,虽见教

---

① 高平叔编:《蔡元培全集》(第三卷),中华书局1984年版,第30～31页。

② 恩格斯:《反杜林论》,载《马克思恩格斯选集》(第3卷),人民出版社1972年版,第354页。

③ 高平叔编:《蔡元培全集》(第三卷),中华书局1984年版,第31页。

堂棋布，一般人民亦多入堂礼拜，此则一种历史上之习惯”①。美学从哲学体系中独立出来，成为一门专门研究人类情感问题的学科，这又向宗教在人们情感教育领域中的统治地位提出了挑战。用科学的美育理论和实践取代宗教，担负起人类情感教育的重任已成为历史发展的必然。

“美育”，在蔡元培之前，中国还无人知道这个范畴。“美育的名词，是民国元年我从德文的Asthetische Erziehung译出，为从前所未有。”②什么是“美育”呢？蔡元培对此问题做过两次正面回答。一次是他在《美育与人生》一文中解释说：“人人都有感情，而并非都有伟大而高尚的行为，这由于感情推动力的薄弱。要转弱而为强，转薄而为厚，有待于陶养。陶养的工具，为美的对象，陶养的作用，叫作美育。”③另一次是他在为《教育大辞书》撰写的“美育”词条中的解释：“美育者，应用美学之理论于教育，以陶养感情为目的者也。人生不外乎意志，人与人互相关系，莫大乎行为，故教育之目的，在使人人有适当之行为，即以德育为中心是也。顾欲求行为之适当，必有两方面之准备：一方面，计较利害，考察因果，以冷静之头脑判定之；凡保身卫国之德，属于此类，赖智育之助者也。又一方面，不顾祸福，不计生死，以热烈之感情奔赴之。凡与人同乐、舍己为群之德，属于此类，赖美育之助者也。所以美育者，与智育相辅而行，以图德育之完成者也。”④两次回答虽有侧重点和详略的不同，“美育”范畴的基本内涵却是一致的，即在人的教育过程中，自觉地以“美的对象”为工具来陶冶人的情感，促进人的道德境界提升。“美的对象”对人的这种陶养作用就叫作“美育”。

毫无疑问，蔡元培认为“美育”就是“审美教育”，或者说是“美感教

① 高平叔编：《蔡元培全集》（第三卷），中华书局1984年版，第30页。
② 高平叔编：《蔡元培全集》（第六卷），中华书局1988年版，第54页。
③ 高平叔编：《蔡元培全集》（第六卷），中华书局1988年版，第157页。
④ 高平叔编：《蔡元培全集》（第五卷），中华书局1988年版，第508页。

育”。其核心问题是一种“情感教育”。正是在“情感教育”的内容与形式问题上,“美育”与“宗教”既相互渗透又相互碰撞。正如蔡元培所分析的,不管宗教的派别怎样不同,在最初的时候,宗教完全是教育,并且在它的全盛时期还囊括包办了智育、德育与美育全部内容。为了引起人们的美感、起到美育作用,“凡宗教之建筑,多择山水最胜之处,吾国人所谓天下名山僧占多,即其例也。其间恒有古木名花,传播于诗人之笔,是皆利用自然之美以感人者。其建筑也,恒有峻秀之塔,崇闳幽邃之殿堂,饰以精致之造像,瑰丽之壁画,构成黯淡之光线,佐以微妙之音乐。赞美者必有著名之歌词,演说者必有雄辩之素养,凡此种种,皆为美术作用,故能引人入胜”①。正是在这一点上,“美育”与“宗教”是相互交叉、相互渗透的。二者却有着本质的不同。蔡元培分析说,“美育”所使用的“美的对象”多取资于自然现象及社会状态,范围极广,没有限制,对情感起的是一种“陶养”的作用;而宗教所使用的无非是教堂建筑、宗教雕刻、绘画和音乐等有限的材料,而且“至于今日,宏丽之建筑,多为学校、剧院、博物馆。而新设之教堂,有美学上价值者,几无可指数”②。更何况,宗教对情感产生的是一种“激刺”作用,“盖无论何等宗教,无不有扩张己教、攻击异教之条件”③。总之,正像蔡元培所指出的:“一、美育是自由的,而宗教是强制的;二、美育是进步的,而宗教是保守的;三、美育是普及的,而宗教是有界的。”④一句话,“美育”是新兴的科学,宗教却是传统的迷信。在20世纪初倡导“科学”与“民主”的文化背景下,蔡元培认为,人生在世,沉湎于宗教所宣扬的虚幻王国,不如在美的世界里逍遥自己的精神,提出人生是不免于忧患的,心有所寄,则忧患消除。与其

---

① 高平叔编:《蔡元培全集》(第三卷),中华书局1984年版,第32页。
② 高平叔编:《蔡元培全集》(第三卷),中华书局1984年版,第32页。
③ 高平叔编:《蔡元培全集》(第三卷),中华书局1984年版,第32页。
④ 高平叔编:《蔡元培全集》(第五卷),中华书局1988年版,第501页。

寄于幽渺的宗教,不如寄于当前的美术,吾人沉睡于美的世界当中,直感当前,所觉唯美,生老病死,顿屏去于意识之中,此与宗教之信仰相比,更为纯洁,更为合理。因此,他坚决不同意用宗教取代美育,而极力主张“以美育代宗教”。

诚然,单从学理上探究“以美育代宗教”的主张,这一命题本身存在一些问题,美育自是美育,宗教自是宗教,何必一定要“以美育代宗教”呢?比如杜音在《论蔡元培“以美育代宗教”说》一文中着眼于宗教发生发展的历史文化背景,从美育最终能不能取代宗教上立论说:“就宗教的自身特点、其历史功绩和功能以及宗教的发展趋势来看,即使在当时,蔡先生的这一主张也过于绝对化了。”①但是,正像蔡元培把西方文化,特别是西方近现代哲学、美学思想引进中国不是或者说主要不是出于一种狭隘的学术动机一样,他提出“以美育代宗教”的主张也不是或者说主要不是为了进行一种学术探讨,而是有着深刻的社会历史背景和强烈的现实针对性的。20 世纪初,反帝反封建,即启蒙和救亡两大时代主题,比以往任何时候都更加鲜明突出地摆在了中国人面前。面对这一重大的历史课题,这个时代的风云人物都做出了自己的回答,实业救国论、宗教救国论、教育救国论等,不一而足。以康有为为首的保皇派筹建了“孔教会”,并以确立“孔教”为国教相号召,鼓吹以政治的手段、宗教的形式确立孔孟之道在国家意识形态中的统治地位。对此,蔡元培针锋相对地提出了批评:“不意我国当此时代,转欲取孔子之说以建设宗教。夫孔子之说,教育耳,政治耳,道德耳。其所以不废古来近乎宗教之礼制者,特其从俗之作用,非本意也……孔子自孔子,宗教自宗教,孔子、宗教,两不相关。‘孔教’二字,当[尚]能成一名词耶?”②蔡元培进一步指出:“我国人本信教自由,今何必特别提倡一教,而抹杀他教。况宗教为

① 杜音:《论蔡元培“以美育代宗教”说》,《长沙大学学报》1998 年第 3 期。
② 高平叔编:《蔡元培全集》(第二卷),中华书局 1984 年版,第 491 页。

野蛮民族所有,今日科学发达,宗教亦无所施其技,而美术实可代宗教。”①国内有人扯起“宗教救国”的大旗,而国际上,青年进行宣传。对此,蔡元培更是深恶痛绝,他说:“我曾经把复杂的宗教分析过,求得他最后的原素,不过一种信仰心,就是各人对于一种哲学主义的信仰心。各人的哲学程度不同,信仰当然不一样,一人的哲学思想有进步,信仰当然可以改变,这全是个人精神上的自由,断不容受外界的干涉。我愿意称他为哲学的信仰,不愿意叫作宗教的信仰。因为现今各种宗教,都是拘泥着陈腐主义,用诡诞的仪式,夸张的宣传,引起无知识人盲从的信仰,来维持传教人的生活。这完全是用外力侵入个人的精神界,可算是侵犯人权的。我所尤反对的,是那些教会的学校同青年会,用种种暗示,来诱惑未成年的学生,去信仰他们的基督教。”②面对社会上的这股浊流,他大声疾呼并坚持不懈地号召国人要“以美育代宗教”,是出于关心中国社会改革和人生问题的社会责任感,想以审美和艺术的方式来改造人心、改善人生,具有强烈的人格教育与人道主义色彩,更是出于对科学民主的对立物——宗教的声讨。在 20 世纪初期的中国,什么是美学还是一个非常新鲜陌生的问题。蔡元培学习研究美学并把它引进中国,用这一崭新的理论重新审视中国的传统文化,解决当时社会的现实问题。蔡元培倡导“美育”,主张“以美育代宗教”,也是出于鲜明突出的启蒙民智的目的。这一切都表现出蔡元培美学思想有着强烈的批判战斗精神,即要用科学的、自由的、进步的,具有普遍意义的美的法则和精神来教育国人,唤醒他们的良知,取代直至消除迷信的、保守的和僵化的宗教对人们的毒害。

---

① 高平叔编:《蔡元培全集》(第二卷),中华书局 1984 年版,第 489 页。
② 高平叔编:《蔡元培全集》(第四卷),中华书局 1984 年版,第 179 页。

第二节 蔡元培美育与审美的关系论

蔡元培倡导“美育”，主张“以美育代宗教”是其美学思想最根本的特色，也是其美学思想内在逻辑发展的必然结果。蔡元培是前清进士，旧学根底很深，只是在留学欧洲接触西方文明时才开始学习并喜欢上“美学”这门崭新的学问，他在自己的传略中说：“迁居来比锡，进大学听讲，凡三年。于哲学、文学、文明史、人类学之讲义，凡时间不冲突者，皆听之。尤注重于实验心理学及美学。”①蔡元培在“讲堂上既常听美学、美术史、文学史的讲〈演〉，于环境上又常受音乐、美术的熏习，不知不觉的渐集中心力于美学方面。尤因冯德讲哲学史时，提出康德关于美学的见解，最注重于美的超越性与普遍性，就康德原书，详细研读，益见美学关系的重要”②，从而一生与美学特别是美育结下了不解之缘。这时的蔡元培对西方美学史，对18世纪以来西方的主要美学流派都有广泛的兴趣和较为深入的研究，特别是对康德主观唯心主义和叔本华唯意志论的哲学美学思想更是情有独钟，并在此基础上逐步形成了自己独具时代特点和民族精神的以美育为核心的美学思想。

在美学的基本问题上，蔡元培以中国特有的中和思想为视角，折中了西方美学史上的主观论和客观论这两种根本对立的观点，提出了自己主客观相统一的看法。什么是美呢？蔡元培在《简易哲学·美感》中介绍“移情理论”的一段话基本能代表他对“什么是美”这个问题的看法：“美感的发生，就是赏鉴的人把自己移在对象方面，生同一可悲可喜的感态。而对象中，能促起这种感态的，就是美。”③

---

① 高平叔编：《蔡元培全集》（第三卷），中华书局1984年版，第326～327页。
② 高平叔编：《蔡元培全集》（第七卷），中华书局1989年版，第302页。
③ 高平叔编：《蔡元培全集》（第四卷），中华书局1984年版，第456页。

不过,蔡元培在美学具体问题的论述上更加接近康德主观唯心主义的美学思想。比如说,在美与美感的关系上,他更加重视美感问题,往往是由美感来谈论美,而且专注于从人的主观意识上去考察研究美学的一系列基本问题。首先,蔡元培从人性的角度考察美,认为“爱美是人类性能中固有的要求”①。他在《美术的起原》一文中还以人类起源和进化的事实为根据,证明美是人类的本质特性。他说,照进化论的结论,人类是从他种动物进化的。由动物雌雄淘汰,雄性动物往往有特别美丽的毛羽以诱导雌性动物才能传留物种,说明动物已有美感。动物本能地具备类似审美的游戏冲动却没有美术上的创造力,“要是动物果有创造美术的能力,必能一代一代的进步;今既绝对不然,所以说到美术,不能不说是人类独占的了”②。蔡元培认为美是基于人一种“快与不快”的感觉,“美学观念者,基于快与不快之感,与科学之属于知见、道德之发于意志者,相为对待。科学在乎探究,故论理学之判断,所以别真伪;道德在乎执行,故伦理学之判断,所以别善恶;美感在乎赏鉴,故美学之判断,所以别美丑,是吾人意识发展之各方面也。”③除此之外,这种能够“别美丑”的“快与不快”的感觉是与“吾人意识发展之各方面”密切相关的。所谓“吾人意识发展之各方面”,就是蔡元培依照鲍姆嘉通、康德等人的观点,利用近代心理学研究成果,把人的心理功能分为三个大的方面:一是知见,二是意志,三是感情。这三者就是人的精神作用的根源,即论理产生于知见、道德产生于意志、美产生于感情。“美感的不同于知识,又不同于道德,就因为他不属于知觉与意欲而属于感情。”④因此,美并不是客观事物的物理属性,而是一种要取决于人的感情态度的价值存在。蔡

---

① 高平叔编:《蔡元培全集》(第六卷),中华书局 1988 年版,第 448 页。

② 刘梦溪:《中国现代学术经典:蔡元培卷》,河北教育出版社 1996 年版,第 295 ~ 296 页。

③ 高平叔编:《蔡元培全集》(第二卷),中华书局 1984 年版,第 379 页。

④ 高平叔编:《蔡元培全集》(第四卷),中华书局 1984 年版,第 456 页。

元培指出："价值的意义，不外乎满足要求与惹起快感，所以价值并不是对象的性质，而仅于意欲上有要求时，与感情上受外界影响时，对于评价的意识，有价值的关系。倘若没有这种意欲感情，就说不到价值。"①同样，"美的态度之对象，是美的世界。美的世界，又有一特别领域，是艺术世界。于是有自然美和艺术美的区别"②。在蔡元培看来，美的世界是美的感情态度的对象，如果没有美的感情态度，世界上也就无所谓美或者不美。一是感觉，二是感情，是美区别于知见（真）和意志（善）的最根本的特质，而且其中感情因素尤为重要。蔡元培又把这种"快与不快之感"分成两类：一类是与人的物欲有关的"味觉"和"嗅觉"；一类是与人的精神欲求有关的"听觉"和"视觉"。他认为，只有这种精神性的"听觉"和"视觉"上的快感才是美感，"美术家的著作与鉴赏者的领会，自然以想象为主。然而，美的对象，却不专在想象中，而与官能的感觉相关联。官能感觉，虽普通分为五种，而味觉、肤觉、臭觉，常为美学家所不取……要之，味觉、肤觉均非以官能直接与物质相切，不生影响。臭觉虽较为超脱，但亦借极微分子接触的作用，所以号为较低的官能。而美学家所研究的对象，大抵属于视觉、听觉两种。例如色彩及空间的形式，声音及时间的继续，以至于观剧、读文学书。美学上的种种问题，殆全属于视、听两觉"。因为只有这种高级官能的"视觉"和"听觉"，才毫不涉及事物的内容而只关心事物的"形式"，从而才使美具有了"普遍"和"超脱"两种根本的特性。

什么是美的普遍性呢？蔡元培回答说："盖以美为普遍性，决无人我差别之见能参入其中。食物之入我口者，不能兼果他人之腹；衣服之在我身者，不能兼供他人之温，以其非普遍性也。美则不然。即如北京左近之西山，我游之，人亦游之；我无损于人，人亦无损于我也。隔千里

① 高平叔编：《蔡元培全集》（第四卷），中华书局1984年版，第442页。
② 高平叔编：《蔡元培全集》（第四卷），中华书局1984年版，第455页。

兮共明月,我与人均不得而私之。中央公园之花石,农事试验场之水木,人人得而赏之。埃及之金字塔,希腊之神祠,罗马之剧场,瞻望赏叹者若干人,且历若干年,而价值如故。各国之博物院,无不公开者,即私人收藏之珍品,亦时供同志之赏览。各地方之音乐会、演剧场,均以容多数人为快。所谓独乐乐不如人乐乐,与寡乐乐不如与众乐乐,以齐宣王之惛,尚能承认之。美之为普遍性可知矣。且美之批评,虽间亦因人而异,然不曰是于我为美,而曰是为美,是亦以普遍性为标准之一证也。"①类似的阐释,在蔡元培其他文章中也不鲜见。在蔡元培看来,作为一种精神产品的美的普遍性主要来自三个方面:一是不管是自然美还是社会美,人与客观外物的审美关系不含有"质"的内容而只涉及一种合规律的纯然形式。因为只有这样才能彻底抑制自私自利的生理欲望,从而产生普遍的审美愉悦。二是审美活动具有群众性和社会性,能够也应该"与人同乐"。美的对象与审美者之间不存在物质的占有关系,人人皆可从美的对象那里获得审美愉悦。人是一种社会动物,情感是需要相互交流、相互感发的;欢乐是需要与人共享、得到回应的。越是与众人共同享乐的审美活动,审美主体越能得到真正的审美娱乐。三是尽管审美有着个体主观差异性,但人们在评价美的时候确实存在着一种带有普遍性的尺度,即"且美之批评,虽间亦因人而异,然不曰是于我为美,而曰是为美,是亦以普遍性为标准之一证也"。至于美的第二个特性"超脱",其实,它是与美的"普遍性"密切相关的。由于美是普遍的,它不受现象世界因果律的制约,因而它的本质是属于绝对的实体世界,是自由的。美对人的作用,或者说由它感发出来的人的情感就不会含有个体利害得失的痛苦和得志失志的困惑。蔡元培认为,所谓"超脱"就是"超于利害生死之上",就是超越现实的利害纠纷、生死计较,而进入绝对、自由的观念世界,强调的正是"审美的超功利性"。反过来也一样,正是这种"审美

---

① 高平叔编:《蔡元培全集》(第三卷),中华书局1984年版,第33页。

的超功利性”才使美具有了“普遍性”。“美是无一切利害关系的愉快的对象。因为人自觉到对那愉快的对象在他是无任何利害关系时，他就不能不判定这对象必具有使每个人愉快的根据。”①

毫无疑问，美的普遍和超脱是蔡元培美学思想的核心。他的这一思想观念主要来自康德的美学思想。“康德立美感之界说，一曰超脱，谓全无利益之关系也；二曰普遍，谓人心所同然也；三曰有则，谓无鹄的之可指，而自有其赴的之作用也；四曰必然，谓人性所固有，而无待乎外铄也。夫人类共同之鹄的，为今日所堪公认者，不外乎人道主义，既如前节所述。而人道主义之最大阻力，为专己性。美感之超脱而普遍，则专己性之良药也。”②美的普遍和超脱也是蔡元培倡导推行美育的主要理论依据，认为它是消除人我界限、克服“专己性”的良药，“美的对象，何以能陶养感情？因为他有两种特性：一是普遍；二是超脱。……既有普遍性以打破人我的成见，又有超脱性以透出利害的关系；所以当着重要关头，有‘富贵不能淫，贫贱不能移，威武不能屈’的气概；甚且有‘杀身以成仁’而不‘求生以害仁’的勇敢；这种是完全不由于知识的计较，而由于感情的陶养，就是不源于智育，而源于美育”③。我们知道，康德认为，和人与现实生活中的自然和社会的客观对象产生的往往是一种“有用”“有益”的利益关系不同，审美只关注现实生活中这些客观对象的表象或被艺术加工过的形象等感性形式，并仅仅把它们作为观照的对象而不存有任何功利目的，也就是说，与客观对象的实际存在是否有用、有益无关。在康德那里，审美是超功利的，是无功利、无目的、独立于实践和伦理活动之外的。可是，当蔡元培把这种超功利的审美观念引进中国后却突出强调它的美育功能，并赋予它“进德养身”“治国平天下”的强烈功

① （德）康德：《判断力批判》，商务印书馆1964年版，第48页。
② 高平叔编：《蔡元培全集》（第二卷），中华书局1984年版，第380页。
③ 高平叔编：《蔡元培全集》（第六卷），中华书局1988年版，第157～158页。

利主义色彩。“我以为如其能够将这种爱美之心因势而利导之,小之可以怡性悦情,进德养身,大之可以治国平天下。何以见得呢?我们试反躬自省,当读画吟诗,搜奇探幽之际,在心头每每感到一种莫可名言的恬适。即此境界,平日那种是非利害的念头,人我差别的执着,都一概泯灭了,心中只有一片光明,一片天机。这样我们还不怡性悦情么?心旷则神逸,心广则体胖,我们还不能养身么?人我之别,利害之念既已泯灭,我们还不能进德么?人人如此,家家如此,还不能治国平天下么?我向年曾主张以美育代宗教,亦就因为美育有宗教之利、而无宗教之弊的缘故,至今我还是如此主张。”①在这里,康德的“审美超功利论”被蔡元培转换成了“审美功利主义”的理论主张。正是在这种“审美功利主义”思想理论的指导下,蔡元培论美学特别注重美育,又认为美育可以替代宗教起到一种改造人心、净化心灵、树立信仰的作用,把美育与德育又紧密地结合起来。仔细分析起来,产生这种“误读”的原因是多方面的。除了我们前面提到 20 世纪初“启蒙和救亡”两大时代主题要求当时的知识分子“借思想文化作为解决问题的途径”,努力用新思想、新文化开发国人的心智以求达到感性启蒙的目的,还有另外一个更加重要的深层次的原因,那就是传统文化对蔡元培的影响。

与“五四”文化新人不同,蔡元培与康有为、梁启超和王国维等人一样都属于旧派知识分子,是传统文化的忠实承传者。中国民族资产阶级的软弱性和资产阶级民主革命的不彻底性,以及传统文化传承过程中的继承性,使得康、梁、蔡、王等人不管是革命派还是保守派都对中国的传统文化有所批判,但更多的是有所继承、有所发展。即使在学习并引进西方新思想和新文化的时候,他们仍念念不忘以中国传统文化的价值体系作参照,把中西方文化加以对照比较,并努力把二者结合起来,做到融会贯通,以达到为我所用的目的。我们知道,中西传统文化存在着诸多

① 高平叔编:《蔡元培全集》(第六卷),中华书局 1988 年版,第 449 页。

差异,其中最根本的是关于宇宙意识的不同。所谓宇宙意识,就是对人与自然(包括宇宙、世界和人类社会)关系的根本观念。西方对自然采取的是理智的、科学的态度,他们使用理性的方式、科学的方式来研究客观自然的奥秘,探寻客观自然的真实规律。可以说,科学精神是西方文化的精髓。在这种精神支配下,人与自然的关系是分离的、对立的。在现实生活中找不到人的精神家园。人生的寄托,对人的终极关怀,只有在神秘的天国里才能找到。这便给宗教留下了极大的心灵空间。最讲科学精神的西方民族却最信仰宗教。甚至于在近代哲学和自然科学诞生之前的漫长中世纪里,宗教成为他们整个的意识形态。中国传统文化的核心却是一种人文精神。中国古代哲人宇宙意识的最高范畴是"道"。中国传统文化的两大源头儒、道两家都讲"道"。儒家讲"人道",核心内容是仁与礼。儒家又讲"以德配天",也就是说,儒家认为"人道"中的仁与礼是天道的表征,讲究仁义、遵守礼法不但是人之道,而且是符合自然规律的。道家讲"天道"即"自然"。同时,道家又主张人应该效法自然、回归自然,也就是说,"人道"要归于"天道"。儒、道两家认识问题的侧重点和角度不同,所讲"道"的内容也不一样。他们认识问题的方式方法却是一致的,即认为"道"既揭示了自然的规律,又揭示了人和人类社会的规律,天道和人道在这里达到了高度的统一——"天人合一"。儒、道两家在天人关系上都突出强调人的主体地位,认为能不能达到"天人合一"的境界关键在人。孟子曰:"万物皆备于我矣。"(《孟子·尽心上》)庄子曰:"天地与我并生,而万物与我为一。"(《庄子·齐物论》)正是这种精神的具体表现。儒家的圣人孔子"不语怪力乱神",主张通过诗教、乐教陶养人的情操,从而达到"仁"的境界,"兴于诗,立于礼,成于乐"(《论语·泰伯》)。道家创始者老子和庄子提出人体认"道"的方式是"虚静"。所谓"虚静",就是要求人们从现实生活中超脱出来,排除尘世的各种干扰,甚至要"弃圣绝智",从而"用志不分,乃凝于神",达到与本来处于"虚静"状态的"道"一种精神上的交流。其实

"虚静"的状态就是一种直观的审美状态。由此我们不难发现,在中国历史文化的源头上绝少宗教的气息,却弥漫着极其浓厚的审美氛围。没有西方基督教那样占统治地位的宗教,也不向彼岸世界去寻求精神的寄托和心灵的安慰,"不假于物"而只"求诸己",尤其是中国古代占统治地位的儒家文化,从孔子的"仁",孟子的"浩然之气",到程、朱的"理学"和陆、王的"心学",都一以贯之地突出强调人内在力量的作用,重视教化、重视人内在的精神道德修养,重视人的道德实践理性,更是要求人们通过自我道德完善而达到"人道"的极致——"仁"的境界。中国文化中这种通过提升自我的精神境界从而消除"我"与"非我"的界限,达到物我融合、天人合一的做法所内蕴的其实就是一种审美哲学和审美文化。

蔡元培自幼饱读经书,深受中国"礼乐相济"的诗教、乐教传统文化影响。他在《孔子之精神生活》一文中从智、仁、勇三个方面谈论了孔子精神生活后,又指出孔子精神生活的另外两个特点:一是毫无宗教迷信,二是利用美术的陶养。在文章的最后,蔡元培说:"孔子所处的环境与二千年后的今日,很有差别;我们不能说孔子的语言到今日还是句句有价值,也不敢说孔子的行为到今日还是样样可以做模范。但是抽象的提出他精神生活的概略,以智、仁、勇为范围,无宗教的迷信而有音乐的陶养,这是完全可以为师法的。"①蔡元培 1907 年第一次赴德留学时著译、编写的著作,也是他一生中出版最早的学术专著是《中学修身教科书》《中国伦理学史》,译出的是泡尔生的《伦理学原理》。留学四年,他写出的都是清一色的伦理学方面的著作,恐怕绝非一时冲动。正是在这种注重道德实践的儒家传统思想影响下,蔡元培面对崭新的时代、崭新的思想和崭新的学术语境,在大胆地吸收借鉴西方资产阶级新思想的同时,仍坚持结合本民族的传统文化对它们加以阐释。他在谈到共和体制下的公民道德建设时就结合传统的义、恕、仁来宣传阐释西方人道主义的

---

① 高平叔编:《蔡元培全集》(第七卷),中华书局 1989 年版,第 106~108 页。

自由、平等和博爱（“亲爱”）等观念，认为“三者诚一切道德之根源，而公民道德教育之所有事者也”。他说：“何谓公民道德？曰法兰西之革命也，所标揭者，曰自由、平等、亲爱。道德之要旨，尽于是矣。孔子曰：匹夫不可夺志。孟子曰：大丈夫者，富贵不能淫，贫贱不能移，威武不能屈。自由之谓也。古者盖谓之义。孔子曰：己所不欲，勿施于人。子贡曰：我不欲人之加诸我也，吾亦欲毋加诸人。《礼·大学记》曰：所恶于前，毋以先后；所恶于后，毋以从前；所恶于右，毋以交于左；所恶于左，毋以交于右。平等之谓也。古者盖谓之恕。……张子曰：凡天下疲癃残疾茕独鳏寡，皆吾兄弟之颠连而无告者也。禹思天下有溺者，由己溺之。稷思天下有饥者，由己饥之。伊尹思天下之人，匹夫匹妇有不与被尧舜之泽者，若己推而纳之沟中。孔子曰：己欲立而立人，己欲达而达人。亲爱之谓也。古者盖谓之仁。三者诚一切道德之根源，而公民道德教育之所有事者也。”①共和体制下公民道德的内容随着时代发生了变化，既有西方道德观念的新质，又注入了传统文化的精神。那么，德育的手段与形式也应该随之变化。这恐怕是蔡元培特别喜欢以康德为代表的西方美学思想和美学理论的社会历史原因。

特别值得重视的是，蔡元培积极地学习引进西方美学理论，但并不盲目地崇拜这些新理论，而是结合民族传统中的艺术精神和美学观念加以改造。这首先表现在他对中国传统美学给以清醒的估价上。他当时在北大讲授美学时开宗明义就说：“美学是一种成立较迟的科学，而关于美的理论，在古代哲学家的著作上，早已发见。在中国古书中，虽比较的少一点，然如《乐记》之说音乐，《考工记》梓人篇之说雕刻，实为很精的理论。……自汉以后，有《文心雕龙》《诗品》《诗话》《词话》《书谱》《画鉴》等书，又诗文集、笔记中，亦多有评论诗文书画之作，间亦涉建

① 高平叔编：《蔡元培全集》（第二卷），中华书局1984年版，第131～132页。

筑、雕塑与其他工艺美术,亦时有独到的见解。”①

当然,更重要的还是前面所论述的蔡元培对康德“审美超功利论”的转换和改造。这种转换和改造的核心问题是来自于对“自由”范畴的不同理解。我们知道,“审美超功利论”的核心精神是“自由”。康德把“判断力”即“审美力”作为沟通人的“纯理性”和“实践理性”的桥梁,要克服的是人之理性和感性的矛盾。他所说的自由是一种纯粹的精神自由,毫无现实功利价值。可是,蔡元培所关心的是如何认识、协调“人”“我”关系,从而取得一种“生存的自由”,他说:“自由者,就主观而言之也。然我欲自由,则亦当尊人之自由,故通于客观。”②也就是说,“自由”是主体个人心身的一种要求。若作为每一个主体的个人都要求“自由”,那么,具体到某个人要获得“自由”则必须充分尊重他人的“自由”,求得个人“自由”和群体“自由”的高度统一。要达到这种个人“自由”和群体“自由”的高度统一必须依靠人的自我修养,依靠人的良知,即内心的道德律令。蔡元培从个人意志与全体意志关系的角度把人的道德动机欲求分为四级,“于是乎关乎道德的全体生活,可分动机为几级。原始的,最幼稚的,是无意识的循自然的社会性,而以个人意志服从全体的意欲。进一级,对于个人意志的要求与全体意志的要求之间的互相对待,已有明了的意识;然还没有对于全体意志的尊敬,而但有遵循全体意志的合法性。再进一级,为要征服自己意志中反对道德之诸冲动,而吸入道德命令于自己意志之中;这是努力道德性的范围。最高一级,在生活过程上,达到个人意欲与全体意志的浑融;那时候美魂与道德性,不过用语上的区别罢了。”③处于最高级的“个人意欲与全体意志的浑融”,其实就是孔子所说的“随心所欲,不逾矩”的人生境界。在这里,个人是完

---

① 高平叔编:《蔡元培全集》(第四卷),中华书局 1984 年版,第 97 ~ 99 页。

② 高平叔编:《蔡元培全集》(第二卷),中华书局 1984 年版,第 131 页。

③ 高平叔编:《蔡元培全集》(第四卷),中华书局 1984 年版,第 449 页。

全自由的,又丝毫不违背普遍的道德法则,美与道德融为一体。

蔡元培认为"自由"是一种"美魂""美德"。"自由,美德也。……人之思想不缚于宗教,不牵于俗尚,而一以良心为准。此真自由也。"① 这样,与功利无涉的美在康德那里属于认识论的范畴,同样标榜美具有普遍和超脱特性的蔡元培却认为美具有一种"无用"之"用"的价值,属于价值论和人生观的范畴,"意志论之所诏示,吾人生活,实以道德为中坚,而道德之究竟,乃为宗教思想。其进化之迹,实皆参互于科学之概念,哲学之理想。概念也,理想也,皆毗于抽象者也。而美学观念,以具体者济之,使吾人意识中,有所谓宁静之人生观,而不至疲于奔命,是谓美学观念惟一之价值,而所由与道德宗教,同为价值论中重要之问题也。"②"我们说美,是一种价值的形容词,不是一种理论的知识,为一种实物,或一种状态,或一种关系,来规定性质的。"③既然如此,借鉴移植以康德为主的西方美学观念来对当时的中国人民进行"感性启蒙"教育,倡导"以美育代宗教",正是蔡元培美学思想既符合历史发展又适应时代需要的一种合乎逻辑的展开。

第三节　蔡元培美育与教育的协同论

蔡元培主要是一个教育家,"育人"是他的天职,关心人、教育人、多为社会培养人才是他一生始终不渝追求的事业。早在1898年,他就从戊戌变法的失败中总结出历史教训,认识到要想取得革命的成功必须要培养大量的革命人才,下定决心要走"教育救国"之路。蔡元培认为,要救国就要有救国之人,要有救国之人就要有救国意识的教育。这是促进社会进

---

① 高平叔编:《蔡元培全集》(第二卷),中华书局1984年版,第436~437页。
② 高平叔编:《蔡元培全集》(第二卷),中华书局1984年版,第381页。
③ 高平叔编:《蔡元培全集》(第四卷),中华书局1984年版,第455~456页。

步的唯一正确途径。他说："凡一种社会，必先有良好的小部分，然后能集成良好的大团体。所以要有良好的社会，必先有良好的个人，要有良好的个人，就要先有良好的教育。"①1911年辛亥革命胜利后，蔡元培出任国民政府教育总长。上任伊始，他就立即着手进行教育改革，发表了推行新式教育制度的施政纲领《对于教育方针之意见》，彻底批判清除了封建主义"忠君"教育和"尊孔"教育，以西方自由、平等、博爱的人道主义思想为主旨，结合中国古代的教育传统，制定了包括军国民主义、实利主义、公民道德、世界观和美育五项基本内容相互统一的教育方针。与旧式教育相比，世界观教育和美育第一次被正式列入国家的教育方针和教育法规，成为人才培养的基本内容和目标要求。这是中国教育史上前所未有的一个创举，也是蔡元培对中国教育事业协同发展的最大贡献。

世界观教育和美育是相互联系、不可分离的。它们在蔡元培教育思想中占有极其重要的特殊地位。蔡元培认为，教育可以分为两大类：军国民主义、实利主义和公民道德教育是隶属于政治的教育；世界观教育和美育是超轶乎政治的教育。而且这种超轶乎政治的世界观教育和美育是共和体制下以人民的地位定标准的教育所独自具有的。他说："教育有二大别：曰隶属于政治者，曰超轶乎政治者。专制时代（兼立宪而含专制性质者言之），教育家循政府之方针以标准教育，常为纯粹之隶属政治者。共和时代，教育家得立于人民之地位以定标准，乃得有超轶政治之教育。……军国民主义，实利主义，德育主义三者，为隶属于政治之教育。（吾国古代之道德教育，则间有兼涉世界观者，当分别论之。）世界观、美育主义二者，为超轶政治之教育。"②所谓"超轶政治之教育"，就是超越现实的理想主义教育，即培养人如何做人的教育。把世界观教

① 蔡元培：《何谓文化》，载《蔡元培美学文选》，北京大学出版社1983年版，第112页。

② 高平叔编：《蔡元培全集》（第二卷），中华书局1984年版，第130～135页。

育和美育列入国家的教育方针,作为人才培养规格的基本要求,这充分体现了蔡元培人本主义的教育思想。而这种人本主义的教育思想正是建立在其人性理论和人道主义观念基础之上的。蔡元培说:"人类者,动物之一种。保持生命,继续种性之本能,动物所同具也。人类之所以视他动物为进化者,以有理想。教育者,养成人格之事业也。使仅仅为灌注知识、练习技能之作用,而不贯之以理想,则是机械之教育,非所以施于人类也。"①在蔡元培看来,理想信念是人格的核心,是人之所以为人的根本标志。正是因为有了理想信念,才使得人类优于其他的动物而能不断地进化、不断地进步。作为"养成人格之事业"的教育坚持不坚持理想信念教育是区别人道主义教育和机械主义教育的分水岭。

宇宙世界的广袤和久远与个体生命的渺小和短暂形成了强烈的对比,使得世界上的每一个人都有可能陷于深深的困惑与痛苦之中。宗教用虚幻的彼岸世界来麻醉人们的心灵,求得一种暂时的精神慰藉。科学精神却是要用人道主义的理性光辉来照亮人的生命之旅。与实利主义和军国民主义乃至公民道德思想相比,理想信念不仅是人类进步的动力之源,而且它也应该是一个人、一个国家、一个民族乃至整个社会最高最终价值的体现。蔡元培分析说:"人不能有生而无死。现世之幸福,临死而消灭。人而仅仅以临死消灭之幸福为鹄的,则所谓人生者有何等价值乎?国不能有存而无亡,世界不能有成而无毁,全国之民,全世界之人类,世世相传,以此不能不消灭之幸福为鹄的,则所谓国民若人类者,有何等价值乎?且如是,则就一人而言之,杀身成仁也,舍生取义也,舍己而为群也,有何等意义乎?就一社会而言之,与我以自由乎,否则与我以死,争一民族之自由,不至沥全民族最后之一滴血不已,不至全国为一大家不已,有何等意义乎?且人既无一死生破利害之观念,则必无冒险之精神,无远大之计划,见小利,急近功,则又能保其不为失节堕行身败名

① 高平叔编:《蔡元培全集》(第二卷),中华书局1984年版,第407页。

裂之人乎？谚曰当局者迷，旁观者清。非有出世间之思想者，不能善处世间事，吾人即仅仅以现世幸福为鹄的，犹不可无超轶现世之观念，况鹄的不止于此者乎？"①

在蔡元培看来，现实世界的一切功利价值都是有限的，超轶现实世界功利目的的价值才是无限的。即使像为民族争自由这样伟大的世德功业，如果没有超越现实生死利害的远大志向，也往往会适得其反。那么，蔡元培所说的超越现实生死利害的价值追求是什么呢？我们知道，由于深受康德主观唯心主义哲学思想和叔本华"唯意志论"的影响，蔡元培也认为世界可分为"现象世界"和"实体世界"。所谓"现象世界"，就是人们日常生活所经验的现实世界，它包括现实世界中的一切自然现象和社会现象。"现象世界"中的一切最终归结为物质与形式，它们是具体的、变化着的，又是相互对立的和有差别的。所谓"实体世界"，则是"超物质形式之畛域而自在者"的人的自由意志，它是一种没有差别、没有矛盾、不受时空限制的和平永恒的境界。可以说，蔡元培的这种"实体世界"是他在中国传统哲学"道""太极"等观念的基础上，吸收了康德的"物自体"，特别是叔本华的"意志论"等主观唯心主义哲学范畴而形成的。蔡元培"实体世界"的内涵尽管很复杂也有些神秘，但总的来说，它指的是一种超越于现实之上的最高精神观念。对于"现象世界"和"实体世界"二者的关系，蔡元培分析说："然则现象世界与实体世界之区别何在耶？曰：前者相对，而后者绝对；前者范围于因果律，而后者超轶乎因果律；前者与空间时间有不可离之关系，而后者无空间时间之可言；前者可以经验，而后者全恃直观。故实体世界者，不可名言者也。然而既以是为观念之一种矣，则不得不强为之名，是以或谓之道，或谓之太极，或谓之神，或谓之黑暗之意识，或谓之无识之意志。其名可以万殊，而观念则一。虽哲学之流派不同，宗教家之仪式不同，而其所到达

① 高平叔编：《蔡元培全集》（第二卷），中华书局 1984 年版，第 132 ~ 133 页。

之最高观念皆如是。(最浅薄之唯物论哲学,及最幼稚之宗教祈长生求福利者,不在此例。)”①“现象世界”和“实体世界”二者不仅有区别,而且有联系,蔡元培认为它们“如一纸之有表里”,有着密切的相通性,“现象实体,仅一世界之两方面,非截然为互相冲突之两世界。吾人之感觉,既托于现象世界,则所谓实体者,即在现象之中,而非必灭乙而后生甲”②。主张立足于现象世界,以追求现世幸福为目的,是政治家的理想信念;主张立足于实体世界,以摆脱现世幸福而追求来世幸福为目的,是宗教家的理想信念。教育家的理想信念却是立足于现象世界,以现象世界之幸福为手段以达到追求实体世界之幸福的目的。蔡元培说:“以现世幸福为鹄的者,政治家也;教育家则否。盖世界有二方面,如一纸之有表里:一为现象,一为实体。现象世界之事为政治,故以造成现世幸福为鹄的;实体世界之事为宗教,故以摆脱现世幸福为作用。而教育者,则立于现象世界,而有事于实体世界者也。故以实体世界之观念为其究竟之大目的,而以现象世界之幸福为其达于实体观念之作用。”③由此看来,超越现实的理想主义教育就是“以实体世界之观念为其究竟之大目的”的实体观念教育。实体观念教育也就是一种以培养远大高尚理想为核心的世界观教育。“提撕实体观念之方法如何?曰:消极方面,使对于现象世界,无厌弃而亦无执著;积极方面,使对于实体世界,非常渴慕而渐进于领悟。循思想自由言论自由之公例,不以一流派之哲学一宗门之教义梏其心,而惟时时悬一无方体无始终之世界观以为鹄。如是之教育,吾无以名之,名之曰世界观教育。”④这种世界观教育可以帮助人们从现实出发,并能“时时悬一无方体无始终之世界观以为鹄”,从而正确

① 高平叔编:《蔡元培全集》(第二卷),中华书局1984年版,第133页。
② 高平叔编:《蔡元培全集》(第二卷),中华书局1984年版,第133页。
③ 高平叔编:《蔡元培全集》(第二卷),中华书局1984年版,第133页。
④ 高平叔编:《蔡元培全集》(第二卷),中华书局1984年版,第134页。

地认识世界,正确地认识现实人生。与仅仅执着于实体世界的宗教和仅仅执着于现象世界的政治不同,包括世界观教育和美育在内的教育不但不否定现世世界的幸福反而要以之为达到实体世界观念目的的手段。这种包括世界观教育和美育在内以人为本的教育就成为沟通蔡元培所说的“现象世界”和“实体世界”的唯一桥梁。

马克思和恩格斯说:“任何人类历史的第一个前提无疑是有生命的个人的存在。因此第一个需要确定的具体事实就是这些个人的肉体组织,以及受肉体组织制约的他们与自然界的关系。”①蔡元培在《一九〇〇年以来教育之进步》一文中也曾把人的理想追求分析归纳为四个方面的内容:“一曰调和之世界观与人生观”;“二曰担负将来之文化”;“三曰独立不惧之精神”;“四曰安贫乐道之志趣”。其中第一个方面“调和之世界观与人生观”,也就是说,理想的人生要首先解决好世界观及与之相对应的人生观问题,即人与自然的关系问题。那么,到底应该如何处理身与心、现实与理想,即“现象世界”和“实体世界”的关系,实现一种完美的人生呢?蔡元培分析说:“夫世界果为何物,吾人之在世界,究居何等地位,是为哲学界聚讼之问题,诚不宜以举一废百之道强立标准。然无论何人,不可不有其一种之世界观及其与是相应之人生观,则教育之通则也。夫以世界之溥博如是,悠久如是,而吾人仅仅于其间占有数尺之形体,数十年之生命。然则以人生为本位,而忘有所谓世界观者,其见地之湫隘,所不待言。然溥博者,极微之所积,悠久者,至暂之所延,且所谓溥博而悠久者,亦无以质言其为世界之真相,而特为极微而至暂者之所想象。然则持宇宙论而不认有人生之价值者,亦空漠之主义也。纯正之理想,不可不为世界观与人生观之调和。”②

① (德)马克思、恩格斯:《马克思恩格斯选集》(第1卷),人民出版社1972年版,第24页。

② 高平叔编:《蔡元培全集》(第二卷),中华书局1984年版,第407页。

在蔡元培看来，培养人高尚纯正的理想信念是教育之本，是造就全面发展人格的必修课。在个体生命与自然，以及人身与心的关系上，蔡元培认为二者必须协调一致、和谐统一，否则，任何的偏执都会把人生引向享乐颓废主义或悲观空虚主义，使人生和人类社会失去应有的光彩和价值。正如文中引述的陆象山的观点，其实蔡元培也是这样认为的，个体生命与自然，以及人身与心应该是彼此和谐统一的“小宇宙”与“大宇宙”的关系，实际上也就是一种“天人合一”的关系。这种世界观教育的最高追求——“天人合一”，也就是蔡元培所追求的“现象世界”与“实体世界”的统一，其实也是一种审美境界。要想达到这种境界，蔡元培认为必须依靠美育。他说：“虽然，世界观教育，非可以旦旦而聒之也。且其与现象世界之关系，又非可以枯槁单简之言说袭而取之也。然则何道之由？曰美感之教育。”①因为，“美感者，合美丽与尊严而言之，介乎现象世界与实体世界之间，而为津梁。此为康德所创造，而嗣后哲学家未有反对之者也。在现象世界，凡人皆有爱恶惊惧喜怒悲乐之情，随离合生死祸福利害之现象而流转。至美术则即以此等现象为资料，而能使对之者，自美感以外，一无杂念。例如采莲煮豆，饮食之事也，而一入诗歌，则别成兴趣。火山赤舌，大风破舟，可骇可怖之景也，而一入诗歌，则转堪展玩。是则对于现象世界，无厌弃而亦无执著也。人既脱离一切现象世界相对之感情，而为浑然之美感，则即所谓与造物为友，而已接触于实体世界之观念矣。故教育家欲由现象世界而引以到达于实体世界之观念，不可不用美感之教育。”②这样，美育在蔡元培人本主义教育思想中就具有了特殊的地位和意义。

以人为本的教育应该是对人的心理功能认识、意志和感情实施的全面教育。情感教育，毫无疑问，是美育的独特领域。

---

① 高平叔编：《蔡元培全集》（第二卷），中华书局1984年版，第134页。
② 高平叔编：《蔡元培全集》（第二卷），中华书局1984年版，第134页。

美育在德育和智育中又起着至关重要的作用。首先,蔡元培受叔本华的影响,也认为人生就是一种意志活动。不过,他认为意志具有盲目性。要想克服意志的盲目性,提高它的自觉性,实现一种“正当之意志”,乃至于一种“自由意志”,离不开智育和美育。特别是美育,更是一个人展示伟大而高尚行为的根本保证。“夫人道主义之教育,所以实现正当之意志也。而意志之进行,常与知识与感情相伴。于是所以行人道主义之教育者,必有资于科学及美术。”①“人的一生,不外乎意志的活动,而意志是盲目的,其所恃以为较近之观照者,是知识;所以供远照、旁照之用者,是感情。意志之表现为行为。行为之中,以一己的卫生而免死、趋利而避害者为最普通;此种行为,仅仅普通的知识,就可以指导了。进一步的,以众人的生及众人的利为目的,而一己的生与利即托于其中。此种行为,一方面由于知识上的计较,知道众人皆死而一己不能独生;众人皆害而一己不能独利。又一方面,则亦受感情的推动,不忍独生以坐视众人的死,不忍专利以坐视众人的害。更进一步,于必要时,愿舍一己的生以救众人的死;愿舍一己的利以去众人的害,把人我的分别,一己生死利害的关系,统统忘掉了。这种伟大而高尚的行为,是完全发动于感情的。”②“伟大而高尚的行为”是在高尚情感驱动下的自觉行动,是“自由意志”和“美德”的具体体现。自由就是美,美就是自由。从这个角度说,美育是德育最重要的手段,而美则是德育的最高境界。当然,智育也离不开美育。蔡元培说:“科学与美术有不同的点:科学是用概念的,美术是用直观的。……但是科学虽然与美术不同,在各种科学上,都有可以应用美术眼光的地方。……常常看见专治科学、不兼涉美术的人,难免有萧索无聊的状态。无聊不过于生存上强迫的职务以外,俗的是借低劣的娱乐作消遣,高的是渐渐的成了厌世的神经病。因为专治科学,太

---

① 高平叔编:《蔡元培全集》(第二卷),中华书局 1984 年版,第 416 页。

② 高平叔编:《蔡元培全集》(第六卷),中华书局 1988 年版,第 157 页。

偏于概念,太偏于分析,太偏于机械的作用了。……兼且凡事都逃不了因果律。即如我们今日在这里会谈,照极端的因果律讲起来,都可以说是前定的。……就是一人的生死,国家的存亡,世界的成毁,都是机械作用,并没有自由的意志可以改变他的。抱了这种机械的人生观与世界观,不但对于自己竟无生趣,对于社会毫无爱情,就是对于所治的科学,也不过'依样画葫芦',决没有创造的精神。防这种流弊,就要求知识以外,兼养感情,就是治科学以外,兼治美术。有了美术的兴趣,不但觉得人生很有意义,很有价值,就是治科学的时候,也一定添了勇敢活泼的精神。"①在蔡元培看来,科学领域处处都有美,处处都离不开美。专治科学的人应该具备美的眼光,去发现、捕捉自己所从事事业中的美。这样不但可以改变"萧索无聊的状态",使自己的学习、研究充满兴味,而且可以纠正科学主义带来的某些偏颇,克服机械的人生观和价值观的不良影响,并能给自己带来创造的精神和活力。

蔡元培不但是一个伟大的美育理论家,而且是一个美育活动的实践者。他不但率先在北京大学开设了美学课程,而且对美学学科建设提出了一系列创见并努力付诸实践。更难能可贵的是,蔡元培利用一切机会、尽一切努力号召社会全体成员重视美育,并强调美育要渗透到社会生活的每一个领域,甚至包括胎教、幼儿教育以及城市建筑、街道和公园乃至公墓的美化等各个方面。

蔡元培在20世纪之初发出"以美育代宗教"的呐喊,不仅对封建保守势力和宗教迷信起到了摧枯拉朽的作用,而且宣传了新思想、新文化,开启了民智,改造了人心。政府教育总长、北大校长等特殊的社会地位,又使得他能非常便利地在教育领域乃至整个社会上倡导推行美育,不仅使美育深入人心,也为我国美学学科的建设和发展打下了坚实的基础,培养了丰富的人才资源。

---

① 高平叔编:《蔡元培全集》(第四卷),中华书局1984年版,第32~34页。

第四章　胡适：
"致用即真理"的追求

胡适(1891～1962)，中国现代史上著名的文学家、教育家、美学家。1910年胡适赴美留学，就读于康奈尔大学，先习农学，后转入文科，1915年入哥伦比亚大学，师从实用主义哲学大师杜威学习哲学。胡适"致用即真理"的审美价值论思想受杜威实用主义哲学思想的影响很大，其成就主要体现在他的文学审美观念上。1917年归国，胡适以一篇《文学改良刍议》拉开了文学革命的序幕，真正开启了中国文学以及审美观念由古典迈向现代的进程。

在文学语言审美方面，胡适倡导用白话代替文言作为新文学的语言载体，用白话文学代替文言文学。在文体方面，胡适以西方文学为样板，大力译介西方诗歌、戏剧、小说、传记文学等，借此建立中国新文学园地内的诗歌、戏剧、小说、传记文学等。胡适不仅仅翻译和宣传，还亲自动手创作白话诗歌、现代话剧、短篇小说和传记文学，在各个文体领域都进行了大胆的尝试。在文学发展观方面，胡适提出了颇具特色的文学进化论，钩稽出白话文学史，展示了一幅新颖的文学发展图景。在文学精神方面，胡适看重写实之风，推崇悲剧精神，极力倡导文学创作中要勇敢正视和表现现实苦难。胡适对于中国新文学有首创之功，他对新文学的诸多方面都进行了探讨，大到宏观的文学发展观、文学发展趋势，小到短篇小说的取材技巧，他都有论及。一言以蔽之，胡适在文学美、白话文学以及文学发展观念上形成了自己独立的审美价值致用论、工具论和进化论三大核心思想。在20世纪,只要谈起中国新文学以及审美价值等重要问题,胡适都是无论如何也不能绕过的重要存在。

第一节 胡适审美价值致用论

胡适深受杜威实用主义思想的影响,其文学审美观念有着“致用即真理”的深刻烙印。关于人们对于胡适文学美的认识究竟是怎样的,研究者们给出了两个截然相反的答案,有的研究者给出了极高的评价,称胡适对于文学美的认识“精巧完满”“中平通达”①,有的研究者却给出了极低的评价,“因此说胡适根本不懂得艺术美、不懂得文学,也许并不过分”②。这两种截然相反的判断不免使人困惑。胡适对于文学美的认识究竟如何?是什么造成了两种判断的巨大差异呢?

如果仔细梳理胡适对于文学美的认识,就会发现,他对文学美的认识并不是一成不变的,而是前后有着巨大的差异,胡适对文学美的认识发生了从兼顾“美感”与“济用”、“绮丽”与“明白”到偏执于“济用”文学和“清楚明白”的美的变异,由“完满精巧”“中平通达”转向了片面偏执一端,甚至看上去“根本不懂得”。正是这种变异给评价胡适带来了困难和障碍,而造成这一变异的重要原因就是实用主义哲学的强力介入。明晰这一转变,明晰实用主义哲学在转变中发挥的重要作用,对于我们更好地认识胡适文学的审美价值,更好地认识实用主义哲学对胡适文学思想所起的影响,显然是有帮助的。

一、兼顾“美感”与“济用”、“绮丽”与“明白”

1911年3月14日,胡适在日记中写道:“夜读‘Romeo and Juliet’。

① 陈伟:《中国现代美学思想史纲》,上海人民出版社1993年版,第131页。
② 靳新来:《实用主义与胡适的文学观》,《思想战线》2003年第3期。

此书情节殊不佳,且有甚支离之处。然佳句好词亦颇多,正如吾国之《西厢》,徒以文传者也。"①胡适在这里表示虽然莎翁的传世名剧《罗密欧与朱丽叶》情节不佳,但文辞优美,佳句好词颇多,说明胡适对此剧仍然是很欣赏的。三天后,在3月17日的日记中,胡适写道:"读'Romeo and Juliet'完。背诵Romeo《窥艳》一节。"②胡适不仅欣赏此剧的好词佳句,甚至忍不住要背诵一节,足见他对此剧中佳句好词的喜爱之情。一个月后,1911年4月15日,胡适又在日记中写道:"作一文论'Hamlet',未毕。'Hamlet'真是佳构,然亦有疵瑕。"③虽然还坚持说此剧"亦有疵瑕",但毕竟肯定其"真是佳构",等于持有保留地认可了莎翁的谋篇布局,说明此时胡适对莎翁持赞赏的态度。胡适在上海读书期间以及留美期间,阅读了大量的中西文学作品,他对文学是情有独钟的,"我在古典文学方面的兴趣,倒相当过得去"④。他还自诩自己十几岁时的诗文创作是相当不错的。对于文学的深切热爱,还是胡适由农科转向文科的重要原因,"还有第三个促使我改行的原因,那就是我对文学的兴趣"⑤。这说明在1915年之前,胡适对文学的热爱是自发的,对文学的理解也都是建立在自己鲜活直接的阅读经验上的。此时的胡适只是以一个默默无闻的小人物身份在自由地阅读、感受和评价文学作品,他在日记中记录下的私人文字能够体现其心底最真实的文学感受。

---

① 曹伯言整理:《胡适日记全编》(第一卷),安徽教育出版社2001年版,第76页。

② 曹伯言整理:《胡适日记全编》(第一卷),安徽教育出版社2001年版,第77页。

③ 曹伯言整理:《胡适日记全编》(第一卷),安徽教育出版社2001年版,第85页。

④ 胡适口述,唐德刚译注:《胡适口述自传》,广西师范大学出版社2006年版,第49页。

⑤ 胡适口述,唐德刚译注:《胡适口述自传》,广西师范大学出版社2006年版,第49页。

写于1915年8月18日的日记《论"文学"》,是我们了解胡适文学美学思想发生变化之前的状态的重要依据。胡适在这段文字中所展示出来的对文学美的理解中圆通达,与他后来片面地强调"济用"文学和"清楚明白"的美,有着明显的区别,"然文学之优劣,果在其能'济用'与否乎？作为文词者,果必有所讽乎?"①胡适首先对文学以"济用"与否为评判其优劣高下的标准表示了怀疑,还引用《诗》序中的一段话来表明心迹:"诗者,志之所之也。在心为志,发言为诗。情动于中,而行于言。言之不足,故嗟叹之。嗟叹之不足,故永歌之。"值得注意的是,胡适在这里对于"志"的理解并不是儒家所谓的政治理想、政治抱负,而是个人心中自然生发的真实情感。胡适在此将文学理解为人的一种本能需求,一种情感诉求的渴望,一种自然而然的抒怀方式,并以反诘的语气问道:"更何暇论其根柢济用与否乎?"胡适否定了单纯以"济用"的功利性来评判文学作品的优劣高下,与中国传统"文以载道"的诗教传统拉开了距离。

胡适将文学分为"有所为而为之者"和"无所为而为之者"两种。胡适着重解释了"无所为而为之者",所谓"无所为"不是真的无所为,"其所为,文也,美感也"。"文"和"美感"就是"其所为"的内容,胡适在这里明确肯定了文学独立的审美价值,无需依附于任何实用功利目的。胡适还指出,即使是有所为的济用文学,也要注重文学美感的营造,于"美感之外"兼及济用,美感是文学创作的第一要素。那些只注重实用的官样文章、律令契约不能使读者通过文字得到审美体验,是"不足言文"的。胡适在这里将"美感"的营造作为文学的基本要素,他认为没有"美感"的文字是不能称之为文学的,而济用与否并不是构成文学的必要条件。

---

① 曹伯言整理:《胡适日记全编》(第二卷),安徽教育出版社2001年版,第237页。

胡适不止一次地表示喜爱白居易的诗歌,并经常模仿白居易进行诗歌创作,但他对白居易的文学见解也并不是全部认同,“白香山抹倒一切无所讽谕之诗,殊失之隘”①。胡适认为白居易一味讲求文学的讽喻功用,太过狭隘了,并检讨自己的文学主张,“吾十六七岁时自言不作无关世道之文字,此亦知其一不知其二之过也”②。胡适重视文学“美感”的营造,但也没有简单地否定文学的“济用”价值。“作诗文者,能兼两美,上也”③,诗歌能兼得“讽刺谏谕”和“绮丽错金”的话,就是诗中上品,也就是讲求文学作品思想性和文学性的完美统一,文字通达性与语言美的完美统一。胡适主动检讨了自己以往的文学见解,并提出了新的评判文学的标准,将审美性与思想性并重,否定了偏重济用而忽视审美的文学观念。有意识地强调文学的独立审美价值,将“美感”作为文学的基本要素,标志着胡适的文学美学思想由古典迈向现代。

那么,胡适此时认为什么是文学美呢?“吾诗清顺达意而已,文则尤不能工”④,胡适说自己的文字只是清顺达意,明白清楚罢了,缺点就是不能绮丽工巧。“诗中绮语,非病也”⑤,诗歌绮丽并不是缺点,也就是说,绮丽之美与清楚明白是文学美的两种风格。“今年重事填词,偶作绮语,游戏而已”⑥,胡适不仅认可这种绮丽之美,还经常饶有兴致地写

---

① 曹伯言整理:《胡适日记全编》(第二卷),安徽教育出版社 2001 年版,第 240 页。

② 曹伯言整理:《胡适日记全编》(第二卷),安徽教育出版社 2001 年版,第 240 页。

③ 曹伯言整理:《胡适日记全编》(第二卷),安徽教育出版社 2001 年版,第 239 页。

④ 曹伯言整理:《胡适日记全编》(第二卷),安徽教育出版社 2001 年版,第 51 页。

⑤ 曹伯言整理:《胡适日记全编》(第二卷),安徽教育出版社 2001 年版,第 250 页。

⑥ 曹伯言整理:《胡适日记全编》(第二卷),安徽教育出版社 2001 年版,第 250 页。

一些“绮丽”的词,来纠正自己过于平白的文风。

既肯定“济用”文学,也重视文学的“美感”,强调思想性与艺术性的完美统一;既肯定明白清楚,也重视绮丽之美,强调文学美的多样统一性。胡适对于文学美的理解中圆通达,而且还常常捉笔自乐,充分享受文学所带来的乐趣。此时的胡适,尚没有介入文学革命的浪潮中,文学对于他来说完全是一种兴趣,并不是一项工作,此时的文学见解完全是构建于朴素的阅读经验上的,与我们后来见到的固执片面的胡适先生真是判若两人。很遗憾,胡适于大量文学阅读基础上形成的朴素通达的文学审美观,并没有坚持下去。

二、偏执于“济用”文学和“明白清楚”的美

1921年6月3日,胡适在日记中写道:“现代的人若虚心细读萧士比亚的戏剧,至多不过能赏识某折某幕某段的文辞绝妙——正如我们赏识元明戏曲中的某段曲文——决不觉得这人可与近代的戏剧大家相比。他那几本‘最大’的哀剧,其实只当得近世的平常‘刺激剧’(Melodrama)。”①又说“如《Othello》一本,近代的大家决不做这样的丑戏!又如那举世钦仰的《Hamlet》,我实在看不出什么好处来!Hamlet真是一个大傻子!”②虽然还承认剧中局部的“文辞绝妙”,但对莎剧整体的厌恶之情已溢于言表。此时的胡适并不以莎士比亚为然,认为莎士比亚远远比不上近世的剧作家。此时的胡适注重文学的思想性而非审美性,“借戏剧输入这些戏剧里的思想”,强调文学的政治道德教化功能,欣赏的是充满思想性的现实主义作

---

① 姜义华主编:《胡适学术文集》(新文学运动卷),中华书局1998年版,第493页。

② 姜义华主编:《胡适学术文集》(新文学运动卷),中华书局1998年版,第494页。

品，欣赏的是通俗晓畅、明白清楚的文字，欣赏的是"社会改革家的易卜生"①，所以对浪漫主义的文学作品、对绮丽的文辞、对艺术家莎士比亚都已不再欣赏。

不断强调文学"明白清楚"以期为更广大的人群所接受，借文学"输入思想"来实现"社会改造"的浩大工程，甚至将"明白清楚"当作文学美的唯一标准，胡适对于文学的理解越来越偏执，越来越偏离了文学的轨迹。胡适从此便认定了"明白清楚"是好文学的通用标签，"做诗的无论怎样多，究竟只有一个'通'字为第一场试验，一个'真'字为最后的试验"②。这种理解，伴随了胡适的一生，晚年的胡适仍然抱定"通"是文学美的不二法则，对现代派的诗歌始终不感冒，"你们写的所谓抽象派或印象派的诗，只管自己写，不管人家懂不懂。大部分的抽象派或印象派的诗或画，都是自欺欺人的东西"③。不明白清楚，此文学就难以发挥作用，就没用。胡适放弃了 1915 年前兼顾"美感"与"济用"、"绮丽"与"明白"的文学主张，偏执于"济用"的文学和"明白清楚"的美，走上了儒家"文以载道"的诗教老路。

三、实用主义"致用即真理"价值观的介入

我们不难发现胡适对于文学美认识的前后巨大反差。是什么促使胡适毅然决然地放弃了早年朴素辩证的文学经验，一头扎进了"写实主义""明白清楚""输入思想"呢？以往的研究多着眼于社会历史的外部条件，如在颓唐积弱的社会形势下，"救亡图存"的功利心理成为整个社会的共同价值取向；如国民素质偏低的现实要求通俗易懂的大众文艺。

---

① 姜义华主编：《胡适学术文集》（新文学运动卷），中华书局 1998 年版，第 487 页。

② 曹伯言整理：《胡适日记全编》（第三卷），安徽教育出版社 2001 年版，第 729 页。

③ 胡颂平编著：《胡适之先生晚年谈话录》，新星出版社 2006 年版，第 21 页。

但是,在同样的社会历史条件下,还存在另一支浪漫主义文人队伍,他们讲求文辞的热烈华美、独抒性灵的无拘无束,郭沫若、徐志摩、李金发、郁达夫等,这个群体同样优秀和令人尊重。而且,刚从传统政治道德的诗教传统束缚中解放出来的新文学,更急需的正是浸染浪漫气质的独抒性灵的文学作品,而不是胡适设计的宣扬"输入思想"的文学作品。社会历史的方法,可以说明"明白清楚"的大众美学主张将成为主潮,却无法说明为什么胡适这个个体会毅然决然地选择"明白清楚",并且过犹不及地将"明白清楚"绝对化、唯一化。

胡适自言在1915年后"实验主义成了我的生活和思想的一个响导,成了我自己的哲学基础"①。实用主义哲学的价值观也成为胡适评判事物价值的重要依据。实用主义哲学的价值观就是"致用即真理",以是否有用为判定事物有无价值的标准。詹姆士明确表示,实用主义要"鄙弃一切字面的解决,无用的问题和形而上学的抽象方面"②。杜威也表示,哲学想要得到真正的发展,哲学家想要重新获得尊重,就要"舍弃关于终极的绝对的实在的研究的无聊的独占"③,回到现实生活中的现实问题。1919年胡适在《实验主义》中也宣称实用主义"只承认一切'真理'都是应用的假设;假设的真不真,全靠他能不能发生他所应该发生的效果"④。能否发生相应的效果,是衡量"真理"的唯一标准,有效的、有用的就是真理,而且只是一种暂时的真理,一旦这种假设不再奏效,就毫不犹豫地丢弃它,认定另一种有效的、有用的真理。"一切理论对个人、社会、人生,有用的就是好的,无用的便是坏的。有用即真,无用即

---

① 曹伯言整理:《胡适日记全编》(第一卷),安徽教育出版社2001年版,第58页。

② (美)威廉·詹姆士:《实用主义》,商务印书馆1979年版,第30页。

③ (美)约翰·杜威:《哲学的改造》,商务印书馆1958年版,第15页。

④ 欧阳哲生选编:《胡适论哲学》,安徽教育出版社2006年版,第62页。

伪。”①这就是胡适从实用主义哲学那里接受的真理观和价值观。

在实用主义哲学那里,对“济用”价值的关注,被提升到价值观和真理观的高度,“效用”也成为胡适衡量一切学说理论包括文学的标尺。那么很容易想见,“莺莺燕语”、独抒性灵的文学作品,无关“社会改革”大计,是不值得关注的,就应该毫不犹豫地抛弃,“国家多难,而余乃娓娓作儿女语记梨园事如此,念之几欲愧汗”②。在这种想法的支配下,胡适自然而然地就摒弃了早年建立在朴素文学阅读经验上的理解,而是有意识地、理性地来进行取舍和规划,选择了“济用”文学,认定“明白清楚”作为新文学的基本要求。由于重视文学的“济用”功效,所以胡适选择了以承载思想性见长的现实主义文学;由于重视文学教化育人的功效,所以胡适强调文学作品要“明白清楚”、晓畅易懂,摒弃抽象玄远、绮丽之美,以期更容易被人接受。我们可以清晰地看出,此时的胡适已经不再将文学当作具有独立审美价值的艺术了,而是将其视为一种工具,一种承载思想的工具,文学的审美作用也要服务于文学的政治道德承载功能,他已经将文学捆绑到了“社会改革”的工程上。

从接受并笃信实用主义哲学的角度出发,我们就不难理解胡适文学思想的转向了,而且我们可以知道,在接受了实用主义哲学之后,选择现实主义,选择“济用”文学,选择“明白清楚”的美是一种必然。实用主义哲学“致用即真理”的真理观给了胡适选择“现实主义”“明白清楚”的理论基础,也提供了他毅然决然放弃“浪漫主义”“象征主义”“现代派”等流派和“绮丽错金”的勇气。如果没有实用主义哲学的介入,胡适能否毅然决然地选定“明白清楚”的现实主义文学作为中国新文学的发展模板,胡适对于文学美的认识是否会变成我们今天看到的这个样子,都是要打一个

---

① 贺麟:《五十年来的中国哲学》,辽宁教育出版社 1989 年版,第 66 页。

② 曹伯言整理:《胡适日记全编》(第二卷),安徽教育出版社 2001 年版,第 130 页。

问号的，谁又能肯定常作“绮语”的胡适不会走向浪漫主义文学之路呢？

第二节　胡适审美价值工具论

胡适在他的自传文字《四十自述》《胡适口述自传》中，都反复提及并渲染他在幼年少年时的白话训练，很早就接触白话文学，很早就写了许多白话文字，这分明就是在暗示他的幼年经历与他的白话文理论之间的必然联系。但是胡适真的就一直将白话文学作为中国文学最高水准的代表吗？这是需要质疑的。还有，胡适一直在关注文学问题，对国内文坛存在的问题提出了自己的看法，也试图提出一些解决之道，但是直到 1915 年，胡适仍没有将白话、白话文学视作解决文学问题的妙方，仍然试图通过文言范围内的调整来解决其时文学创作的弊病。事实上，他对白话和白话文学的态度有一个转变的过程，时间节点是 1916 年，他说，这年“从 2 月到 3 月，我的思想上起了一个根本的新觉悟”①。直到此时，胡适才将白话视作中国未来新文学的语言工具，才将白话文学置于最高水准的位置。胡适对待白话、对待白话文学的态度发生了巨大的变化。造成这一变化的原因就是实用主义哲学彻底工具论的强力介入。这个变化过程值得我们细加分析。

一、认为白话文学“尤鲜佳者”

胡适在很早的时候就接触了白话，九岁时就开始读《水浒传》，后来他说它“忽然为我开辟了一个新天地”②，胡适对小说萌生了极大的兴趣，又读了诸如《红楼梦》《儒林外史》《三国演义》等作品。通过阅

① 姜义华主编：《胡适学术文集》（新文学运动卷），中华书局 1998 年版，第 200 页。

② 胡适：《四十自述》，安徽教育出版社 2006 年版，第 24 页。

读这些作品,胡适在不知不觉中得到了不少白话和方言等方面的训练。在上海读书期间,胡适经常给报纸写白话文,如范鸿仙办的《国民白话日报》、李莘伯办的《安徽白话报》。1906年起,胡适开始为《竞业旬报》作白话文,从《竞业旬报》办刊一直到停办,几乎每期都有他的文字。为报纸撰写白话文的经历使胡适得到了很好的白话文写作训练,胡适后来回忆起这段经历充满感激,“这一年多的训练给了我自己绝大的好处,白话文从此成了我的一种工具。七八年之后,这件工具使我能够在中国文学革命的运动里做了一个开路的工人”①。但这只是胡适事后的一家之言而已,我们无法认定这是否就是胡适当时的真实心态,这只能说明胡适对白话文学有所偏爱,说明他早年接受过良好的白话文写作训练而已。

那么胡适此时对白话文学的真正评价到底如何?他对白话文学中的白话成分到底关注多少呢?我们知道,胡适贵为新红学的祖师爷,在《红楼梦》诸版本中最推崇程乙本,原因就是程乙本中的白话成分最多。但是在上海读书时的胡适,对《红楼梦》的理解却只是“《石头记》家庭小说也,社会小说也,而实则一部大政治小说也”②。虽然胡适已经积累了很多的白话文学阅读经验,得到了很好的白话文写作训练,胡适对《红楼梦》中的白话成分却一点也不在意,看不出他对白话的一点点偏爱。待到留学美国,1914年游波士顿时,胡适参观了当地图书馆,看到中国书架上满是《三国演义》《古今奇观》《大红袍》等白话小说,顿感“大失所望”,揶揄该馆“所藏书既少,而尤鲜佳者,《三国演义》《古今奇观》《大红袍》等书皆在焉”③。直到1914年,胡适对白话文学的评价还是不

① 胡适:《四十自述》,安徽教育出版社2006年版,第72页。

② 曹伯言整理:《胡适日记全编》(第一卷),安徽教育出版社2001年版,第44页。

③ 曹伯言整理:《胡适日记全编》(第一卷),安徽教育出版社2001年版,第456页。

高,认为白话文学“尤鲜佳者”。这则日记颇能反映当时胡适对待白话和白话文学的真实心态。

胡适对待白话与文言的态度绝非“文言已死”白话当立,“为着辞句表达的简洁有力,胡先生说起话来也常时是‘文乎,文乎’的”①。胡适仍然喜爱使用文言。显然,胡适早年的白话文训练之于白话文理论的必然联系,并没有我们看上去那么密切。事实上,白话小说故事引人入胜,通俗易懂,更容易符合每个读者口味的,这并不稀奇。而且胡适提到的那些白话文训练,又何止他一人接受过呢。这绝不是造成胡适白话文理论的必然原因,而只是一个诱因。待到少年时期过去,审美品位提高,胡适读的更多的是诸子百家的典籍,读得更多的是都德、莎士比亚、萧伯纳、托尔斯泰等西方文学巨匠的作品,哪里还顾得上看那些他所谓的“中国文学之正宗”的《三国演义》《大红袍》之流,“尤鲜佳者”才更贴近胡适早年对白话文学的真实态度。胡适反复暗示自己在幼年时便对白话文学充满喜爱之情,显然是他事后的一种言不由衷的说辞。

胡适对白话文学的评价并不是很高,他对于中国语言文字问题和中国文学问题的思考也没有在白话与文言比较的范围内进行。胡适早期对文学问题进行思考时,多是从朴素的文学经验出发,并没有什么高超的见解,对于白话更是只字没提。“吾国近世绮语之诗,皆色诗耳,皆淫词耳,情云乎哉?今之言诗界革命者,矫枉过正,强为壮语,虚而无当,则妄言而已矣。”②这是胡适对当时文坛的判断,他指出言辞轻浮、缺乏真情实感是当时文学的弊端。但如何纠正时文言辞轻浮、缺乏真情实感的顽疾,胡适尚没有很好的对策,他所能做的只是自己填词做诗,“未尝作

---

① 唐德刚:《胡适杂忆》,广西师范大学出版社2005年版,第72页。

② 曹伯言整理:《胡适日记全编》(第二卷),安徽教育出版社2001年版,第250页。

欺人之壮语”①,竭力表达真情实感,拒绝轻浮滥调而已。胡适还曾指责一些人不通古文,不解古文之美,“可见吾国文本可运用自如。今之后生小子,动辄毁谤祖国文字,以为木强,不能指挥如意,徒见其不通文耳”②。胡适认为只要勤加练习,深得“祖国文字”之精髓,是能够创作出传神之作的。1915 年 8 月 26 日,胡适做了一篇长文《如何可使吾国文言易于教授》,此时他的思考还停留在文言范围内,还认为在文言范围内,通过有效的学习和努力是可以解决文学弊病的,他也未曾流露出对白话的偏爱,更没有提过要用白话代替文言这等惊世骇俗的话。胡适后来也承认“我那时还没有想到白话可以完全替代文言,所以我那时想要改良文学的教授方法,使汉文容易教授”③。

二、奉白话文学为“中国文学之正宗”

在 1915 年夏天,胡适对白话、对白话文学也还没有流露出更多的偏爱。但是到了 1916 年,戏剧性的一幕出现了,胡适突然投注巨大的热情到白话文学上,翻看胡适这一时期的日记,这样的段落到处都是。

1916 年 4 月 5 日,胡适宣称“词也,曲也,剧本也,小说也,皆第一流之文学,而皆以俚语为之”④,一下子就将用俚语白话写就的通俗文学推到了“第一流之文学”的地位。三个月后,1916 年 7 月 6 日,胡适便在日记中仔细辨别了白话与文言的区别,并断言文言是一种半死的文字,一下子将文言否定掉,同时大赞白话是一种鲜活生动的文字,

---

① 曹伯言整理:《胡适日记全编》(第二卷),安徽教育出版社 2001 年版,第 250 页。

② 曹伯言整理:《胡适日记全编》(第二卷),安徽教育出版社 2001 年版,第 165 页。

③ 胡适:《四十自述》,安徽教育出版社 2006 年版,第 99 页。

④ 姜义华主编:《胡适学术文集》(新文学运动卷),中华书局 1998 年版,第 4 页。

“而且甚优美适用”①。1916 年 7 月 26 日,胡适明确指出要把《水浒传》《三国演义》《西游记》等白话文学“列为第一流文学”②,两年前还“尤鲜佳者”的《三国演义》摇身一变为“第一流文学”,转变不可谓不大。

在 1917 年 1 月发表的《文学改良刍议》中,胡适将他私下思考的结论公之于众,发出了“白话文学之为中国文学之正宗,又为将来文学必用之利器”③的断言。胡适在《文学改良刍议》中提出的文学改良八事,“须言之有物”“不摹仿古人”“须讲求文法”“不作无病之呻吟”“务去烂调套语”“不用典”“不讲对仗”“不避俗字俗语”,前七项并没有什么惊世骇俗的地方,那些主张几乎都在中国古代历次文学运动中被反复提及过。前七项只是铺垫,这篇文章之所以能够震撼时人,关键在第八项“不避俗字俗语”。他所谓的“不避俗字俗语”,是要用白话代替文言,成为中国未来新文学的语言工具,“然以今世历史进化的眼光观之,则白话文学之为中国文学之正宗,又为将来文学必用之利器,可断言也”④。而那通用了三千年,霸占了中国文学三千年的“死文字”文言,已不能承担起中国未来新文学语言工具的重任,“与其用三千年前之死字,不如用二十世纪之活字”⑤。白话代文言,是胡适文学革命主张中最为醒人耳目、震撼时人的,也是胡适最为核心的文学思想,包括他的文学进化

---

① 姜义华主编:《胡适学术文集》(新文学运动卷),中华书局 1998 年版,第 6 页。

② 姜义华主编:《胡适学术文集》(新文学运动卷),中华书局 1998 年版,第 345 页。

③ 姜义华主编:《胡适学术文集》(新文学运动卷),中华书局 1998 年版,第 28 页。

④ 姜义华主编:《胡适学术文集》(新文学运动卷),中华书局 1998 年版,第 28 页。

⑤ 姜义华主编:《胡适学术文集》(新文学运动卷),中华书局 1998 年版,第 28 页。

论,也是为了来印证“白话代文言”的合理性与合法性的。

胡适对白话的态度转变之快、之大让人不可思议,而更让人不可思议的是,在此后的几十年中,胡适对待白话和白话文学的喜爱有增无减,甚至到了难以理喻的程度。如苏曼殊的名作《断鸿零雁记》,只是由于不是用白话写的,胡适就称其不是文学。胡适晚年寓居美国时,无事时总要仔细阅读一些海外中文报刊的副刊,对这些杂志报纸上的白话诗,不仅看得极仔细,还要记点笔记。

胡适对白话文学态度的转向之迅速、之绝对,实在令人费解。“白话”作为中国文学语言工具尚可理解,但是将文言文学剔除出中国文学史,就让人大跌眼镜了。白话文学是中国文学未来的发展方向,但这并不意味着旧往的白话文学作品就是中国文学最高水准的代表,更不能说明旧往的文言文学就是“死文学”。即使放在今天,能够代表中国古代文学的特色和最高水准的,仍然是文言文学,最能体现汉语文字韵律之美的甚至是胡适一直贬斥的骈赋。

看重白话文学,奉白话文学为“中国文学之正宗”,胡适逐渐钩稽出了一个长期被遮蔽的不同于文言文学的白话文学传统,展示了中国文学发展的另一个生动侧面。但是一味地尊白话文学为宗,使胡适对于中国古典文学的把握走上了歧路。胡适在《白话文学史》中,将脏水与婴孩一起泼掉,对中国古代文学进行删减,使原本丰富绚丽的古代文学长廊只剩下了白话诗、打油诗、词曲、白话小说等寥寥几样。在唐代诗人中,胡适更是抛却李白、杜甫的经典之作,而对王梵志大加赞赏。但他所推崇的不过是“梵志翻着袜,人皆道是错。乍可刺你眼,不可隐我脚”“城外土馒头,馅草在城里。一人吃一个,莫嫌没滋味”之类的白话诗。周汝昌先生就一针见血地指出,“胡先生则始终认为‘白话成分’‘描写细腻’的程度之多寡大小,方是区分文笔优劣的‘标准’”;“一律以‘白话’来‘绳’其好坏,或者实际是主张任何文体都以‘白话’为上品,为定法。法令、文告、宣言……郑重的文字,和小说里人物的‘对白’,在他看来也都是越‘白’越佳的”①。一句话，只要用白话写就的，就“明白清楚”，就“通”，就是好的文学作品，就是“活”文学，就是中国古代文学最高水平的代表，这样的看法实在是太失之于偏颇了。

胡适并不是中国近代史上第一个主张将白话用作语言工具的，但是胡适敢于主张用白话代替文言来作为中国文学的语言工具，并将白话文学作为一种新的文体来提倡，且造成了一个“举国和之”的运动，为中国文学创造出一个崭新的时代。我们只需稍微环顾一下手边的现当代文学作品，就不难理解胡适白话文理论所带来的巨大影响。谁又能想到，这位倡导白话文运动的祖师爷，前一年还对白话不闻不睬，嫌弃白话小说“尤鲜佳者”，一年之后，不仅认为白话文学是“中国文学之正宗”，甚至不论青红皂白地将文言文学剔除出中国文学史呢？胡适对待白话文学的戏剧性变化值得我们深思。

三、实用主义彻底工具论的介入

事实上，在胡适酝酿其文学革命时，当时的国内学界中，老一辈的学者如严复、梁启超仍然健在，后来伴随着文学革命而驰名的新锐名家如陈独秀、钱玄同、鲁迅、周作人也在国内从事着文学活动。与这些名家相比，胡适不论在学养方面还是文学实绩方面，都乏善可陈。胡适几乎就没有什么成功的白话文学作品，就连时势评论文字也远不及梁启超的文字那样气势磅礴、激人心魄。直到1915年夏天，胡适对白话文学的态度尚停留在“尤鲜佳者”的层次上，他的白话文理论亦未见一点眉目。而历史的结果是，胡适1917年1月发表了《文学改良刍议》，选定了从文学语言工具入手，用白话代替文言，实现言文统一，立白话文学为中国文学之正宗及发展方向，一举打破了文学革命前的沉闷气氛，找到了文学革

---

① 周汝昌:《我与胡适先生》，见郜元宝编《胡适印象》，学林出版社1997年版，第121页。

命的突破口,拉开了文学革命的序幕。梁启超的“诗界革命”止步于旧形式装新内容,始终没能迈出最为关键的一步,胡适却能彻底地摒弃文言,压根就不在文言范围内进行调整,而是用白话做诗,真正“革”了旧诗的“命”。

为什么是胡适?为什么历史选择了一个此前默默无闻的留美学生来点破这层窗户纸呢?诚然,胡适拥有留学背景,通晓外国文字,可以直接熟练地阅读外文原著,并有留学外国的切身体验,对于外国文学的感悟更加准确,能够获得世界文学的眼光并容易受关注。他凭借对西方文学更为直接的感悟,并借助西方文学作为参考来审视中国文学,对于中国旧式文学的认识更加深化。心怀世界文坛的宽广眼界,也使胡适对中国旧式文学的病症有了更为准确的把握。但是,与鲁迅、周作人、郭沫若、徐志摩等人比起来,胡适对文学的理解显然要差很多。

前面说到,1915 年起,胡适开始笃信实用主义哲学,这与胡适的文学讨论、对白话文学态度转变等文学事件是同时进行的。在这期间,正是实用主义哲学彻底工具论的介入,才使得胡适超越同为留美学生的梅光迪、任叔永等辩友,超越同时代的学者,找到了打开文学革命之门的钥匙。

胡适称杜威的实用主义是工具主义,工具在实用主义哲学,尤其在杜威那里,拥有重要的地位。杜威哲学的最大目的是培养人创造性的思维能力。那思维又是什么呢?“思想乃是应付环境的工具”①;“知识思想是一种人生日用必不可少的工具”②。思维能力是人们改造现实世界的重要工具。实用主义哲学就是要寻找人类改造环境、改造现实世界的最佳工具。改造世界的工具方法,是实用主义者最为看重的。在胡适看来,缺少先进适用的工具手段就无法有效地改造现实世界,只有先进实

---

① 欧阳哲生选编:《胡适论哲学》,安徽教育出版社 2006 年版,第 84 页。
② 欧阳哲生选编:《胡适论哲学》,安徽教育出版社 2006 年版,第 85 页。

用的工具才能"使那个悬想的将来真能实现"[①]。只有工具先进适用,才能实现"悬想"。胡适一生治学极重视工具方法,"我治中国思想与中国历史的各种著作,都是围绕着'方法'这一观念打转的,'方法'实在主宰了我四十多年来所有的著述"[②]。对工具方法的强调,贯穿了胡适整个治学生涯。即使放眼整个中国近现代学者群,如此看重和不遗余力地强调方法的意义,也是无人能出胡适之右。

正是这种极其敏锐自觉的工具意识,启发胡适在1915年开始思考文学问题时从文学语言工具入手。虽然胡适在1915年8月26日的日记中,仍然表示要在文言范围内解决文学问题,但较之于之前笼统地批评当时文坛"虚而无当"已经务实很多了,而且已经从文学语言工具的角度开始思考了。这种工具态度,恰恰是胡适异于梅光迪、任叔永等人的地方,"叔永诸人全不知道工具的重要,所以说'徒于文字形式上讨论,无当也'"[③]。对于胡适来说,工具就是一切,文学革命也不过是文学工具的更新而已,"中国文学史上几番革命也都是文学工具的革命"[④]。

实用主义哲学不仅重视工具,而且对待工具的态度非常彻底。一旦手中的工具不再适用,就毫不犹豫地更换新的适用工具。"衣服破了,该换新的;这支粉笔写完了,该换一支;这个道理不适用了,该换一个。这是平常的道理,有什么可惜?"[⑤]这种工具态度是彻底的工具态度,工具适用就用,工具无用就彻底放弃,毫不留恋,即使对曾经熟悉的旧工具恋恋不舍,也要接着寻求另一种新的有用工具,绝不拖泥带水,修修补

---

① 欧阳哲生选编:《胡适论哲学》,安徽教育出版社2006年版,第84页。

② 胡适口述,唐德刚译注:《胡适口述自传》,广西师范大学出版社2006年版,第100页。

③ 姜义华主编:《胡适学术文集》(新文学运动卷),中华书局1998年版,第200页。

④ 姜义华主编:《胡适学术文集》(新文学运动卷),中华书局1998年版,第200页。

⑤ 欧阳哲生选编:《胡适论哲学》,安徽教育出版社2006年版,第75页。

补。这是一种异常冷静决绝的工具态度和实用精神。

这种彻底的工具论，不含有个人情感的冷静决绝的实用精神，是帮助胡适完成对待白话态度大转变的关键因素。胡适从文学语言工具出发，很快区分了白话与文言，并仔细对比了这两种语言工具。"文学的生命全靠能用一个时代的活的工具来表现一个时代的情感与思想"①，显然，与口语脱离了的文言，很难鲜活准确地表现当代人的精神风貌，这与深植于当代口语的鲜活白话是无法相比的。且掌握文言所需时间太长，这与自小耳濡目染的口语白话相比又丝毫占不到优势。在经过一番比较之后，胡适断定，"今日之文言乃是一种半死的文字""今日之白话是一种活的语言"②。文言既然已经"半死"，那么文言文学自然也至少是"半死"，自然无法准确传达当代人的精神风貌和情感生活，只有白话文学才能亲切鲜活地传达当代人的精神风貌。思考至此，胡适对白话文的认识还是通达准确的，但是，秉承着彻底的工具论态度，胡适在断定白话胜于文言后，就毫不犹豫地将白话视作中国未来新文学的语言工具，并将所有的文言文学干净利落地扫地出门，"其非白话的文学，如古文，如八股，如札记小说，皆不足与于第一流文学之列"③。对胡适而言，不论文言还是白话，都只是语言文学的工具而已，一旦不适合了，就要毫不犹豫地丢弃，无须庸人自扰般的修修补补。

正是这种冷静决绝的态度，帮助胡适摆脱了感情的羁绊，超越了同时的诸多学者。中国要走向现代化，要发展现代科学，需要较之文言更加严密的另一种语言，单就西方科学著作的翻译而言，文言就难

---

① 姜义华主编：《胡适学术文集》（新文学运动卷），中华书局 1998 年版，第 200 页。

② 曹伯言整理：《胡适日记全编》（第二卷），安徽教育出版社 2001 年版，第 414 页。

③ 曹伯言整理：《胡适日记全编》（第二卷），安徽教育出版社 2001 年版，第 417 页。

能胜任了。这对于自幼浸润于文言之中的诸多大家学者来说,是感情上所无法接受的。林纾、严复、梁启超,莫不深谙古文。再反观与胡适同时代的两位名家,鲁迅不仅可以用白话写作《狂人日记》,同样可以用文言完成《摩罗诗力说》;钱锺书可以用白话写作《围城》,还能用文言完成《管锥编》。他们不仅深谙文言之美,还能用文言写作美文,要让他们干脆利落地彻底放弃文言,第一道感情关就很难通过。鲁迅的白话作品中就饱含魏晋文风,可见文言文学对其时学者的影响浸润之深。胡适却不受这种困扰,实用主义哲学彻底的工具主义价值观,使得胡适明明心中不舍,却仍然可以干净利落地放弃文言,对白话文学大赞特赞,甚至将其一举推到"中国文学之正宗"的地位,并毫不手软地将文言文学剔除出文学史。这就是胡适为什么能在短短不到一年的时间内,对白话文学的态度发生巨大转折的原因,这种转折完全是建立在清醒冷静的理论推导上,而不是建立在真切自得的阅读经验上。

第三节 胡适审美价值进化论

1905年,胡适通过《天演论》正式接触了西方的进化论思想,不过这是一种"近利急功"的进化论,这种进化论更多地强调"物竞天择""优胜劣败"的竞争选择精神。在1905年至1915年长达十年的时间里,胡适并没有通过《天演论》提供给他的进化论思想生发出他的"文学进化论"。直到留学美国,系统地接受了农学教育(包括很多生物学课程),系统地接受了实验主义哲学进化思想,对进化的形态、进化的前景等有了相对完整深入的认识,胡适才获得了足够的理论支持,来构建他的文学进化论,演绎他的中国文学进化图景。实用主义哲学的进化论是一种"近利不急功"的进化论。1915年后,胡适渐渐转移了早年对"物竞天择""优胜劣败"竞争选择精神的关注,而是更多地强调"一点一滴"进化之功,并将这些认识运用到文学中,形成了颇具特色的"一点一滴"的文学进化论。

一、文学的审美价值进化论

胡适对进化论的最初接触就是那部风靡一时的《天演论》。像当时的大多数人一样,胡适对《天演论》的喜爱和理解更多地停留在对"物竞天择""适者生存"的博弈法则上,至于究竟什么是进化论,生物进化论能否合理地解释人类社会问题,以及进化的形态与出路等问题,都不是他关注的重点。胡适后来回忆说,那时对进化论"能了解的只是那'优胜劣败'的公式在国际政治上的意义"①。生物学上的进化论被人们急切地运用到了人类社会发展问题的思考上去,不仅"近利",而且更为"急功",要求中国在发展进化的道路上迅速地进化变强。这种进化思想带有明显焦躁的理论情绪。

1905 年接触《天演论》,1915 年明确详细论及文学进化问题,胡适在长达十年的时间里只有一次提到有关文学进化的字眼。那是在 1911 年 3 月 18 日的日记中,"夜与金仲藩观戏于兰息院。是夜演'White Sister',为悲剧,神情之妙,为生平所仅见。今而后知西国戏剧之进化也"②。胡适这段日记很简略,没有言明此处的"进化"是什么意思,但是我们从字里行间还是可以获得一知半解的。胡适在欣赏《White Sister》(《空门遗恨》)时,直观地感受到西方戏剧的细腻真实和"神情之妙",这给看惯了中国传统戏曲表演的胡适以新鲜的审美感受,"为生平所仅见"。胡适认为西方戏剧"进化",此处的"进化"可以理解为西方戏剧比中国戏剧更妙,也可以理解为西方戏剧是中国戏剧

① 胡适:《四十自述》,安徽教育出版社 2006 年版,第 52 页。

② 曹伯言整理:《胡适日记全编》(第一卷),安徽教育出版社 2001 年版,第 78 页。

的进化。通观全文,还是前一种解释更为合理一些。此处胡适用到了“进化”的字眼,但和他有意识地将进化论引入文学问题还相去甚远,充其量是一种朴素的认识。还有一次提到进化,是在1914年1月25日的日记中,“今日吾国之急需,不在新奇之学说,高深之哲理,而在所以求学论事观物经国之术。以吾所见言之,有三术焉,皆起死之神丹也:一曰归纳的理论,二曰历史的眼光,三曰进化的观念。”①胡适在这篇日记中并没有提到文学,他认为“进化的观念”是中国急需的思维方法,此时的胡适已经开始有意识地关注进化论,并运用这种新的思维方法来思考问题了,但尚没有将进化与文学联系起来。1905年至1915年的十年间,胡适尚未通过从《天演论》接触的“近利急功”的进化论思想构建出他的文学进化论。

二、构建出“一点一滴”的文学进化论

1914年1月,胡适尚未将进化论与文学有效地联系在一起,仅仅在一年之后,在1915年2月21日的日记中,胡适就能够有意识地运用进化论来细致地考察文学问题了,而且分析透彻精当。胡适在这则日记中仔细区分了古典文学“类型人物”和近代文学“典型人物”,指出古典文学塑造人物是“抽象派”,即“类型人物”。类型人物抽象地表现人的善恶美丑,表现的是一类人而非一个人,“其所写可施诸天下之谄人而皆合,以其题乃谄人之类,而非此类中之某某谄人也”②。“类型人物”千篇一律,彼此雷同,没有什么太高的文学审美价值。近代文学塑造人物就“非复统类”,即“典型人物”,典型人物形象鲜活地表现人物的个性风

① 曹伯言整理:《胡适日记全编》(第一卷),安徽教育出版社2001年版,第222~223页。

② 曹伯言整理:《胡适日记全编》(第二卷),安徽教育出版社2001年版,第63~64页。

采,表现的既是一类人也是一个人,“其所写者乃是个人,非复统类”。唯一性和不可复制性是典型人物的特质,“天下古今仅有此一 Hamlet,一 Nora,一 Rebecca Sharp,其所状写,不可移易也”①。“典型人物”注重塑造人物个性,能够更加传神鲜活地塑造人物形象,读者阅读后会留下深刻的印象,这些都是“类型人物”所不及的。从“类型人物”发展到“典型人物”是一种向上的“进化”,“此古今写生文字之进化,不可不知”②。

四个月之后,胡适又第一次明确提及了“文学进化”。胡适在 1915 年 6 月 6 日的日记中写道:“吾国诗句之长短韵之变化不出数途。又每句必顿住,故甚不能达曲折之意,传宛转顿挫之神。至词则不然。”词较之诗,“何等自由,何等顿挫抑扬!”词和诗相比,能够更加自由、准确、传神地表达作者之情,故“词乃诗之进化”③。

胡适从小处入手,小试牛刀,先是梳理出近代文学“典型人物”是古典文学“类型人物”的进化,又梳理出表情更为自由的“词”是束缚情感自由表达的“诗”的进化,在西方文学领域和中国文学领域都取得了初步的小成果。这两个小实验的成功,使胡适充满了信心,放心地将“进化论”大规模地应用到梳理中国文学史中去。很快,胡适就基本完成了其文学进化论的基本构建。

在 1916 年 4 月 5 日的日记中,胡适梳理了中国文学文体的进化历程。在文学文体层面,词是诗的进化,曲是词的进化,剧本是曲的进化。胡适认为文学革命在中国文学史上并不是什么新鲜事,“非创见也”。他以韵文为例,认为《诗经》变为楚骚,楚骚变为五言诗、七言诗和古诗,

① 曹伯言整理:《胡适日记全编》(第二卷),安徽教育出版社 2001 年版,第 64 页。

② 曹伯言整理:《胡适日记全编》(第二卷),安徽教育出版社 2001 年版,第 64 页。

③ 曹伯言整理:《胡适日记全编》(第二卷),安徽教育出版社 2001 年版,第 165 页。

赋变为无韵之骈文，诗变为词，词变为曲，都是文学革命。胡适在此前“词乃诗之进化”的思考基础上，全面考察了中国文学文体，指出，从诗到词，再到曲，结构越来越自由，用语越来越白话，越来越能准确传神地表现思想情感，是故越来越进化，“唐朝的诗一变而为宋词，再变而为元明的曲，都是进步”①。

在经过进化论梳理过的中国文学史中，不同时代的不同文体作品，不再是地位平等的关系，而是有了高下优劣之别，诗、词、曲、剧本，就成为依次出现在中国文学进化路径上的不同文体，后者优于前者，今人优于古人，所以今人不能模仿古人，而要创造当下的“一时代之文学”。之所以出现文学随时代变迁的情况，“一时代有一时代之文学”；之所以不模仿古人，要不断创新，是因为文学能够不可阻止地向前进化，“文学因时进化，不能自止”②。如果违背了文学进化的规律，就无法创造出优秀的文学作品，“逆天背时，违进化之迹，故不能工也”③。

在1916年7月6日的日记中，胡适梳理了中国文学语言工具的进化历程。在文学语言工具层面，白话是文言的进化，白话取代文言是文学自然发展的必然趋势，“白话文并非文言之退化，乃是文言之进化”④。胡适还给出了详细的进化路径：文法角度，白话的语法简单易懂，文言的语言复杂混乱；文学实绩角度，白话文学产生了第一流文学，文言文学只创造了“半死的文学”；使用效果角度，白话可读、可写、可听、易学、使用人群广泛，文言可读、可写、难听、难学、使用人群

① 罗志田：《再造文明的尝试》，中华书局2006年版，第111页。

② 姜义华主编：《胡适学术文集》(新文学运动卷)，中华书局1998年版，第21页。

③ 姜义华主编：《胡适学术文集》(新文学运动卷)，中华书局1998年版，第21页。

④ 姜义华主编：《胡适学术文集》(新文学运动卷)，中华书局1998年版，第6页。

有限。各个角度上，白话都优于文言，都是文言在更高层次上的进化结果。

至此，胡适基本完成了文学自然进化路径的梳理。文学的自然进化是非常缓慢的，"每一类文学不是三年两载就可以发达完备的，须是从极低微的起原，慢慢的，渐渐的，进化到完全发达的地位"①。而且在发展的过程中会遇到一些阻力，受限于时代、政治、文化等因素，文学不能够得到自由发展。在文学的进化过程中，"每经过一个时代，往往带着前一个时代留下的许多无用的纪念品"②，这些不伦不类的纪念品同样会影响文学的自然进化。当文学实在发展不下去的时候，需要"与别种文学相接触"③，接触新鲜的文学样式和创作手法，在与他种文学的比较中获得刺激与发展。胡适罗列了这么多的情况，就是要说明，文学的自然进化不仅很慢，而且会经常出现各种各样阻碍进化的因素，所以，单纯依靠文学自身的自然进化来获得文学进步，显然是不够的。这就需要人为的有意的主张，用一场文学革命来突破文学进化的瓶颈，抛弃无用的纪念品，主动与别种文学接触，取长补短，加速文学进化。白话文学在许多年间持续不断地发展，受限于正统文学观，始终无法得到自由发展，胡适就想要发动一场文学革命，突破正统文学观的束缚，大力呼号白话文学才是"中国文学之正宗"，加速白话文学的进化。

到这里，胡适文学进化论的框架就基本搭建完成了，他在"历史的眼光"中加进了"进化的观念"，将混乱驳杂的各时代文学现象、文学作

---

① 姜义华主编：《胡适学术文集》（新文学运动卷），中华书局 1998 年版，第 75 页。

② 姜义华主编：《胡适学术文集》（新文学运动卷），中华书局 1998 年版，第 78 页。

③ 姜义华主编：《胡适学术文集》（新文学运动卷），中华书局 1998 年版，第 79 页。

品梳理成一条清晰的脉络，给漫无目的的"演化"以一个"进化"的指示方向，构建出他的"一点一滴"的文学进化论。

三、"近利急功"进化论的介入

胡适通过《天演论》接触的进化论，是一种"近利急功"的进化论思想，更多地强调"优胜劣汰""物竞天择"的竞争精神。进化论虽然可以用来解释人类社会发展问题，"近利急功"的理论情绪却无益于文学问题的解释。在"优胜劣汰"的刺激下，人们毫不犹豫地坚信生物学进化论完全可以解释人类社会问题，严复在引入赫胥黎《天演论》时就是从这点着眼的。"与关心严格意义上的生物进化相比，严复更关心进化主义在人类和社会中的普遍适用性。"①"他需要的是能为中国寻找出路的世界观。"②这几乎是当时中国人的共同诉求。为中国寻找出路，摆脱贫弱的命运，振兴国运，重拾大国强国的尊严，这才是重点。而且是一定要能振兴国运，对于任何模棱两可的理论，时人都是不感兴趣的，能够给中国指出一条必然的、光明的、迅速的前进道路，是时代也是时人对理论的要求，既要强国之"近利"，更要迅速强国的"急功"。胡适也是从这个层面来接受进化论的。

达尔文在讨论生物进化时，并不认为生物的演化是一个不断趋向进步完美的进化过程。"达尔文通过证实进化可以导致变化和适应，但是不一定导致进步，而且也绝不会导致完美。"③恰恰相反，达尔文的生物进化论"严重动摇了维多利亚时代的进化和完美性的观点"④。达尔文

---

① 王中江：《进化主义在中国》，首都师范大学出版社2002年版，第64页。

② 王中江：《进化主义在中国》，首都师范大学出版社2002年版，第74页。

③ （美）迈尔：《很长的论点：达尔文与现代进化思想的产生》，上海科学技术出版社2003年版，第2页。

④ （美）迈尔：《很长的论点：达尔文与现代进化思想的产生》，上海科学技术出版社2003年版，第2页。

的生物进化论中,进化并不与“进步”“前进”“完美”“发展”“完善”“更好”等词汇联系在一起,它并不表示一种向上的变化。达尔文的生物进化论也无法说明生物进化的必然趋势,他强调进化是生物在不断和环境相适应中进行的,充满意外、偶然和不确定性,生物的进化不是一种整齐划一的统一行动,同样的生物始祖,在不同的环境中,它们的进化路径也并不一致,生物的进化有着个体的独特性。达尔文的生物进化论也并不认为新类型的个体是突然产生的,“生物的进化变化是通过群体的逐渐改变”①实现的,他强调的是生物进化的渐变性。

当达尔文的生物进化论被引入人类社会问题的解释时,非进步性、偶然性、渐进性这些理论观点,统统被剔除了。时人要求的是进步的、必然的、迅速的前进道路,《天演论》用“是故天演之事,不独见于动植二品中也,实则一切民物之事,与大宇之内日局诸体,运至于不可计数之恒星,本之未始有始以前,极之莫终有终以往,乃无一焉非天之所演也”②一句话,就不假思索地将生物进化论提高到普遍法则的高度上,强行将其拉入人类社会问题的解释中,并且大声呼号“人之胜天”“与天争胜”③,认为积极奋发、自立自强就能实现“自强保种”④,使国家迅速强大起来,立即获得向前向上的变化,摆脱“不立者弱,弱乃灭亡”⑤的危险境地。《天演论》的进化论带来的理论情绪,不仅“近利”而且“急功”。

胡适通过《天演论》接触的进化论可以用“近利急功”来概括。“近利急功”的理论情绪,更容易使人青睐“质变”“剧变”,这显然是无法解释漫长的中国文学史的,而且,属于中国古代文学的诗歌、文言小说,在

---

① (美)迈尔:《很长的论点:达尔文与现代进化思想的产生》,上海科学技术出版社 2003 年版,第 41 页。

② 严复:《天演论》,华夏出版社 2002 年版,第 24 页。

③ 严复:《天演论》,华夏出版社 2002 年版,第 42 页。

④ 严复:《天演论》,华夏出版社 2002 年版,第 8 页。

⑤ 严复:《天演论》,华夏出版社 2002 年版,第 41 页。

几百年的时间内都没有发生明显的“剧变”，对比唐诗、宋诗和清诗，对比唐代文言小说、清代文言小说，它们之间的变化差异是不能用“质变”“进化”来表述的，只是一种“演化”而已。“近利急功”的理论情绪，是与缓慢演进的中国文学格格不入的，也就无法来说明中国文学史中的哪怕是最常见的文学事件。

四、实用主义“近利不急功”进化论的介入

我们在论及胡适的进化论思想时，容易将他通过《天演论》和实用主义哲学而接受的两种进化思想混淆起来，认为二者都是进化思想，没有什么差别，还习惯于从社会大势出发，认定胡适在接受进化论时必然带有“近利急功”的理论情绪。这两个判断其实都不准确。

实用主义哲学的进化发展观脱胎于达尔文的生物进化论，并将生物进化论引入对人类社会文化发展现象的解释中。实用主义与进化论有着深层的联系，“到了实验主义一派的哲学家，方才把达尔文一派的进化观念拿到哲学上来应用；拿来批评哲学上的问题，拿来讨论真理，拿来研究道德”①。相较于严复《天演论》对待进化论的浮躁态度，实用主义哲学则要冷静平和许多，也更贴近达尔文生物进化论。被严复《天演论》遮蔽掉的“渐进性”却为实用主义哲学所重视，“达尔文的生物演化学说给了我们一个大教训：就是教我们明了生物进化，无论是自然的演变，或是人为的选择，都由于一点一滴的变异，所以是一种很复杂的现象，决没有一个简单的目的地可以一步跳到，更不会有一步跳到之后可以一成不变”②。实用主义哲学认为，只有一点一滴的改进才是真实可靠的进化。

---

① 欧阳哲生选编：《胡适论哲学》，安徽教育出版社2006年版，第64页。
② 欧阳哲生选编：《胡适论哲学》，安徽教育出版社2006年版，第45页。

杜威认为“经验即是生活,生活即是应付环境”①,我们要不断适应周围的环境,不断适应变化着的环境,“对付外面的变迁”②,在不断适应的过程中“一点一滴”地提高改造环境的能力,使其“朝着能于我们将来的活动有益的一个方向走”③,决不能抱有一劳永逸的想法。这一过程是不断完善、不断向上、不断向前的。在人类改造环境的过程中,人发挥着重要的作用,杜威的论说逻辑与达尔文生物进化简直如出一辙,唯一不同的是强调“完善性”“向前性”。不厌其烦地强调“渐变”,强调“一点一滴”,又强调“人工”的有效干预,是实用主义的特点,也是胡适的招牌。

胡适在1914年1月25日的日记中疾呼:“今日吾国之急需,不在新奇之学说,高深之哲理,而在所以求学论事观物经国之术。以吾所见言之,有三术焉,皆起死之神丹也:一曰归纳的理论,二曰历史的眼光,三曰进化的观念。”④胡适已经有意识地重视进化论,虽然还是着眼于“吾国之急需”的“近利”需求,但此时的进化论已经不是作为热烈的“物竞天择”“适者生存”“优胜劣败”的口号而被肤浅地对待了,而是作为一种冷静的思维方法被尊重,“世界是一点一滴一分一毫的长成的,但是这一点一滴一分一毫全靠着你和我和他的努力贡献”⑤。前期“急功”的理论情绪被清洗了,妄想中国一夜之间迅速强大起来的想法不见了,取而代之的是理性冷静的理论情绪,是从小事入手,扎实不懈地努力工作。此时的胡适虽然“近利”,但是并不“急功”。我们通常将胡适文学进化论的哲学根基笼统称为进化论,准确说,应该是“近利不急功”的实用主义

---

① 欧阳哲生选编:《胡适论哲学》,安徽教育出版社2006年版,第84页。

② 欧阳哲生选编:《胡适论哲学》,安徽教育出版社2006年版,第82页。

③ 欧阳哲生选编:《胡适论哲学》,安徽教育出版社2006年版,第82页。

④ 曹伯言整理:《胡适日记全编》(第一卷),安徽教育出版社2001年版,第222~223页。

⑤ 欧阳哲生选编:《胡适论哲学》,安徽教育出版社2006年版,第79页。

进化论。

虽然胡适仍然以“吾国之急需”的“近利”目的来接受进化论，但是已经拂去了早年《天演论》中的“急功”情绪，能够冷静科学地对待进化进程，反复强调“一点一滴”的渐变之功。这份理性清醒的认识，既使胡适超越了自己对进化论的肤浅认识，也使胡适超越了同时期大多数学者，使胡适最终可以冷静下来，将渐变的进化论运用到考察中国文学史中，“一点一滴”地考察中国漫长文学史中的细微演变。

第四节　胡适审美价值之价值

实用主义是19世纪末诞生于美国的哲学流派，兴盛于20世纪二三十年代，40年代逐渐被分析哲学所取代，进入60年代，实用主义有复苏的迹象，重新引起人们的关注。实用主义哲学的代表人物有皮尔士、詹姆斯和杜威。实用主义与传统哲学最大的不同就是回归现实生活，不屑于名词上的辨析，热衷于改变世界而不是解释世界。批判传统的形而上学、注重行动、信奉“致用即真理”和注重工具方法，是实用主义哲学的基本特征。“实用主义可以说是美国人的哲学，因为美国人开辟新大陆，需要很多工程实业方面的努力，实用主义就是这种努力的理论基础。所以实用主义可以说是工程师的哲学，是一种垦荒的哲学，主动、主干、主实用、主冒险，以实验科学为基础，将科学的实验精神扩大来讲人生，讲宇宙，讲哲学。这种哲学在美国为实验主义，提倡动手动脚，在英国则有经验主义，注重感觉经验的观察社会生活的阅历。”贺麟先生这段话很好地描述了实用主义哲学的面貌。

一、胡适接受实用主义的原因、特点及意义

胡适之所以对实用主义哲学产生浓厚兴趣，并将实用主义哲学作为自己行动的准则和思考问题的工具而笃信终生，有两重原因。第一重原

因,美国从一个移民国家一跃而成为世界顶尖强国,在很大程度上靠的就是实用主义这种讲求功利实效、勇于开拓实践的美国哲学。胡适在留美期间,亲身感受了美国当时先进的物质文明及精神文明,相对于繁琐思辨的学院哲学,胡适显然更倾心实用主义这种实践的哲学。胡适深信通过一点一滴的不断地“适应”改良,就可以使中国获得向前向上的进化力量,摆脱积贫积弱的国运,重获大国强国地位,实现文明的复兴。“我认定民国六年以后的新文化运动的目的是再造中国文明,而再造文明的途径全靠研究一个个的具体问题。”①重振国运,再造文明,是胡适接受并大力引入实用主义哲学的第一目的。有了美国强国的成功经验的吸引,胡适选择实用主义哲学作为解救中国的药方也就不足为奇了。不过这一重原因只是诱因,并不能作为胡适选择实用主义哲学的必然原因,因为与胡适交往颇多且有类似留美经历的赵元任、任叔永等人就并不倾心于实用主义哲学。那么,第二重原因显得颇为重要了,实用主义哲学的实践特质与胡适的个人气质较为合拍。幼年胡适就爱动不爱静,常发新语,并有捣毁菩萨像的想法。留美后,胡适尝做论中国妇女的社会地位高于美国妇女的翻新文章。蔑视权威,语出惊人,勇于实践,胡适的这些气质与实用主义哲学极为合拍。这两重原因使胡适在 1915 年接触实用主义哲学后,能够迅速接受并深信它就是解决中国问题的一把钥匙。实用主义哲学并不是从学术的层面被引入中国的,而是从济世良方的愿望出发被引入中国的,从一开始就蒙上了浓厚的功利色彩。这也是处在那个特定历史时代的中国学人面对严峻的社会现实所做出的策略选择。

但是,胡适对实用主义哲学并不是全盘接受,对于实用主义哲学本身,胡适是不感冒的,之所以欣赏并服膺于实用主义哲学,完全是因为实用主义哲学能够提供一套解决实际问题的操作方案,以解决中国当时形

---

① 欧阳哲生选编:《胡适论哲学》,安徽教育出版社 2006 年版,第 46 页。

形形色色的社会问题。这才是胡适的关注点。这位自称是个“实验主义者”的信徒对实用主义也只是抱有一种实用的“工具”态度。胡适留学美国很大程度上是抱着寻找“今日吾国之急需”的“求学论事观物经国之术”的目的,“近来所关心之问题”,乃“致用哲学”。胡适在将实用主义哲学介绍到中国时,着重介绍了实用主义哲学的方法论,而并没有花费太大精力介绍实用主义哲学系统本身。“胡适思想中有一种非常明显的化约论的倾向,他把一切学术思想以至整个文化都化约为方法。”“他所重视的永远是一家或一派学术、思想背后的方法、态度和精神,而不是其实际内容。”①还要指出的是,实用主义哲学是一个不断发展的哲学派别,胡适对实用主义哲学的认识仅仅停留在1917年归国之前,对实用主义哲学在1917年之后的发展变化并没有持续关注。可以说,胡适对实用主义哲学的接受与引入是一种临时抱佛脚式的仓促行为,不仅没有经过仔细的理论考量,甚至都没有完全了解实用主义哲学全貌,就急匆匆地将其应用开来。这种焦虑和急迫的心境,不仅是胡适,也是当时中国学人的共同心境。

中国古典文学在清代走向了总结期,纵观有清一代,中国古典文学内部并没有生发出新鲜内容,从文学语言到文学文体、从审美趣味到创作技巧,几乎都可以在漫长的中国古典文学长河中找到。我们常说的一代有一代之文学,汉赋、唐诗、宋词、元曲、明戏剧,唯独清代找不出什么标志性的文学样式。清末时黄遵宪、梁启超等人对诗歌、小说的革新努力,均以失败告终。种种迹象表明,中国古典文学已经走向它的黄昏。如何带领中国文学从古典走向现代、从黄昏重新走向辉煌,成为摆在清末民初时期学者们面前的一个难题。在1917年文学革命爆发前,国内的文学界并不消沉,不仅老一辈学者林纾、严复、梁启超等都健在,而且

---

① 余英时:《重寻胡适历程》,广西师范大学出版社2004年版,第197~199页。

新一辈学者如鲁迅、周作人等都在或多或少地从事文学翻译和创作工作。当时间走到了 1915 年、1916 年,国内的文学讨论日益热烈起来,种种迹象表明,一场新的文学运动不可避免地将要发生,但是究竟从哪个方向进行突破尚不明朗,气氛显得有些沉闷,而打破这种沉闷气氛的既不是德高望重、学养深厚的老辈学者如林纾、严复、梁启超等人,也不是文学素养明显高于胡适的新辈学者如鲁迅、周作人等人,偏偏就是这个抱得实用主义临时佛脚的胡适。

胡适所仰仗的理论武器就是在实用主义哲学影响下成熟起来的文学观。感情上的羁绊与经验上的束缚,成为困扰林纾、严复、梁启超、鲁迅、周作人等学者的最大障碍,使得他们无法彻底割舍古典文学。对于胡适而言,感情与经验都不是问题,因为胡适的文学观念并不是从经验中得来,实用主义彻底工具的态度使胡适可以放弃感情和经验上的羁绊,清醒冷静地服从理性的推演,接受与感情经验相悖的文学结论。实用主义哲学工具优先、注重方法的观念,启发了胡适从文学语言工具入手进行文学革命,从而找到了文学革命的突破口,真正搔到了旧文学的痒处,打破了文学革命前的沉闷气氛;实用主义哲学彻底工具论的观念,使得胡适毅然决然地与心爱的旧文学划清界限,并全心投入到白话文学的创作和宣传造势中去,借更新文学语言,进而更新文学文体、文学精神等整个文学系统,真正开启了中国文学从古典迈向现代的进程。同时,胡适的命运也由此改变,由一个默默无闻的留学生一跃而成为时代学术的中心人物。胡适对于中国新文学的意义更多地体现在首创之功上,胡适被称作中国新文学的祖师爷是当之无愧的。

胡适偏执于“济用”文学与“明白清楚”的美,高度评价白话文学的价值,并运用文学进化论来论证其文学主张的合理性与合法性,这不仅仅与实用主义哲学有直接的联系,还与中国当时的文学环境与社会环境有着密切的联系。国内积贫积弱的现实与国外列强临门的危机,使得胡适无法自足于“绮语”“美感”的艺术世界中，他要求文学面对时代危机要做出自己的回应，于是强调写实，容纳更广泛的社会内容进入文学世界，就成为胡适的文学主张。为了将更广大的人群纳入阅读文学的活动中，胡适面对其时国人整体受教育水平较低的现实情况，主动要求文学创作要以“明白清楚”为上，降低文学阅读的门槛，以使更多的人通过文学得到鼓舞，进而投入强国富民、再造文明的社会改革事业。胡适的这些文学主张放在今天，很多地方都值得推敲与商榷，但是放在当时的历史环境中，胡适那看似偏执片面的文学主张是综合考量了各方面因素后所做出的最优选择，不啻为推动中国文学迈向现代的最直接、最有效的理论武器。任何理论都是在实践中不断形成、丰富、修改而成熟起来的，我们不能以后人的视角来苛求胡适，更不能要求胡适在新文学发生之初便一蹴而就。总体来说，胡适的文学主张在中国现代文学史上的功绩是远远大过不足的。

二、实用主义给胡适文学审美价值带来的矛盾和尴尬

明晰了胡适接受实用主义哲学的原因，我们就不难理解为何胡适在1915年正式接触实用主义哲学不久，便迅速地将其视为自己行动的准则和思考的工具了。实用主义哲学随之进入了胡适的文学世界，成为胡适思考中国文学问题的工具，造成了胡适文学思想在1915年至1916年间戏剧性的变化。问题的复杂性还在于，1916年之后，胡适在实验主义哲学的影响下已经完成了文学思想的变异，但他的文学思想在共时层面仍然存在不一致的地方。他可以一边认为文言是“半死的”，一边又抵挡不住诱惑而经常“文乎，文乎”的；一边认定白话文学是“中国文学之正宗”，一边称其为“平民的消闲文学”①；一边认定白话文学是“世界第

① 姜义华主编：《胡适学术文集》（新文学运动卷），中华书局1998年版，第134页。

一流文学”,一边又说白话文学“好小说太少了”①,“实在不够给我们作模范”②,需要取法西洋;一边身为新红学的开山祖师爷,一边只抱定《红楼梦》诸版本中艺术性较差的“程乙本”为正宗。一方面不能怀疑实用主义哲学推演出来的文学结论,另一方面又无法彻底割舍自己的文学经验和阅读感受,这就造成了胡适文学思想中意识和潜意识、理性与感情、方法与经验的分裂。纵使还喜爱着文言文学,也并不打心底里认可白话文学真就是“中国文学之正宗”,纵使爱作“绮语”,喜读佳辞妙句,并不是从骨子里喜欢平白无味、明白清楚的文学作品,胡适也只能硬生生地接受由实用主义哲学推演出来的文学结论。历史就是这样充满偶然和惊喜,恰恰就是胡适临时抱佛脚式地接受了由实用主义哲学推演出来的文学结论,才使得他超过同时代诸多学者,成为中国文学由古典迈向现代的开启者。还原到文学革命爆发的前夜,我们就可以更好地感受实用主义哲学之于胡适文学思想、胡适在中国现代文学史上的命运轨迹以及中国现代文学的巨大影响。

不可否认的是,实用主义哲学之于胡适文学思想的尴尬也同样突出。胡适不仅自己在理性与感情上备受煎熬,难以抉择,而且这些由实用主义哲学所推演出来的文学结论,本身就存在着问题。比如白话文学乃“中国文学之正宗”,这让胡适在解释起来遇到了巨大的麻烦。胡适肯定白话文学乃“中国文学之正宗”,但是“好小说太少了”,文法、剪裁、布局均不佳,论断与现实之间存在着巨大差异。就连胡适自己“为着辞句表达的简洁有力”,“说起话来也常时是‘文乎,文乎’的。但是写起文章来却偏要用一些既不适用、又不清楚而念起来别别扭扭的‘白话’!”③

---

① 姜义华主编:《胡适学术文集》(新文学运动卷),中华书局 1998 年版,第 56 页。

② 姜义华主编:《胡适学术文集》(新文学运动卷),中华书局 1998 年版,第 52 页。

③ 唐德刚:《胡适杂忆》,广西师范大学出版社 2005 年版,第 72 页。

为了掩盖这一漏洞,胡适便强行将中国文学纳入西方文学发展的道路中,通过西方文学发展历史来“选定”中国文学未来的“进化”方向,结果在西化的道路上越走越远,“不但专在西洋文学中找花样,而且专在西洋文学中找词句”①,只创造出来一些“实则是更贵族底,更死底”②新文学,“因为有些新文学底作品,非学过欧洲文字底人,不能看懂,而中国学过欧洲文字的人,比念过《唐诗三百首》底人,是少得多了”③。胡适在修补上一个解释的漏洞时,又提出了一个新的带有漏洞的解释,结果越补漏洞越大。脱离了文学经验、单纯依靠理论推演得出的有悖文学经验的结论,胡适是无论如何也解释不清楚的。

如果说,在20世纪20年代,胡适不肯怀疑实用主义哲学,是受困于中国严峻的社会现实而无暇顾及,在三四十年代,胡适赴美担任驻美大使为抗战呼号,亦无暇顾及,这些都可以理解,但等到50年代,胡适孤居美国时,新中国已经成立,中国已经不再面临着迫在眉睫的存亡危机,胡适应有着充裕的时间可以反思实用主义哲学以及由此推演出来的文学结论。但是胡适没有这么做,他宁愿将这些时间用在注解《水经注》上也不愿分一点点来反思改进自己的文学观念。胡适仍然抱定自己“明白清楚”的美学准则,大骂昆曲,对新兴的现代派艺术冷眼相待,文学观念较之文学革命时期没有一点点改进。

难道胡适真就倾心于“梵志翻着袜,人皆道是错。乍可刺你眼,不可隐我脚”“城外土馒头,馅草在城里。一人吃一个,莫嫌没滋味”之类的白话诗而对李白、杜甫视而不见吗?恐怕并不是如此。反思自己甚至推翻自己,对常人而言都是一件异常艰难的事情,对于早年就“暴得大名”的胡适而言,改进自己的理论更是一件难上加难的事情。“二十几

① 冯友兰:《新事论》,三联书店2007年版,第111页。
② 冯友兰:《新事论》,三联书店2007年版,第114页。
③ 冯友兰:《新事论》,三联书店2007年版,第114页。

岁就已树立了一个学术宗派。弟子以次相授业，他这个宗派已传了好几代。因而到了晚年纵使他思想上稍有改变，在学术上要'与昨日之我挑战'，他也不愿公之于世界了，牵涉太大，还是将错就错罢！"①胡适并非对显然有悖于基本文学常识的文学结论熟视无睹，而是心力难谐，从心底里胡适就不情愿去反思实用主义哲学及自己文学革命时期的文学思想，"对自己思想挑战的文章，在胡氏著作里是找不到的"②。况且胡适当初接受实用主义哲学时是怀揣着救世理想的，等到20世纪50年代，胡适孤悬海外，没有了展示救世理想的舞台，实用主义哲学对他的吸引力也就没有20年代那样强烈了。鉴于面子，胡适口头虽然还挂着实用主义，但实际上，实用主义在他那里已经没有多少分量，他也就没有必要挑战昨日之我而去反思实用主义哲学了。由实用主义哲学推演出来的文学结论，胡适虽然心有不满，也无意形成文字去更正。理性与感情、方法与经验的分裂，始终伴随着胡适，虽然他在整体上维护着实用主义哲学推演出来的文学结论，难以割舍的文学之情和早年积累的文学经验却使他不时地要冒出一两句"好小说太少了""实在不够给我们作模范"的怨言来。

实用主义哲学对胡适在中国现代文学史上命运轨迹的影响也是颇具戏剧性的。从文学革命时期的一呼百应，到文学革命后的鲜有问津，再到抗战胜利后孤悬海外，只能看一些文艺副刊来自娱自乐，新文学的祖师爷就这样渐渐被人遗忘在一个角落里。这是中国现代文学史上非常耐人寻味的一幕。对比另一位现代文学的大师鲁迅，胡适的窘境就越发值得人们深思。鲁迅的文学声望是随着年纪的增长而日隆，文学创作是随着经验的积累而愈进。我们对于鲁迅经典形象的认识并不是那个面色红润的年轻留学生，而是那个饱经沧桑、颧骨突出、头发直竖的中年人。我们对于胡适经典形象的认识却是那个二十多岁留美归国的年轻

---

① 唐德刚：《胡适杂忆》，广西师范大学出版社2005年版，第71页。

② 唐德刚：《胡适杂忆》，广西师范大学出版社2005年版，第74页。

小伙子。胡适对于中国新文学的影响力似乎仅仅停留在文学革命时期,我们印象里的中年胡适、晚年胡适似乎与文学扯不上什么关系。文学革命之后,胡适不仅与鲁迅、周作人等同时期的文学理论家和作家渐渐拉开了差距,而且与叶圣陶、胡风、周扬等后起的文学理论家相比,在文学理论的精细专深程度上,也有着不小的差距。胡适没有与时代同步,没能不断地反思发展自己的文学观念,他那略显粗糙简单的文学观念越来越不能指导和解释不断发展的文学实践了,于是,胡适这位新文学的祖师爷渐渐被人遗忘在了角落里。

三、胡适与实用主义之关系意味深长

实用主义哲学之于胡适文学思想的意义与尴尬,启发我们对文学问题的研究要想获得稳健持续的发展,一定要从实际问题出发,从亲身阅读体验出发,通过理论推演出来的文学结论也一定要与文学事实相符合。如果不符,就要反思推演的方法是否正确或者自己认定的文学事实是否真实。总而言之,一定要做到文学结论与文学事实相符合。胡适抱定由实用主义哲学推演出来的文学结论不放,自己却始终无法自圆其说,从而限制了他的文学思想的高度与深度,也堵塞了胡适文学思想进一步发展的道路。胡适无法与时俱进地解释进行中的文学艺术实践,渐渐地落后于时代潮流。文学问题的研究要适应时代发展的需求,也要尊重文学自身的艺术规律,任何脱离艺术规律的人为刻意改造,即使可以在某一历史阶段取得一定的成效,也无法真正推动文学的发展,充其量只是一种权宜之计。胡适一味地强调"明白清楚",刻意地降低文学阅读的门槛,在文学革命时期确实起到了更大范围推广新文学的作用。但是随着读者受教育程度的不断提高、阅读品味的不断提升,胡适仍旧抱着"明白清楚"不放,就显得不合时宜了。

今天距离胡适发动的那场文学革命已有约百年,但是胡适的影响并没有离我们远去,我们在谈论起中国文学时,总会与他的影响不期而遇。作为中国新文学的首创者之一,胡适的思考几乎涉及了新文学的方方面面,大到文学发展趋势,小到具体的文学取材方法。胡适的思考和主张如今很多已经作为最基本的常识而被熟知,如我们今天使用的文学语言是与口语一致的现代汉语,这就是胡适提倡白话代替文言、言文一致的功劳。虽然胡适的审美价值观念主张很多已经无法直接指导今天的文学创作和文学研究了,但胡适审美价值思想以及胡适在中国现代文学史上命运轨迹的戏剧性变化,胡适审美价值观念思考的成功经验和失误教训,已经足够我们深思了。

如何面对西方的文化资源、文学资源,是我们今天仍然要面对的课题。尤其改革开放之后,中国文坛从西方引进了非常多的文学观念,如形式主义、结构主义、解构主义、西方马克思主义、后现代主义、后殖民主义、女权主义、新历史主义等。我们在二三十年的时间里,将西方百年文学史匆匆上演了一遍,大量的文学观念、创作技巧确实给中国文学带来了很多新鲜的经验,也刺激促进了中国文学的发展。比如,20 世纪 80 年代后期的先锋文学创作,“它的观念和方法,与法国‘新小说’、拉美的加西亚·马尔克斯、博尔赫斯的创作有关”①。我们同时也犯了一些错误,曾经简单地把“西方现代派文学当成我国文学发展的方向”②。这些现象足以让我们思考:西方文化、文学乃至哲学观念对中国文学创作、文学研究、文学发展的正负作用,已经超越胡适与实用主义哲学的关系了吗?我们之所以探讨胡适与实用主义哲学的关系,就是要论证真正扎实理性地对西方文化资源、文学资源进行有效取舍的必要性。只有将西方的各种思想资源与我们民族的文化资源、文学资源融合起来,与我们的现实需求结合起来,中国文学才能真正地走自己的路,实现自己的审美价值追求。

---

① 洪子诚:《中国当代文学史》(修订版),北京大学出版社 2007 年版,第 293 页。

② 何理:《〈文艺报〉等报刊关于西方现代派文学与我国文学发展方向问题的讨论》,《人民日报》1983 年 9 月 13 日。

第五章　鲁迅：呼唤“摩罗诗人”

鲁迅(1881～1936)，我国五四新文化运动的旗手和闯将，我国20世纪最重要的学者、思想家、革命家和文学家。正像鲁迅极力主张并身体力行不做“空头”的思想家和文学家一样，他也不是一位书斋型的美育理论家。鲁迅并没有给我们留下太多的专门谈论美和美育的文字。但作为其整体性社会文化思想、文艺思想和文艺创作实践的精神内核及价值取向，鲁迅在自己的大量杂感、序跋、书信等文章中所表现出来的审美价值思想是十分深刻丰富的，并且具有极强的创新性和实践性，在中国近现代美学史上具有十分重要的地位，在现实中产生了极大影响。尤其是在20世纪这一中国社会文化发生整体性深刻变化的历史转型期，鲁迅批判性的社会文化思想与其由“个体精神启蒙”发展成“为群体”“为大众”的审美价值观念，无疑为当时中国审美观念的发展提供了一种最珍贵的、可供选择的道路，也现实地形成了有深远影响和重大价值的审美思想和审美文化。

第一节　鲁迅审美价值发生论

鲁迅审美价值发生论，主旨是对鲁迅的审美之于价值关联的认识、态度、观念以及践行的审美事态何以以及如何生成的研究，它关注的是鲁迅审美价值生成的内在运行机制和内在逻辑的延展。

一、鲁迅审美价值发生的机缘

鲁迅审美价值发生以及生成是在内外机缘共生的场力下完成的。鲁迅审美价值发生的内在机缘指的是鲁迅自身生平遭际及其审美、价值观念融合的内驱力和场效力，外在机缘指的是鲁迅审美价值发生的社会、政治、伦理等文化视界的外驱力和动力场。

（一）鲁迅审美价值发生的外在机缘

马克思在评价中国鸦片战争时说：“英国的大炮破坏了中国皇帝的威权，迫使天朝帝国与地上的世界接触。与外界完全隔绝曾是保存旧中国的首要条件，而当这种隔绝状态在英国的努力之下被暴力所打破的时候，接踵而来的必然是解体的过程，正如小心保存在密闭棺木里的木乃伊一接触新鲜空气便必然要解体一样。”①

晚清“小国寡民”的观念也许是中国人诗性生存最为深度但又不合时宜的领悟。“英国的大炮”敲碎了这种价值取向的可能，从此中国开始了一种被迫而艰难啮合的探索，一种围城情结的焦虑开始充斥国人的心。“呐喊”和“彷徨”的鲁迅就诞生、成长、仙逝于这种文化颠覆、解体的事态文化之中。中国社会文化的颠覆和解体成为鲁迅审美价值发生的主要外在机缘。

汤因比认为：“在一种文化冲突中，一旦在被冲击的社会防卫中打开了一个最小的缺口，一个事件就会不屈不挠地继续引发另一事件。”②中国先后经历了工具技术层（洋务运动）→制度美学层（戊戌变法）→革命救亡层（辛亥革命）→启蒙模式层（五四运动）。鲁迅就是在颠覆和解体的文化语境下，“一个事件”引发了“另一个事件”的政治机缘的血泊

---

① （德）马克思、恩格斯：《马克思恩格斯选集》（第2卷），人民出版社1972年版，第3页。

② （英）汤因比：《文明经受着考验》，浙江人民出版社1988年版，第280～281页。

中，实现了美术的“引路的先觉”思考——软性审美启蒙模式探索，继而又形成了一个隐在的审美价值体系。

旧的中华文化体系何以颠覆、解体？海森堡发现粒子产生的特有情景，它们竟然不是来源于互相取代而是来源于互相碰撞：“‘这里真正发生的，实际上不是基本粒子的分裂，而是从相互碰撞的粒子的动能中产生新的粒子……’在这里，因果决定论行不通了，线性进化论同样行不通了。生命的发展也并非如达尔文所说，是一个取代一个，适者生存，按照一个既定的模式不断有序前进，而是互相生成，在不同物体的偶然对话中产生。碰撞亦即一种对话成为生命诞生与发展的规律所在。”①藉此，外来文化的碰撞可谓鲁迅审美价值发生的又一主要的外在机缘。

德国哲学家赫尔曼·洛兹把宇宙划分为三个范围：第一，这是普遍规律——必然有意义的——真的王国；第二，现实的事物、物体和形象的世界；第三，对善、美和神圣的思想做价值确定（die wertbestimmungen）的世界。② 价值被确定为同真和现实相对立的特殊世界。

西方文化素有重审美的文化渊源：从巴门尼德在西方哲学史上首次提出“存在”的哲学概念，指出了真理之路和意见之路（审美价值之路）两条道路，到苏格拉底“美是难的”叩问；从笛卡尔“我在”因“我思”的理性反思和先验的逻辑规则，到康德划分了“现象”和“自在之物”，认为存在“只是断定”，提出了“知性为自然立法”的原则；从黑格尔的“实体即主体”，“存在”是“潜在”、“虚有”或“抽象之有”，到“冲创意志”的尼采将人“超人”化。巴门尼德的“意见之路”、笛卡尔的“我思”、康德的“自在之物”等无不是“同真和现实相对立”的审美价

---

① 潘知常：《中西比较美学论稿》，百花洲文艺出版社2000年版，第9页。

② （苏）列·斯托洛维奇：《审美价值的本质》，中国社会科学出版社1984年版，第4页。

值之维。鲁迅深受柏拉图、康德、黑格尔、尼采、达尔文、斯宾塞、陀思妥耶夫斯基等人思想的影响。

20世纪二三十年代，马克思主义审美价值观对鲁迅走向审美价值之维影响也是至深的。列·斯托洛维奇认为：“研究审美价值问题，使马克思有可能认识到使用价值和交换价值的一系列重要规律（价值中自然性和社会性的相互关系、价值的客观性等）。另一方面，他对经济价值的研究也考虑到其他形式的价值，这对研究价值本身的实质，无疑具有普遍的方法论意义。”①

可以说，在外来文化碰撞、古代中华文化解构背景下的社会文化语境中所滋长的中国人的现代化焦虑营造了鲁迅审美价值发生的外在机缘。

（二）鲁迅审美价值发生的内在机缘

事物的发生一方面是外在机缘的诱发，但事物能成就为自身主要还是源自内在机缘的驱动。同样，鲁迅审美价值论得以发生，除了外在文化机缘的诱因，主要还是基于鲁迅自身的内在机缘。

1. 美学陶冶、运途多舛的灰色童年：鲁迅于童年时期在家塾学习诗书经传，喜欢野史杂录和民间绘画艺术，尤其是浸染于江浙一带民间木版画之中，对木刻插图本《山海经》爱不释手。周作人在《关于鲁迅》中指出：“豫才从小就喜欢书画……家中原有两箱藏书，却多是经史及举业用的‘正经书’，也有些小说。”②曾祖母的逝世，祖父的下狱，父亲的早逝，这一连串的不幸陆续发生于四五年之中，使鲁迅受尽了戚族的白眼、经济的压迫，然而，正是在这从小康人家而坠入困顿的路途中，他看清了世人的真面目。童年美学的血液、命运多舛的生活架

① （苏）列·斯托洛维奇：《审美价值的本质》，中国社会科学出版社1984年版，第6页。

② 周作人：《鲁迅的青年时代》，河北教育出版社2002年版，第117页。

构决定了鲁迅既有无功利的美学诉求,又有务实的价值追求。

2. 从文、执教的多重身份:鲁迅本来是学医的,但在日本所遭际的"幻灯片事件"使其弃医从文,并且这一事件还对其早期美育思想的生成、架构及其意向产生了重大影响。这正如鲁迅后来所指出的那样:"因为从那一回以后,我便觉得医学并非一件紧要事,凡是愚弱的国民,即使体格如何健全,如何茁壮,也只能做毫无意义的示众的材料和看客,病死多少是不必以为不幸的。所以我们的第一要著,是在改变他们的精神,而善于改变精神的是,我那时以为当然要推文艺,于是想提倡文艺运动了。"①鲁迅认为,他写小说的目的,不过是想利用它的力量。在这里,鲁迅强调了文艺的社会文化功能,也涉及美育的功能及其意向的问题。可以说,鲁迅早期美育思想的基本意向就是启蒙。

鲁迅于1909年回国,先后在杭州浙江两级师范和绍兴中学堂任教,辛亥革命后任绍兴师范学校校长。1912年2月应蔡元培之邀,鲁迅赴南京教育部任职,后随教育部迁往北京,兼在北京大学、北京女子师范大学等学校授课。1913年2月,鲁迅在教育部任职期间,为了提倡美育,在《教育部编纂处月刊》第1册上发表了《拟播布美术意见书》一文,在全国实践他的审美价值观。

3. 开放、兼收的气度胸怀:鲁迅可谓放眼看世界的又一人,他在以开放姿态对传统的审美文化进行颠覆、扬弃的同时,又对外来文化奉行"择其善而从之"的"拿来主义",对各种主义、思想择善兼收,具有恢弘的气度和胸怀。这种气度和胸怀也是鲁迅审美价值发生的重要内在机缘。

---

① 鲁迅:《〈呐喊〉自序》,载《鲁迅全集》(第1卷),人民文学出版社2005年版,第439页。

二、鲁迅审美价值发生的轨迹

从意识形态维度看,鲁迅一生确实经历了以五四运动为分界线的旧民主主义革命和新民主主义革命两个阶段。学者们藉此将鲁迅的思想轨迹分为前期革命的民主主义者思想和后期共产主义者或曰马克思主义者阶级论思想。从接受的维度看,鲁迅一生确是一个纯粹的“拿来主义者”,学界为此将鲁迅的思想轨迹认定为封建制度的逆子贰臣→进化论思想的拥护者→个人主义高蹈者→马克思主义的研究者。抑或从鲁迅的思想轨迹恒定性维度看,有人认为鲁迅是“反封建思想的一面镜子”,有人认为鲁迅的一生是“反抗绝望”……这些研究都有其学理的支持和学术的价值,但他们忽略了一个基本事实——20 世纪是审美价值高蹈的世纪。从审美价值的维度研究鲁迅的思想轨迹即鲁迅审美价值发生的轨迹,关于鲁迅研究的“林中路”会更加明朗。

从审美价值的维度上,我们可以将鲁迅审美价值发生的轨迹描画为传统审美文化积淀→科学美学的吸收→唯美个性的张扬→深度美学的诉求。

(一)传统审美文化积淀期

鲁迅世出大族,故家绍兴覆盆桥周氏正式跻身于士大夫阶层始于六世祖的中举。到七世时,周家在覆盆桥建房,逐渐衍为大族。鲁迅的祖父周福清在 1871 年考中了进士。鲁迅的大族身世更加利于其传统审美文化的积淀,而家道中落也让鲁迅深刻地认识到“世态炎凉”。从百草园到三味书屋,从对《山海经》爱不释手到与《镜花缘》的相惜相处,从野史杂录和民间绘画到乡间社戏……鲁迅之传统审美文化积淀期大致可以截至 1919 年。在 1917 年除夕之夜的日记中他写道:“夜独坐录碑,殊无换岁之感。”“五四”前的每天晚上他几乎都在辑录、校勘古籍,抄古碑。1914 年前主要是辑校古籍,1915 年开始专注收集古碑、墓志、画像等石片拓本。这些历练和沉潜无不是鲁迅对于传统审美文化的积淀,这些积淀也成就了鲁迅的《孔乙己》《故乡》《社戏》《祝福》《阿Q正传》《故事新编》等篇章的审美价值取向。

(二)科学美学的吸收期

1898年5月,鲁迅考入由洋务派主办的南京江南水师学堂,同年10月,鲁迅改入矿务铁路学堂学习矿业。于此鲁迅初次接触了西方近代科学尤其是进化论思想,他回忆说:"看新书的风气便流行起来,我也知道了中国有一部书叫《天演论》。……哦!原来世界上竟还有一个赫胥黎坐在书房里那么想,而且想得那么新鲜?一口气读下去,'物竞''天择'也出来了,苏格拉底、柏拉图也出来了,斯多葛也出来了。"①1902年鲁迅到日本留学,4月入弘文学院,1904年4月结业,6月入仙台医学专门学校。这一时期鲁迅开始参加各种民族民主革命活动,广泛涉猎西方近代科学文艺书刊。最早的一篇译述文章《斯巴达之魂》前半部分发表于1903年6月在日本出版的《浙江潮》第5期(后半部分载于第9期);同年在东京出版了第一本翻译科幻小说《月界旅行》。1906年鲁迅弃医学文,科学美学的价值取向终结。

鲁迅在西学东渐的文化背景下对人类历史诸多科学文化现象及其发展演变规律进行了认真的思考和深入的研究,写出了《中国地质略论》《破恶声论》《人之历史》《科学史教篇》《文化偏至论》《摩罗诗力说》等重要的科学文化论文,集中表现出他的历史观、科学观、文化观和诗学美学观。这些文章尽管内容不同,其精神实质却可以用鲁迅自己的一句话概括出来——"是故将生存两间,角逐列国是务,其首在立人,人立而后凡事举"②。为此,鲁迅充分肯定了以科学技术为核心的人类物质文明的进步,尤其是19世纪以来西方科学技术的飞速发展给人类社会带

① 鲁迅:《朝花夕拾》,上海文艺出版社1990年版,第108页。

② 鲁迅:《文化偏至论》,载《鲁迅全集》(第1卷),中国人事出版社1998年版,第18页。

来的突飞猛进的成就及其对改善人类生活做出的巨大贡献。他说:"故科学者,神圣之光,照世界者也,可以遏末流而生感动。时泰,则为人性之光;时危,则由其灵感,生整理者如加尔诺,生强者强于拿破仑之战将云。"①同时,他清醒地认识到,"盖今所成就,无一不绳前时之遗迹,则文明必日有其迁流,又或抗往代之大潮,则文明亦不能无偏至","文明无不根旧迹而演来,亦以矫往事而生偏至"②。19 世纪科学技术进步所显示出的这种巨大力量和作用使人们的思想认识产生的正是"惟知识之崇"的科学万能、科学万有的科学至上主义的偏颇。这种唯科学主义不仅会使科学技术的发展误入歧途,而且会给人生和人类文明的健康发展带来巨大危害。鲁迅早期认为,这种偏颇和危害主要表现为使得人"精神渐失","美上之感情漓,明敏之思想失"。他说:"顾犹有不可忽者,为当防社会入于偏,日趋而之一极,精神渐失,则破灭亦随之。盖使举世惟知识之崇,人生必大归于枯寂,如是既久,则美上之感情漓,明敏之思想失,所谓科学,亦同趣于无有矣。"③

(三)唯美个性的张扬期

在日本留学期间,鲁迅审美价值观开始转向"别求新声于异邦""尊个性而张精神"。以尼采、拜伦、雪莱为代表的摩罗派,在青年鲁迅笔下得到高扬,因为他们都是唯美个性张扬的象征,能够改造中国麻木、卑下的国民性。

鲁迅的"掊物质而张灵明,任个人而排众数"亦是旨在补救 19 世纪唯物质唯科学审美价值给人类文明带来的偏枯,他指出:"诚若为今立

---

① 鲁迅:《科学史教篇》,载《鲁迅全集》(第 1 卷),中国人事出版社 1998 年版,第 12 页。

② 鲁迅:《文化偏至论》,载《鲁迅全集》(第 1 卷),中国人事出版社 1998 年版,第 14 ~ 15 页。

③ 鲁迅:《科学史教篇》,载《鲁迅全集》(第 1 卷),中国人事出版社 1998 年版,第 12 页。

计，所当稽求既往，相度方来，掊物质而张灵明，任个人而排众数。人既发扬踔厉矣，则邦国亦以兴起。”①“是故将生存两间，角逐列国是务，其首在立人，人立而后凡事举；若其道术，乃必尊个性而张精神。”②鲁迅早期恰恰认为“文艺”是“掊物质而张灵明”“尊个性而张精神”的“第一要著”。这也正是多少年之后，他自己坦言当时在日本遭际“幻灯片事件”后下定决心弃医从文的根本原因。他说：“从那一回以后，我便觉得医学并非一件紧要事，凡是愚弱的国民，即使体格如何健全，如何茁壮，也只能做毫无意义的示众的材料和看客，病死多少是不必以为不幸的。所以我们的第一要著，是在改变他们的精神，而善于改变精神的是，我那时以为当然要推文艺，于是想提倡文艺运动了。”③“我写小说的目的，不过是想利用它的力量。”鲁迅早期认为，包括文章在内的一切美术“无不能启人生之閟机，而直语其事实法则，为科学所不能言者”④。鲁迅在《摩罗诗力说》中分析了爱伦德和台陀开纳两位青年诗人在德意志民族反抗拿破仑军事入侵斗争中所发挥的作用，得出了“德卒以不亡”正是“诗教”的结果，“故推而论之，败拿坡仑者，不为国家，不为皇帝，不为兵刃，国民而已。国民皆诗，亦皆诗人之具，而德卒以不亡。此岂笃守功利，摈斥诗歌，或抱异域之朽兵败甲，冀自卫其衣食室家者，意料之所能至哉？”⑤因此，鲁迅早期认为，作为一种“复非常教”，文艺和美的“教示”

---

① 鲁迅：《文化偏至论》，载《鲁迅全集》（第1卷），中国人事出版社1998年版，第14页。

② 鲁迅：《文化偏至论》，载《鲁迅全集》（第1卷），中国人事出版社1998年版，第18页。

③ 鲁迅：《〈呐喊〉自序》，载《鲁迅全集》（第1卷），人民文学出版社2005年版，第439页。

④ 鲁迅：《摩罗诗力说》，载《鲁迅全集》（第1卷），中国人事出版社1998年版，第22～23页。

⑤ 鲁迅：《摩罗诗力说》，载《鲁迅全集》（第1卷），中国人事出版社1998年版，第22页。

作用“斯益人生”。人“自觉勇猛发扬精进”,国家就会兴旺,反之,国家就会衰败。他说:“此其效力,有教示意;既为教示,斯益人生;而其教复非常教,自觉勇猛发扬精进,彼实示之。凡苓落颓唐之邦,无不以不耳此教示始。”①正是因为文艺有如此巨大的美育功能,所以鲁迅才强调“文艺是国民精神所发的火光,同时也是引导国民精神的前途的灯火”②。

(四)深度美学的诉求期

鲁迅深谙科学美学不能救国,“从那一回以后,我便觉得医学并非一件紧要事,凡是愚弱的国民,即使体格如何健全,如何茁壮,也只能做毫无意义的示众的材料和看客,病死多少是不必以为不幸的。所以我们的第一要著,是在改变他们的精神,而善于改变精神的是,我那时以为当然要推文艺,于是想提倡文艺运动了”③。残酷的现实尤其是1927年大革命失败让鲁迅感到了前所未有的孤独和尴尬。《在酒楼上》中的吕纬甫、《孤独者》中的魏连殳、《伤逝》中的涓生……都是鲁迅唯美张扬个性完结的表征,也是鲁迅在绝望中深度美学诉求的开始。

鲁迅深度美学的诉求一方面源自残酷现实的深刻自反,一方面源自对中西文化的深度认识,尤其是对马克思主义的接受和理解,使得鲁迅的审美价值得以陡转,从客体转向主体,从个体滑向整体——遵听将令,继而走向深度的美学。

鲁迅审美价值发生是时代文化语境下各种机缘共同触发下得以产生而发生的价值效应,并且鲁迅审美价值发生了“这一个”的独特轨迹,显现出鲁迅一生的生命诉求。

---

① 鲁迅:《摩罗诗力说》,载《鲁迅全集》(第1卷),中国人事出版社1998年版,第22~23页。

② 鲁迅:《论睁了眼看》,载《鲁迅全集》(第1卷),中国人事出版社1998年版,第74页。

③ 鲁迅:《〈呐喊〉自序》,载《鲁迅全集》(第1卷),人民文学出版社2005年版,第439页。

第二节 鲁迅审美价值特征论

美国人类学家露丝·本尼迪克(Ruth Benedict)认为:"一种文化,无论它多么微小,多么原始,或多么巨大,多么复杂,人们都可以认为,它是从人类潜能巨大的弧圈中选择了某些特征,并以比任何个人毕生能做的一切更强大的力量给予了精心建构。"①

鲁迅的审美价值论是从中华文化的"巨大的弧圈中选择了某些特征",反过来说,鲁迅审美价值的"某些特征"就必然地表征鲁迅审美价值的本质性。从某种意义上说,鲁迅审美价值特征论研究也就是鲁迅审美价值本质论研究的现"象",研究特征是为了显示本质;而抓住了本质,也就明晰了特征。这是一个相反而相成的逻辑关系。

一般来说,审美价值产生效应是一个过程,它既涉及主体,涉及主体的心理机制,也涉及客体,涉及作为审美客体的文本艺术世界,还涉及审美价值的现实实施及其功能。鲁迅亦正是立足于以上的相关侧面,思考审美价值的构成及其特质,对文艺创作及其接受提出要求。

第一,鲁迅审美价值论的二重性所构成的二律背反是鲁迅审美价值最为鲜明的特征。

鲁迅在《〈野草〉题辞》中写道:"当我沉默着的时候,我觉得充实;我将开口,同时感到空虚。"鲁迅被喻为"苦闷的象征",其审美价值的发生也远非像我们前面所勾画的轨迹那么简单划一,其实鲁迅审美价值思想是相当繁复的,各种思想相互杂糅、背反,从而构成了鲁迅审美价值的二重性。这种审美价值的二重性具体表现为:

1. 两种文化的挤压、背反隐含着鲁迅审美价值的二重性。鲁迅一方面认为,古文化裨助着后来,也束缚着后来。在《我们现在怎样做父亲》中

① (美)露丝·本尼迪克:《文化模式》,华夏出版社1988年版,第1~2页。

认为：“自己背着因袭的重担，肩住了黑暗的闸门，放他们到宽阔光明的地方去；此后幸福的度日，合理的做人。”①在《青年必读书——应〈京报副刊〉的征求》中说：“我看中国书时，总觉得就沉静下去，与实人生离开；读外国书——但除了印度——时，往往就与人生接触，想做点事。中国书虽有劝人入世的话，也多是僵尸的乐观；外国书即使是颓唐和厌世的，但却是活人的颓唐和厌世。我以为要少——或者竟不——看中国书，多看外国书。”②鲁迅深植于中国古典文化之中，但努力地拔着自己的头发想离开这种文化，从而造成鲁迅在进行审美价值判断时的二重性。

2. 迷茫、怀疑，无路可走表征了鲁迅审美价值的二重性。鲁迅在思想上、生活上也曾有过迷茫、怀疑，甚至感到无路可走的困惑。他在《写在〈坟〉后面》中说：“中国大概很有些青年的‘前辈’和‘导师’罢，但那不是我，我也不相信他们。我只很确切地知道一个终点，就是：坟。然而这是大家都知道的，无须谁指引。问题是在从此到那的道路。那当然不只一条，我可正不知那一条好，虽然至今有时也还在寻求。”③“我一向是相信进化论的，总以为将来必胜于过去，青年必胜于老人，对于青年，我敬重之不暇，往往给我十刀，我只还他一箭。然而后来我明白我倒是错了。这并非唯物史观的理论或革命文艺的作品蛊惑我的，我在广东，就目睹了同是青年，而分成两大阵营，或则投书告密，或则助官捕人的事实！我的思路因此轰毁……”④

3. 文本的审美价值取向印证了鲁迅审美价值的二重性。鲁迅在人物

---

① 鲁迅：《我们现在怎样做父亲》，载《鲁迅全集》（第1卷），人民文学出版社1981年版，第140页。

② 鲁迅：《青年必读书》，《京报副刊》（第67号），1925年2月21日。

③ 鲁迅：《写在〈坟〉后面》，载《鲁迅全集》（第1卷），人民文学出版社1981年版，第284页。

④ 鲁迅：《三闲集·序言》，载《鲁迅全集》（第4卷），人民文学出版社1981年版，第5页。

形象的塑造、细节的勾画、结构的安排、油滑的技巧等方面都体现了其审美价值的二重性。比如对闰土、阿Q等农民、小市民的“怒其不争,哀其不幸”的态度,对吕纬甫、魏连殳等知识分子的无限同情和无奈……都能体现出鲁迅审美价值的二重性。冯奇认为:“体现在《呐喊》和《彷徨》中的众多人物身上的审美二重特征,并非意味着人物形象已处于混乱解体状态。这种二重特征统一在性格运动的发展中。透过二重性,人们仍然可以看清人物的精神导向。阿Q的二重性,包含在‘精神胜利法’中。爱姑的二重性,集中在寄托了统治阶级的忍从里。而子君和涓生的二重性,则表现在爱情觉醒和现实相分离的悲剧中。不言而喻,人物形象具有的这些崭新特性,就文学本身的意义来说也是非常突出的。”①

第二,价值判断的审美意识形态性是鲁迅审美价值的又一个十分重要的特征。

1. 以艺术审美的方式来熏陶、感染、影响接受者,而不是以概念、口号、宣传的方式来对接受者进行训教。

正是艺术审美的方式使文学成其为文学,使审美价值实现其价值。鲁迅的这种思想是符合文艺、审美、美育的规定性的。也正是在这一点上,鲁迅的文艺思想、审美价值判定与20世纪中国各种各样的工具论文艺观、美育观分别开来。这诚如鲁迅所指出的那样:“一说‘技巧’,革命文学家是又要讨厌的。但我以为一切文艺固是宣传,而一切宣传却并非全是文艺,这正如一切花皆有色……而凡颜色未必都是花一样。革命之所以于口号,标语,布告,电报,教科书……之外,要用文艺者,就因为它是文艺。”②

在鲁迅看来,审美价值与艺术接受并不是让读者尤其是青年读者悠

---

① 冯奇:《鲁迅审美意识的二重性》,《鲁迅研究动态》1989年第8期。

② 鲁迅:《三闲集·文艺与革命》,载《鲁迅全集》(第4卷),人民文学出版社1981年版,第84页。

然神会于“象牙之塔”,而是让读者获得一种改造社会的现实的战斗精神。亦正基于此,鲁迅才指出:“到五四运动的时候,才又来了一个展开,散文小品的成功,几乎在小说戏曲和诗歌之上。这之中,自然含着挣扎和战斗,但因为常常取法于英国的随笔(Essay),所以也带一点幽默和雍容;写法也有漂亮和缜密的,这是为了对于旧文学的示威,在表示旧文学之自以为特长者,白话文学也并非做不到。以后的路,本来明明是更分明的挣扎和战斗,因为这原是萌芽于‘文学革命’以至‘思想革命’的。”①时代不同,人们必然需要不同的审美客体;处于民族危机与阶级对立的时代,就理应向民众提供战斗性的审美客体,就应向民众实施战斗性的审美教育。

在鲁迅看来,文艺的接受者亦即美育的对象不应是少数人,而应是广大的民众。鲁迅审美价值思想的显要之点即在于其是以民众作为对象的。鲁迅将“民众”谓为“大众”。在鲁迅看来,“文艺本应该并非只有少数的优秀者才能够鉴赏,而是只有少数的先天的低能者所不能鉴赏的东西。倘若说,作品愈高,知音愈少。那么,推论起来,谁也不懂的东西,就是世界上的绝作了”②。“大众”作为接受者也是有条件的,“首先是识字,其次是有普通的大体的知识,而思想和情感,也须大抵达到相当的水平线”③。由于“在现下的教育不平等的社会里,仍当有种种难易不同的文艺,以应各种程度的读者之需。不过应该多有为大众设想的作家,竭力来作浅显易解的作品,使大家能懂,爱看,以挤掉一些陈腐的劳什子。但那文字的程度,恐怕也只能

---

① 鲁迅:《小品文的危机》,载《鲁迅论文学》,人民文学出版社 1959 年版,第 159 页。

② 鲁迅:《文艺的大众化》,载《鲁迅论文学》,人民文学出版社 1959 年版,第 63 页。

③ 鲁迅:《文艺的大众化》,载《鲁迅论文学》,人民文学出版社 1959 年版,第 63 页。

到唱本那样”①。鲁迅指出:“倘要启蒙”,连环图画“实在也是一种利器。但要启蒙,即必须能懂。懂的标准,当然不能俯就低能儿或白痴,但应该着眼于一般的大众。”②鲁迅又指出:“迎合和媚悦,是不会于大众有益的。”③但对于有些作品,“不能听大众的自然,因为有些见识,他们究竟还在觉悟的读书人之下,如果不给他们随时拣选,也许会误拿了无益的,甚而至于有害的东西”④。对于那些像“鸦片或吗啡”一样的作品,有人读了,就会像吸鸦片一样,“吸了就会上瘾,而上瘾之后,就成了一个废物,或者还是社会上的害虫”。这无疑涉及美育客体之选择的问题。与此同时,就有了一个怎样提高民众的接受与欣赏水平的问题。在这里,鲁迅是从接受论的角度来对作家及其创作提出要求的,但这不仅仅是一个创作的问题,也是一个美育问题。亦正基于自我基本的文艺社会功能观与美育观,鲁迅对文艺创作提出了自我的要求:“我们需要的,不是作品后面添上去的口号和矫作的尾巴,而是那全部作品中的真实的生活,生龙活虎的战斗,跳动着的脉搏,思想和热情,等等。”⑤可以说,在鲁迅的美育思想中,美育一方面要适应大众的艺术鉴赏水平,另一方面要提高大众的艺术鉴赏能力。只有这样,美育才能既提高民众的艺术审美能力,又能对民众进行启蒙,进而建构较为健全的国民人文精神。从这里我们也可以体悟到先驱者们主张白话文、进行话语革命的意义,体悟到以鲁

---

① 鲁迅:《文艺的大众化》,载《鲁迅论文学》,人民文学出版社1959年版,第63页。

② 鲁迅:《连环图画琐谈》,载《鲁迅论文学》,人民文学出版社1959年版,第272页。

③ 鲁迅:《文艺的大众化》,载《鲁迅论文学》,人民文学出版社1959年版,第63页。

④ 鲁迅:《鲁迅全集》(第6卷),人民文学出版社1981年版,第102页。

⑤ 鲁迅:《论现在我们的文学运动》,载《鲁迅论文学》,人民文学出版社1959年版,第267页。

迅为代表的20世纪中国优秀知识分子的现实感与为民族解放所做出的努力。

在鲁迅看来,通过艺术接受能够达成审美价值的实现,亦即艺术接受是审美价值实现的一种最为基本的方式。艺术接受者的接受机制及其方式往往是不同的,所以鲁迅在谈翻译问题的时候才认为必须区别种种读者层。鲁迅还指出,对于“识字无几”的人来说,“启发他们是图画,演讲,戏剧,电影的任务”,但对于其他的读者,“也不能用同样的书籍,应该各有供给阅读的相当的书”①。鲁迅在这里的观点同样适合于一般性的文学接受与审美教育,也就是针对不同的主体而采用不同的审美方式,提供给他们不同的接受与审美的客体。在鲁迅看来,审美价值的实现方式是多种多样的,并且各种审美价值的实现方式都要面向大众,所以才认为“‘连环图画’确能于大众有益,但首先要看是怎样的图画”②。无疑,这与鲁迅的启蒙思想是直接相关的。

正是建立在对审美价值对象性理解的基础上,鲁迅强调对民众尤其是青年进行审美价值的选择性,指出:“包探,冒险家,英国姑娘,非洲野蛮的故事,是只能当醉饱之后,在发胀的身体上搔搔痒的,然而我们的一部分的青年却已经觉得压迫,只有痛楚,他要挣扎,用不着痒痒的抚摩,只在寻切实的指示了。”③亦正基于此,鲁迅认为,在介绍外来文学时,理应重视俄国和东欧国家:“那时就看见了俄国文学。那时就知道了俄国文学是我们的导师和朋友。因为从那里面,看见了被压迫者的善良的灵魂,的酸辛,的挣扎;还和四十年代的作品一同烧起希

---

① 鲁迅:《关于翻译的通信》,载《鲁迅论文学》,人民文学出版社1959年版,第120页。

② 鲁迅:《致赖少麒》,载《鲁迅论文学》,人民文学出版社1959年版,第291页。

③ 鲁迅:《祝中俄文字之交》,载《鲁迅论文学》,人民文学出版社1959年版,第137页。

望,和六十年代的作品一同感到悲哀。"①"我们的读者大众,是一向不用自私的'势利眼'来看俄国文学的。我们的读者大众,在朦胧中,早知道这伟大肥沃的'黑土'里,要生长出什么东西来,而这'黑土'却也确实生长了东西,给我们亲见了:忍受,呻吟,挣扎,反抗,战斗,变革,战斗,建设,战斗,成功。"②"因为所求的作品是叫喊和反抗,势必至于倾向了东欧,因此所看的俄国,波兰以及巴尔干诸小国作家的东西就特别多。"③鲁迅之所以做出这样的选择,亦正在于这些被压迫民族的现实境遇与中国是相类似的,他们的现实的当下要求是相契合的,这些被压迫民族的命运与战斗的精神可以鼓舞中华民族为自我解放而斗争。

2. 鲁迅虽然认为文学存在着阶级性,但他依然坚信文学的审美价值性,倡导"真美",并进而强调这种普遍性的限定性。

鲁迅"敢于直面惨淡的人生,敢于正视淋漓的鲜血",在残酷的现实面前写下了《革命时代的文学》(1927)、《文艺和革命》(1927)、《文艺与革命》(1928)、《文学的阶级性》(1928)、《"硬译"与"文学的阶级性"》等篇章。这些篇章虽是革命时代意识形态的产物,但鲁迅依然高扬文学的审美价值。

鲁迅认为:"文学虽然有普遍性,但因读者的体验的不同而有变化,读者倘没有类似的体验,它也就失去了效力。"④"文学有普遍性,但有界

① 鲁迅:《祝中俄文字之交》,载《鲁迅论文学》,人民文学出版社1959年版,第137页。

② 鲁迅:《祝中俄文字之交》,载《鲁迅论文学》,人民文学出版社1959年版,第139~140页。

③ 鲁迅:《我怎么做起小说来》,载《鲁迅论文学》,人民文学出版社1959年版,第143页。

④ 鲁迅:《看书琐记》,载《鲁迅论文学》,人民文学出版社1959年版,第173页。

限；也有较为永久的，但因读者的社会体验而生变化。”①从这里我们可以看到，鲁迅并非从一般意义上来抽象地谈文学接受与审美教育的问题，而是强调文学接受与审美教育的对象性与时代性，亦正立足于此来谈连环画的问题、旧形式的利用问题等。另外，在鲁迅看来，文艺阅读、观赏、接受与审美教育，其目的在于为读者、观众“开出反省的道路”②。这种反省之路对近代中国的民众包括知识分子来说无疑是十分有必要的。

鲁迅虽然强调人和文学的阶级性，但他从不以偏概全，从不用阶级性代替完美的人性，而且对二者关系的认识非常辩证。他说：“有些作者，意在使阶级意识明了锐利起来，就竭力增强阶级性说，而别一面就也容易招人误解……在我自己，是以为若据性格、感情等，都受‘支配于经济’（也可以说根据于经济组织或依存于经济组织）之说，则这些就一定都带着阶级性。但是‘都带’，而非‘只有’。”③

第三，为人生、改造国民性的启蒙主义贯穿于鲁迅审美价值判断的始终是鲁迅审美价值的又一个十分重要的特征。

鲁迅在 1933 年写的《我怎么做起小说来》一文中曾明确地回答说：“说到‘为什么’做小说罢，我仍抱着十多年前的‘启蒙主义’，以为必须是‘为人生’，而且要改良这人生。我深恶先前的称小说为‘闲书’，而且将‘为艺术的艺术’，看作不过是‘消闲’的新式的别号。所以我的取材，多采自病态社会的不幸的人们中，意思是在揭出病苦，引起疗救的注意。所以我力避行文的唠叨，只要觉得够将意思传给别人了，就宁可什么陪

---

① 鲁迅：《看书琐记》，载《鲁迅论文学》，人民文学出版社 1959 年版，第 173 页。

② 鲁迅：《答〈戏〉周刊编者信》，载《鲁迅论文学》，人民文学出版社 1959 年版，第 180 页。

③ 鲁迅：《文学的阶级性》，载《鲁迅全集》（第 1 卷），中国人事出版社 1998 年版，第 602 ~ 603 页。

衬拖带也没有。""希望总有人会懂。"①这是其写作小说基本的创作指导思想。鲁迅这种旗帜鲜明而且矢志不渝的"为人生"并"改良这人生"的文艺观与美学观清楚地说明了他的审美价值尽管与蔡元培、王国维及宗白华和朱光潜有着巨大的差异,但其本质上仍属于人本主义审美价值的范畴。也正是由于鲁迅对"人"和"人生"本质认识的发展变化,他的审美价值可以以1927年为界分为前后两个相关联的发展阶段。

鲁迅在《〈呐喊〉自序》里写道:"凡是愚弱的国民,即使体格如何健全,如何茁壮,也只能做毫无意义的示众的材料和看客,病死多少是不必以为不幸的。所以我们的第一要著,是在改变他们的精神,而善于改变精神的是,我那时以为当然要推文艺,于是想提倡文艺运动了。"②只有当具有个体尊严和独立思考能力的人被确立起来,一个现代意义上的中国的崛起和强大才是可能的。鲁迅的"呐喊"就是以"立人为本"思想"为人生"进行启蒙、改造"沉默的国民的魂灵"。

为人生、改造国民性的启蒙主义是鲁迅审美价值判断的一条主线,同时表征了鲁迅审美价值的鲜明特点。

第四,冷峻、犀利、深刻、苦闷的悲剧色彩既是鲁迅审美价值的重要外在特征,也是鲁迅审美价值内在气质的根源。

鲁迅多舛的童年、坎坷的经历铸就了他的审美价值冷峻、犀利和深刻的特征。鲁迅笔下的阿Q深刻地展现了国民的劣性;狂人炸出了中国人皮袍下的残忍;祥林嫂影射出传统妇女的灵魂;吕纬甫道出了知识分子的无奈……《呐喊》的犀利,《彷徨》的深刻,《野草》的冷峻等,无不显示出鲁迅审美价值的外在特征。

① 鲁迅:《我怎么做起小说来》,载《鲁迅全集》(第2卷),中国人事出版社1998年版,第783~784页。

② 鲁迅:《〈呐喊〉自序》,载《鲁迅全集》(第1卷),人民文学出版社2005年版,第439页。

鲁迅青年时期最喜欢的俄国作家是安特莱夫,鲁迅承认《药》的结尾部分留着安特莱夫式的阴冷。鲁迅在介绍厨川白村时说:“这《苦闷的象征》也是殁后才印行的遗稿,虽然还非定本……至于主旨,也极分明,用作者自己的话来说,就是‘生命力受了压抑而生的苦闷懊恼乃是文艺的根柢,而其表现法乃是广义的象征主义’。”①鲁迅审美价值的构成无疑是丰富的,其特征也是十分鲜明的。特征是本质的特征,本质是特征的灵魂。研究特征是为了显示本质,而抓住了本质,也就明晰了特征。

第三节 鲁迅审美价值本质论

鲁迅审美价值本质论研究,通俗说,就是对“鲁迅审美价值是什么”的研究。为铆定“是什么”,我们还需明晰“不是什么”的问题,即本质的去蔽研究。而在对鲁迅审美价值本质自身去蔽剥离研究中,我们必须廓清两个问题:一是“发问”之问,二是“本质”悖论的问题。

何谓鲁迅审美价值本质?在搞清楚这个问题之前,其实还要对问题本身进行发问。海德格尔认为任何发问都包括“问此”(As – question)、“设此”(As – which)和“构此”(As – structure)。发问都是一种寻求,任何寻求都有从它所寻求的东西方面而来的事先引导。发问作为“对……”的发问而具有问之所问。一切“对……”的发问都以某种方式是“就……”的发问。发问不仅包含有问题之所问,而且也包含有被问及的东西(Befragtes)。此外,在问题之所问中还有问之何所以问(Erfragtes)的问题,这是真正的意图所在,发问到此才能达到目标。由此在对“经典”发问时,我们就不能仅仅就鲁迅审美价值而发问,还要问鲁迅审美价值是如何生成价值的。前者是就凝固的存在者而发问,势必在

① (日)厨川白村:《苦闷的象征》,人民文学出版社 1988 年版,第 3 ~ 4 页。

“拒绝”(Versagen)与“伪装”(Verstellen)中不显示自身,造成“遮蔽”。而后者是动态的发问,这是对遮蔽的澄明、无蔽的敞开。我们对鲁迅审美价值本质的研究就是在动态的路向上而延展的。

在发问“构此”之后,对于事物本质的研究还常常伴随着难以调和的悖论出现——人们对事物本质的研究是意向上对事物去蔽明晰,而事实上去蔽明晰本身就是遮蔽扰乱。这就如佛经里所讲的“手指上的月亮”,人用手指着月亮,告诉我们那边有月亮,他用手指是为了让我们能看到并明晰月亮,但殊不知手指本身就遮蔽扰乱了月亮。当然,不指向月亮,我们就更无法看到月亮,因为我们失去了基本的方向。这就是事物本质研究的悖论。中国多年来对鲁迅审美价值研究就经常陷入本质自设的悖论怪圈之中。

基于“发问”之问与“本质”悖论的问题,我们在研究鲁迅审美价值本质中力求避免对鲁迅审美价值本质阐发的人为粗暴扰乱,努力促使鲁迅审美价值本质的动态自显和现“象”。

第一,从文化研究的维度看,鲁迅审美价值的本质是文化的解构与文化的建构。鲁迅在《文化偏至论》中谈道:“若其文化昭明,诚足以相上下者,盖未之有也。屹然出中央而无校雠,则其益自尊大,宝自有而傲睨万物,固人情所宜然,亦非甚背于理极者矣。”“久浴文化,则渐悟人类之尊严;既知自我,则顿识个性之价值;加以往之习惯坠地,崇信荡摇,则其自觉之精神,自一转而之极端之主我。”①鲁迅生活在一个文化解构的时代,时代要求颠覆一切、重估一切价值。五四新文化运动举起颠覆文化的大旗,传统的仁义礼教、等级专制、三纲五常等被撕裂,妇女问题、家庭问题、爱情问题……亦被无情地颠覆和解构。鲁迅就是在新文化运动中开始解构传统文化的:“狂人”对传统文化“吃人”的深度揭示给人血

① 鲁迅:《文化偏至论》,载《鲁迅全集》(第1卷),中国人事出版社1998年版,第13、15页。

淋淋的审美价值警醒，“祥林嫂”非命于“礼教”的吞噬让人在怜悯和同情中得以悲剧式地宣泄……鲁迅不仅在解构文化，也在建构文化，“过客”集中华文化之韧性精神给人激励，“子君”在“娜拉走后该怎样”的告诫……这些素材无不给人以文化的审美价值享受。

鲁迅清醒地认识到“盖今所成就，无一不绳前时之遗迹，则文明必日有其迁流，又或抗往代之大潮，则文明亦不能无偏至”，“文明无不根旧迹而演来，亦以矫往事而生偏至”。[①] “中国人向来因为不敢正视人生，只好瞒和骗，由此也生出瞒和骗的文艺来，由这文艺，更令中国人更深地陷入瞒和骗的大泽中，甚而至于已经自己不觉得。世界日日改变，我们的作家取下假面，真诚地，深入地，大胆地看取人生并且写出他的血和肉来的时候早到了；早就应该有一片崭新的文场，早就应该有几个凶猛的闯将！现在，气象似乎一变，到处听不见歌吟花月的声音了，代之而起的是铁和血的赞颂。然而倘以欺瞒的心，用欺瞒的嘴，则无论说 A 和 O，或 Y 和 Z，一样是虚假的；只可以吓哑了先前鄙薄花月的所谓批评家的嘴，满足地以为中国就要中兴。可怜他在‘爱国’的大帽子底下又闭上了眼睛了——或者本来就闭着。没有冲破一切传统思想和手法的闯将，中国是不会有真的新文艺的。”[②]

鲁迅一生就是用“文化的偏至”这把利器戳向中国“瞒和骗”的“吃人”文化和文艺的。他一面无情地解构传统文化，另一面积极地建构新文化。对此，毛泽东曾做出高度的评价：“鲁迅是中国文化革命的主将，他不但是伟大的文学家，而且是伟大的思想家和伟大的革命家。鲁迅的骨头是最硬的，他没有丝毫的奴颜和媚骨，这是殖民地半殖民地人民最

---

① 鲁迅：《文化偏至论》，载《鲁迅全集》（第 1 卷），中国人事出版社 1998 年版，第 14 ~ 15 页。

② 鲁迅：《论睁了眼看》，载《鲁迅全集》（第 1 卷），中国人事出版社 1998 年版，第 74 页。

可宝贵的性格。鲁迅是在文化战线上,代表全民族的大多数,向着敌人冲锋陷阵的最正确、最勇敢、最坚决、最忠实、最热忱的空前的民族英雄。鲁迅的方向,就是中华民族新文化的方向。"①

第二,从美学研究的维度看,发扬真美以娱人情是鲁迅审美价值的美学本质。

鲁迅审美价值本质论首先是鲁迅的美学价值本质论。鲁迅对美的基本看法是"真美",反对"瞒和骗";对美之功用的本质要求是"以娱人情"。鲁迅审美价值本质论具体表现为正视人生、正视社会、发扬真美、强调文艺的真实性。这是鲁迅文艺思想和美育观念的灵魂与精髓。

1913年,为了提倡审美价值论,鲁迅发表了《拟播布美术意见书》一文。这是鲁迅审美价值论的代表之作。需要指出的是,鲁迅所说的"美术"是广义的,他说:"美术云者,即用思理以美化天物之谓。苟合于此,则无间外状若何,咸得谓之美术;如雕塑,绘画,文章,建筑,音乐皆是也。"鲁迅认为:"顾实则美术诚谛,固在发扬真美,以娱人情,比其见利致用,乃不期之成果。"②鲁迅还具体指出文章"故其所函,遂具三美:意美以感心,一也;音美以感耳,二也;形美以感目,三也"。这就是"以娱人情"之功用。鲁迅认为,包括文章在内的一切美术"无不能启人生之闷机,而直语其事实法则,为科学所不能言者"③。所谓"直语",指的就是文艺的形象性和直观性的美学特质。鲁迅举例说:"如热带人未见冰前,为之语冰,虽喻以物理生理二学,而不知水之能凝,冰之为冷如故;惟直示以冰,使之触之,则虽不言质力二性,而冰之为物,昭然在前,将直解

① 毛泽东:《新民主主义论》,载《毛泽东选集》(第2卷),人民出版社1958年版,第691页。

② 鲁迅:《拟播布美术意见书》,载《鲁迅全集》(第8卷),人民文学出版社2005年版,第51~52页。

③ 鲁迅:《摩罗诗力说》,载《鲁迅全集》(第1卷),中国人事出版社1998年版,第22页。

无所疑沮。惟文章亦然,虽缕判条分,理密不如学术,而人生诚理,直笼其辞句中,使闻其声者,灵府朗然,与人生即会。”①包括文章在内一切美术的本质除了“直语”“直示”的特点,鲁迅还认为,它们“皆在使观听之人,为之兴感怡悦”,它们还能够“启人生之閟机”。所谓“人生之閟机”,指的就是“事实法则”和“人生之诚理”。文艺可以“美善吾人之性情,崇大吾人之思理”,“涵养人之神思”,可以“与人生会,历历见其优胜缺陷之所存,更力自就于圆满”,使得“人乃以几于具足”。鲁迅在《摩罗诗力说》中又一次提出:“由纯文学上言之,则以一切美术之本质,皆在使观听之人,为之兴感怡悦。文章为美术之一,质当亦然,与个人暨邦国之存,无所系属,实利离尽,究理弗存。故其为效,益智不如史乘,诫人不如格言,致富不如工商,弋功名不如卒业之券。特世有文章,而人乃以几于具足……故文章之于人生,其为用决不次于衣食,宫室,宗教,道德。盖缘人在两间,必有时自觉以勤劬,有时丧我而惝恍,时必致力于善生,时必并忘其善生之事而入于醇乐,时或活动于现实之区,时或神驰于理想之域;苟致力于其偏,是谓之不具足。严冬永留,春气不至,生其躯壳,死其精魂,其人虽生,而人生之道失。文章不用之用,其在斯乎?约翰穆黎曰,近世文明,无不以科学为术,合理为神,功利为鹄。大势如是,而文章之用益神。所以者何?以能涵养吾人之神思耳。涵养人之神思,即文章之职与用也。”②这些足以说明鲁迅对“以娱人情”审美价值的充分认识。

正是基于这种美学美育思想,鲁迅在自己的创作实践中“敢于直面惨淡的人生,敢于正视淋漓的鲜血”③。他的小说取材“多采自病态社会

① 鲁迅:《摩罗诗力说》,载《鲁迅全集》(第1卷),中国人事出版社1998年版,第22页。

② 鲁迅:《摩罗诗力说》,载《鲁迅全集》(第1卷),中国人事出版社1998年版,第22页。

③ 鲁迅:《记念刘和珍君》,载《鲁迅全集》(第1卷),中国人事出版社1998年版,第459页。

的不幸的人们中，意思是在揭出病苦，引起疗救的注意”①。同样，鲁迅在自己的艺术批评实践中充分肯定、热情讴歌“超脱古范，直抒所信”，“作至诚之声，致吾人于善美刚健者”，即具有“摩罗美”的反抗者的诗魂诗作；而对中国传统文人的习性和传统文学以及当时的文学创作提出尖锐的批评，他指出：“中国的文人，对于人生，——至少是对于社会现象，向来就多没有正视的勇气。我们的圣贤，本来早已教人‘非礼勿视’的了；而这‘礼’又非常之严，不但‘正视’，连‘平视’‘斜视’也不许。”②“然而由本身的矛盾或社会的缺陷所生的苦痛，虽不正视，却要身受的。文人究竟是敏感人物，从他们的作品上看来，有些人确也早已感到不满，可是一到快要显露缺陷的危机一发之际，他们总即刻连说‘并无其事’，同时便闭上了眼睛。这闭着的眼睛便看见一切圆满，当前的苦痛不过是‘天之将降大任于斯人也，必先苦其心志，劳其筋骨，饿其体肤，空乏其身，行拂乱其所为’。于是无问题，无缺陷，无不平，也就无解决，无改革，无反抗。因为凡事总要‘团圆’，正无须我们焦躁；放心喝茶，睡觉大吉……中国的文人也一样，万事闭眼睛，聊以自欺，而且欺人，那方法是：瞒和骗。”③鲁迅以“真美”为核心的美学精神和美育观念不仅使他真正做到了“睁了眼”看中国的现实，而且还能够“睁了眼”看中国的历史，从而使他能够站在人民大众的立场上发现其他人没有发现的历史真相，以大无畏的反传统精神对代表统治阶级的封建思想文化进行了毫不留情的彻底批判，在这冷峻的历史文化批判背后涌动着的却是对民族和民众命运的深切关怀，是对当代中国前途的热切关注。鲁迅说：“我翻开历

---

① 鲁迅：《我怎么做起小说来》，载《鲁迅全集》（第2卷），中国人事出版社1998年版，第783页。

② 鲁迅：《论睁了眼看》，载《鲁迅全集》（第1卷），中国人事出版社1998年版，第72页。

③ 鲁迅：《论睁了眼看》，载《鲁迅全集》（第1卷），中国人事出版社1998年版，第73页。

史一查,这历史没有年代,歪歪斜斜的每页上都写着‘仁义道德’几个字。我横竖睡不着,仔细看了半夜,才从字缝里看出字来,满本都写着两个字是‘吃人’!”①“现在我们所能听到的不过是几个圣人之徒的意见和道理,为了他们自己;至于百姓,却就默默的生长,萎黄,枯死了,像压在大石底下的草一样,已经有四千年!”②为了更好地发挥文艺改造国民性以使“愚弱”国民“觉醒”的功能,鲁迅较早地觉悟到中国传统文化文字及其话语方式与当下美育的对象、方式和目的格格不入,严重影响了民众精神结构及其功能的构成与发挥。于是,鲁迅积极提倡新思想和新文学,积极提倡并努力实践白话写作。他正是通过白话新文学的创作,“要画出这样沉默的国民的魂灵来”,用以打破时时总感到“自憾”的“隔膜”,“在将来,围在高墙里面的一切人众,该会自己觉醒,走出,都来开口的罢,而现在还少见,所以我也只得依了自己的觉察,孤寂地姑且将这些写出,作为在我的眼里所经过的中国的人生”③。鲁迅以自己的理论主张和文学创作实践显示了五四新文化运动和新文学运动的实绩,成为中国20世纪初为数不多的著名美育理论家和实践者。鲁迅认为只有“睁了眼”看人生,敢想、敢说、敢作、敢当的人生才是真正的人生;只有“睁了眼”看人生,表现真美的文艺才能起到改造人生、改造国民性的作用。

鲁迅以“真美”为圭臬的审美价值观不仅超越了梁启超和王国维,形成了自己颇具特色的审美价值观理论,而且为今后自己无产阶级审美价值观的进一步发展并臻于成熟打下了坚实的基础。

---

① 鲁迅:《狂人日记》,载《鲁迅全集》(第1卷),中国人事出版社1998年版,第94页。

② 鲁迅:《俄文译本〈阿Q正传〉序及著者自叙传略》,载《鲁迅全集》(第2卷),中国人事出版社1998年版,第1307页。

③ 鲁迅:《俄文译本〈阿Q正传〉序及著者自叙传略》,载《鲁迅全集》(第2卷),中国人事出版社1998年版,第1307页。

第三,从人类社会学的维度看,人性解放的“立人”思想是鲁迅审美价值的本质。

谈到自己从事文艺创作活动的动机和目的,鲁迅在1933年写的《我怎么做起小说来》一文中曾明确地回答说:“说到‘为什么’做小说罢,我仍抱着十多年前的‘启蒙主义’,以为必须是‘为人生’,而且要改良这人生。我深恶先前的称小说为‘闲书’,而且将‘为艺术的艺术’,看作不过是‘消闲’的新式的别号。所以我的取材,多采自病态社会的不幸的人们中,意思是在揭出病苦,引起疗救的注意。所以我力避行文的唠叨,只要觉得够将意思传给别人了,就宁可什么陪衬拖带也没有。”“希望总有人会懂。”这是其写作小说的基本创作指导思想。鲁迅这种旗帜鲜明而且矢志不渝的“为人生”并“改良这人生”的文艺观与美学观清楚地说明了他的美育思想尽管与蔡元培、王国维及宗白华和朱光潜有着巨大的差异,但其本质上仍属于人本主义美育思想的范畴。也正是由于鲁迅对“人”和“人生”本质认识的发展变化,他的美育思想可以以1927年为界分为前后两个相关联的发展阶段。

众所周知,由于种种原因,鲁迅是20世纪初自觉接受西方新思想、新知识最早的一代学人之一。此时对鲁迅影响较大的西方思想,一是尼采的“超人”哲学,二是达尔文的进化论。鲁迅以这种人本主义的眼光看待人和社会,所以在他的心目中人或人生的本质就是活着的个体生命,社会的本质就是年轻人胜过老年人的进化与发展。他说:“我现在心以为然的道理,极其简单。便是依据生物界的现象,一、要保存生命;二、要延续这生命;三、要发展这生命(就是进化)。”①“生命的价值和生命价值的高下,现在可以不论。单照常识判断,便知道既是生物,第一要紧的自然是生命。因为生物之所以为生物,全在有这生命,否则失了生

---

① 鲁迅:《我们现在怎样做父亲》,载《鲁迅全集》(第1卷),中国人事出版社1998年版,第40页。

物的意义。”①“生物为保存生命起见,具有种种本能,最显著的是食欲……为继续生命起见,又有一种本能,便是性欲……所以食欲是保存自己,保存现在生命的事;性欲是保存后裔,保存永久生命的事。”②人第一要紧的自然是生命,不过,在早期鲁迅的心目中,“盖缘人在两间,必有时自觉以勤劬,有时丧我而惝恍,时必致力于善生,时必并忘其善生之事而入于醇乐,时或活动于现实之区,时或神驰于理想之域;苟致力于其偏,是谓之不具足”③。理想与现实、精神与物质、灵与肉是人生不可或缺的不同方面。二者不可偏枯,否则,便是“谓之不具足”的不圆满人生。正因为如此,“故人群所当希冀要求者,不惟奈端已也,亦希诗人如狭斯丕尔(Shakespeare);不惟波尔,亦希画师如洛菲罗(Raphaelo);既有康德,亦必有乐人如培的诃芬(Beethoven);既有达尔文,亦必有文人如嘉来勒(Garlyle)。凡此者,皆所以致人性于全,不使之偏倚,因以见今日之文明者也”。④ 不过,相比之下,理想、精神和心灵对于人生和人类文明显得更加重要,因为它是人生之道、人性之本、人类文明之基。鲁迅说:“严冬永留,春气不至,生其躯壳,死其精魂,其人虽生,而人生之道失。”⑤

第四,从民族学的维度看,中华民族的本性是鲁迅审美价值的独特基因。鲁迅曾说过:“只有民族的,才是世界的。”鲁迅立足于本民族,给

---

① 鲁迅:《我们现在怎样做父亲》,载《鲁迅全集》(第1卷),中国人事出版社1998年版,第40页。

② 鲁迅:《我们现在怎样做父亲》,载《鲁迅全集》(第1卷),中国人事出版社1998年版,第40页。

③ 鲁迅:《摩罗诗力说》,载《鲁迅全集》(第1卷),中国人事出版社1998年版,第22页。

④ 鲁迅:《科学史教篇》,载《鲁迅全集》(第1卷),中国人事出版社1998年版,第12页。

⑤ 鲁迅:《摩罗诗力说》,载《鲁迅全集》(第1卷),中国人事出版社1998年版,第22页。

世人创造了独特的审美价值,中华民族的本性亦成为鲁迅审美价值的独特基因。

阿Q审美的价值在于它不仅是中华民族的,更是世界的;过客的精神不仅是中华文化夸父精神的延续,更是人类精神的浓缩;“裸着全身”复仇是民族本性,也是人类的宣言……鲁迅的伟大就在于他立足于民族的,创造出世界的,民族的本性是鲁迅审美价值的鲜明基因。

需要指出的是,越是民族的不一定越是世界的,“民族的”是文学经典个性鲜活的存在,而“世界的”则是文学经典共性本质的存在。虽“越是民族的”但如果没有穿透空间壁垒的本能和可能,也绝不可能成为文学经典。鲁迅立足于民族的,并不是固封于民族的。在内在的潜质中,鲁迅的文本具有强有力的穿透空间壁垒的本能和可能。《理水》中的“OK”“古貌林”“好杜有图”等“油滑”,在颠覆中燃起《故事新编》,“新编”就具有穿透空间壁垒的本能和可能;《阿Q正传》由于触到了“沉默的国民的魂灵”也具有了穿透空间壁垒的本能和可能……鲁迅的成功就是根植于民族的本性,又具有穿透空间壁垒的本能和可能。中华民族的本性是鲁迅审美价值的独特基因。

1936年10月19日上午5时25分,鲁迅在上海大陆新村寓所与世长辞,终年55岁。在鲁迅葬礼上,人们用一面绣着“民族魂”三个大字的白旗覆盖在鲁迅棺木上。“民族魂”正是中国人给予鲁迅民族贡献的最高荣誉!

“横看成岭侧成峰”,鲁迅审美价值的本质是多维的、动态的,我们可以从不同的角度审视鲁迅的审美价值本质。

第四节　鲁迅审美价值之价值

恩格斯评价拉萨尔作品时说:“我是从美学观点和历史观点,以非常高的、即最高的标准来衡量您的作品的,而且我必须这样做才能提出一些反对意见，这对您来说正是我推崇这篇作品的最好证明。"①鲁迅的作品亦达到"最高的标准"——美学观点和历史观点。鲁迅以审美的标尺剪接历史的断裂，完美地实现了"发扬真美，以娱人情"的价值取向。鲁迅在审美价值判断之时，又形成了一个价值效应场，从而出现了鲁迅审美价值之价值，即鲁迅审美价值自身之价值抑或意义。

鲁迅审美价值之价值是鲁迅审美价值的元价值抑或是鲁迅审美价值本身的效应场价值，它主要表现为以下三个方面：

一、鲁迅精神是鲁迅审美价值之价值乃至中华民族无形的巨大财富。鲁迅的现实生活不能说是诗意的，但鲁迅有向诗性栖居的抗争和精神。鲁迅的伟大源于鲁迅精神的伟大，鲁迅审美价值之价值亦源自鲁迅精神的座架。藉此，我们不禁要问，何谓鲁迅精神？发问不仅包含有问题之所问，而且包含有被问及的东西——鲁迅精神是什么亦包括鲁迅精神不是什么。鲁迅不是纯粹理性、完美无缺的十足圣人，也不是单纯"知其不可而为之"的"陋巷"之人，而是一个充满矛盾的悖论体，一个懂得消弭悖论、在爱憎的间性张力中向诗意生存的战士。鲁迅精神不是空中楼阁的"鹁鸪国"，它有历史文化土壤的积淀；鲁迅精神不是真空的完美，它有历史的局限和弊病……鲁迅精神虽是多维的，但鲁迅的韧性战斗精神应是鲁迅精神的灵魂。

这种精神是"天行健，君子以自强不息"精神的现实浓缩，是夸父逐日、精卫填海、愚公移山等韧性战斗精神的传承。鲁迅的韧性战斗精神是中华民族生生不息精神的美学再现，必然起到鼓舞、照亮的价值功效，使人们不惮于黑暗的前行。

二、鲁迅文本是鲁迅审美价值之价值具体的承载和演绎场，它是鲁

---

① （德）恩格斯：《致斐·拉萨尔》，载《马克思恩格斯选集》（第 4 卷），人民出版社 1995 年版，第 561 页。

迅审美价值之价值最直接、最重要的精神财富。

鲁迅一生笔耕不辍,文本反复多样。鲁迅的杂文"象投枪,象匕首,直刺向黑暗势力",鲁迅的小说画出了"沉默的国民的魂灵",鲁迅的散文演绎了生命是"苦闷的象征",鲁迅的诗歌严谨而蕴藉……

(一)鲁迅文本创造了众多的鲜活形象,给人以深度的思想文化熏陶、精神宣泄等美的享受。阿Q的深度揭示、孔乙己的文化讽刺、过客的精神高扬、祥林嫂的礼教控诉……鲁迅创造出的无数的文学典型,在中国文学长廊中占据着不可替代的位置。

鲁迅在塑造人物形象时注重采用"杂取种种人,合成一个"的办法,对生活中的原型进行充分的艺术概括,使人物形象具有广泛的典型性。鲁迅强调写出人物的灵魂,显示"灵魂的深",因此他在塑造人物形象时,常常是以"画眼睛"的方式揭示人物深层心理或无意识活动,注重以个性化的人物语言来揭示人物的内心世界,有时即使"并不描写人物的模样,却能使读者看了对话,便好像目睹了说话的那些人"。

(二)鲁迅文本中所具有的冷峻、犀利、深刻、苦闷的悲情色彩是鲁迅为世人贡献的"这一个"价值。相比于巴金的热烈、奔放,茅盾的冷静、现实,沈从文的飘逸、闲适,鲁迅在对生命终极体验后所焕发的冷峻是独特的。这也成为鲁迅审美价值之价值的重要表征。

(三)鲁迅文本中娴熟的艺术技巧是鲁迅审美价值之价值又一重要表现。1923年,茅盾在《读〈呐喊〉》一文中说:"在中国新文坛上,鲁迅君常常是创造'新形式'的先锋;《呐喊》里的十多篇小说几乎一篇有一篇新形式,而这些新形式又莫不给青年作者以极大的影响。"①

三、鲁迅文论思想是鲁迅审美价值之价值的深度展示,它是鲁迅审美价值之价值在文学理论方面的价值体现。

---

① 茅盾:《读〈呐喊〉》,《文学周报》1923年10月8日。

鲁迅虽然没有专著论述他的文论思想,但这些思想大量地散见于他的杂文、书信、散文甚至诗歌、小说之中。《文化偏至论》《摩罗诗力说》《宋民间之所谓小说及其后来》《文学和革命》《我怎样做起小说来》《文艺与政治的歧途》《拟播布美术意见书》……无不体现了鲁迅的文论思想。鲁迅的文论思想又是鲁迅审美价值之价值的深度展示。

鲁迅不仅阐释、播布自己的美术意见书,而且亲自译介了许多文论专著。鲁迅总共翻译过十四个国家近百位作家两百多种著作,其中数俄国和日本最多。鲁迅早在 1909 年就译介俄国作家安德烈耶夫的名作《默》,称其“神秘幽深,自成一家”,认为他的作品“使象征印象主义与写实主义相调和”。1926 年鲁迅译了《勃洛克论》。他认为,勃洛克“在用空想,即用诗底幻想的眼,照见都会中的日常生活,将那朦胧的印象,加以象征化。将精气吹入所描写的事象里,使它苏生;也就是在庸俗的生活,尘嚣的市街中,发见诗歌底要素。所以勃洛克所擅长者,是在取卑俗,热闹,杂沓的材料,造成一篇神秘底写实的诗歌”。值得一提的是 1924 年鲁迅译介了厨川白村的《苦闷的象征》,鲁迅在《苦闷的象征》引言中认为:“这《苦闷的象征》也是殁后才印行的遗稿,虽然还非定本,而大体却已完具了。第一分《创作论》是本据,第二分《鉴赏论》其实即是论批评,和后两分都不过从《创作论》引申出来的必然的系论。至于主旨,也极分明,用作者自己的话来说,就是‘生命力受了压抑而生的苦闷懊恼乃是文艺的根柢,而其表现法乃是广义的象征主义’。”但是在鲁迅看来,“所谓象征主义者,决非单是前世纪末法兰西诗坛的一派所曾经标榜的主义,凡有一切文艺,古往今来,是无不在这样的意义上,用着象征主义的表现法的”。可以说,《苦闷的象征》是一部名副其实的文论专著。

鲁迅文论思想的核心就是以美的形式播布深刻的思想,做到了“较大的思想深度和意识到的历史内容,同莎士比亚剧作的情节的生动性和丰富性的完美融合”。鲁迅认为:“由纯文学上言之,则以一切美术之本质,皆在使观听之人,为之兴感怡悦。”①鲁迅文论思想是鲁迅审美价值之价值的深度展示。

鲁迅审美价值之价值是说不尽的话题,因为它穿越时空,昭示、影响着未来,其本身的价值是不可估量的。

① 鲁迅:《摩罗诗力说》,载《鲁迅全集》(第1卷),中国人事出版社1998年版,第22页。

第六章　冯友兰:“理境交融”的审美之途

作为现代中国少有的能够称得上哲学家、美学家的学者,冯友兰先生(1895～1990)在融合中西哲学传统的基础上建构了一个具有现代意味的新理学体系。其生前曾自撰茔联:“三史释今古,六书纪贞元。”“三史”(《中国哲学史》《中国哲学简史》《中国哲学史新编》)、“六书”(《新理学》《新事论》《新世训》《新原人》《新原道》《新知言》)代表了冯友兰一生的主要学术成果。作为一位对祖国深深眷恋的学者,他以“阐旧邦以辅新命”作为自己一生的学术志向,以“极高明而道中庸”作为自己平生追求之境界。这为他带来了巨大声誉。其影响无疑也是深远的。正如 H. G. 梅勒所指出的那样:“且不管新理学前途如何,我依然认为它是本世纪(指 20 世纪——引者注)中国哲学最大胆的创新尝试之一。”①

冯友兰美学思想相当丰富和深刻,目前学者们的研究还只是冯友兰美学思想的“冰山之一角”,对其美学思想以及审美价值层面的研究有待进一步深化。事实上,冯友兰美学思想不仅体现在其哲学代表作《贞元六书》中,在其他的哲学史著作、哲学论文及日常书信往来中亦有所体现。而目前对冯友兰美学思想研究的明显不足之处就是研究者们几乎千篇一律地将专注的目光放在前一个方面,而相对忽视后几个方面美

① (德)H. G. 梅勒:《冯友兰新理学与新儒家的哲学定位》,《哲学研究》1999 年第 2 期。

学思想的存在。即便如此,对冯友兰哲学代表作中美学思想的发掘力度也是不够的。对冯友兰关于艺术的民族性及功用的见解这一问题的重视程度也是不够的。因而,我们需要加强对冯友兰美学思想的研究力度。对其美学思想以及审美价值进行深入、全面、细致的研究不仅可以拓宽美学研究的新视域,而且可以从中得到丰富的人生启迪。冯友兰对天地境界的强调对于拓展人的精神空间,进而达至诗性生存之境具有一定启发意义。更为重要的是,在西方理论话语霸权的背景下,对冯友兰审美价值思想的系统研究对于我们建构中国特色的本土化美学理论体系,进而在中西交流对话中占据一席之地具有重要的借鉴意义。

第一节　冯友兰审美价值发生论

在关于哲学门类的划分中,冯友兰给予了美学这门学科应有的地位。他认为美学是一门研究价值的学问:“哲学为一概括名词,其中有各部分。依其内容分,则有研究价值之部分,如伦理学,美学等是;有研究真实之部分,如本体论,宇宙论等是;有研究知识之部分,如知识论,论理学等是。”①并在其哲学史的写作中对一些美学家的美学思想进行了着重介绍。典型如《中国哲学史新编》(第六册)第六十九章,冯友兰以“中国近代美学奠基人——王国维”为题对王国维的哲学、美学成就做了充分肯定。更为重要的一点是,冯友兰在其个人哲学思想的阐发和哲学史的写作过程中对一些美学、艺术问题进行了较为深入的探讨,如《贞元六书》中对美的本体和艺术本体及层次的探寻。依据研究角度的不同,美学可以有多种分类,如社会美学、心理美学等。而哲学美学是从哲学角度研究思考美学问题,它“是关于美学基本问题的哲学思考,它将美学的基本问题置于哲学的基本问题之中”②。

---

① 冯友兰:《三松堂全集》(第14卷),河南人民出版社2000年版,第104页。
② 彭富春:《哲学美学导论》,人民出版社2005年版,第4页。

对冯友兰审美价值论进行研究需要对其美学思想做出定性和判断。冯友兰美学在性质上属于哲学美学,它是在冯氏哲学思考过程中有意或无意流露出来的。具体而言,冯友兰的美学思想是在冯友兰哲学思想(以新理学体系为核心)的烛照下诞生的,故我们可以称冯友兰的美学为哲学美学或新理学美学。我们对冯友兰美学的指称采用前者,即哲学美学,这是我们需要着重说明的。就冯友兰审美价值论而言,其产生在源头上与其哲学思想的产生密不可分。中西文化冲突、民族危机和传统与现代的紧张关系是其审美价值论产生的时代背景;对西方分析哲学和新实在论哲学的借鉴吸收,对中国传统哲学(主要是程朱理学)的扬弃,这二者构成了冯友兰审美价值论产生的理论渊源;冯友兰个人的生活经历、生活方式和独特性情更是与其哲学美学思想的萌生紧密相关。

一、冯友兰审美价值论产生的时代原因

鸦片战争后,进步的中国人就从来没有停止过探索民族复兴、国家富强道路的脚步。在探索过程中,他们逐渐认识到应该“放眼看世界”,只有向西方学习才能使中国尽快实现现代化,于是主张“中学为体,西学为用”者有之,主张“全盘西化”者亦不乏其人。然而一个长期悬而未决的问题始终在困扰着孜孜以求的国人,那就是:如何在引进西方文明的同时,又不失本民族的固有传统?这实际上是中西文化的交流与碰撞、传统与现代的紧张关系在国人思想中的反映。这种碰撞、紧张在五四运动时期达到了顶点。

正是在这样一种大背景下,冯友兰迈出了其学术活动的第一步。1919 年,冯友兰通过考试获得了去美国哥伦比亚大学研究生院学习的机会,师从实用主义哲学家杜威、新实在论哲学家伍德布里奇和蒙塔古。时值美国一战胜利不久,胜利后的美国一派欣欣向荣的景象与中国的积贫积弱形成了巨大对比。这极大地刺激了冯友兰,并促使他不断找寻答

案。经过认真思考,冯友兰认为近代自然科学的有无是造成这种巨大反差的重要原因。他讲:“西方的优点,在于其有了近代自然科学。这是西方富强的根源。中国贫弱的根源是中国没有近代自然科学。”①进而他又找寻中国没有近代自然科学的原因。追根溯源,冯友兰在哲学上找到了答案。他认为:“中国所以没有近代自然科学,是因为中国的哲学向来认为,人应该求幸福于内心,不应该向外界寻求幸福。”②西方则与此恰恰相反。西方注重知识的获取,注重对外在自然界的征服。冯友兰没有从中西对立的角度看待这种差别,这是他的独特之处。在他看来,所谓中西两种文化的矛盾并非东西、中外之矛盾,而应归为新旧、古今的矛盾。可以认为,求同而不是寻异是其时冯友兰学术活动的精神旨趣。这就超越了中西对立的思维模式,为日后冯友兰学术道路之融合中西的价值取向奠定了初步基础。

冯友兰毕竟是在作为东方文明之一的中华文明的濡染下长大,他不可能不对中华文明甚至东方文明怀抱一种特殊的情感。1921年印度哲人泰戈尔访问纽约,冯友兰拜访了这位东方大哲。在泰戈尔看来,所谓东西方文明的差别应是种类的差别,而不是等级的差别。在如何对待东方文明上,泰戈尔讲:“什么该存,什么该废,我们要用我们自己的眼光来研究,来决定,不可听西人模糊影响的话。”③与泰戈尔的谈话无疑坚定了冯友兰对东方文明研究的信心。谈话后,他在文章中写道:“我现在觉得东方文明,无论怎样,总该研究。”“不但东方人要研究,西方人也要研究;因为他是宇宙间的事实的一部分。”④统观冯友兰一生的学术活动,我们会发现其对中国传统儒家“天人合一”的审美追求,对天地境界

---

① 冯友兰:《三松堂全集》(第1卷),河南人民出版社2000年版,第173页。
② 冯友兰:《三松堂全集》(第1卷),河南人民出版社2000年版,第173页。
③ 冯友兰:《三松堂全集》(第11卷),河南人民出版社2000年版,第4页。
④ 冯友兰:《三松堂全集》(第11卷),河南人民出版社2000年版,第8页。

当为人生的最高境界的强调,与此似不无关联。

1923 年冯友兰学成归国,时值“科玄论战”如火如荼地进行。这对冯友兰美学思想的形成产生了重要影响。科玄论战的爆发,在中国现代哲学史上具有重要的学术史意义,它最终廓清了科学主义与人文主义两大思潮对立的状况。论战的导火索是 1923 年 2 月张君劢在清华大学做了题为《人生观》的演讲。在这次演讲中,张认为:“人生观之特点所在,曰主观的,曰直觉的,曰综合的,曰自由意志的,曰单一性的。”①因而科学并不能解决人生观问题。地质学家丁文江的观点则与张针锋相对。同年 4 月,丁文江在《玄学与科学——评张君劢的〈人生观〉》一文中对张提出了严厉批评。他说:“玄学的鬼附在张君劢身上,我们学科学的人不能不去打他。”②并援引胡适《五十年来世界之哲学》中的话作为自己的结论:“我们观察我们这个时代的要求,不能不承认人类今日最大的责任与需要是把科学方法应用到人生问题上去。”③随着论战的展开,逐渐形成以张君劢、梁启超等人为代表的“玄学派”和以丁文江、胡适等人为代表的“科学派”。两派围绕“科学能否解决人生观”这一核心问题进行了激烈的争论。这一争论同样也波及美学。如玄学派将领梁启超讲:“人生问题,有大部分是可以——而且必要用科学方法来解决的。却有一小部分——或者还是最重要的部分是超科学的。不能说理智包括尽人类生活的全内容。……生活的原动力,就是‘情感’。……请你科学家把‘美’来分析研究罢,什么线,什么光,什么韵,什么调……任凭你说的如何文理密察,可有一点儿搔着痒处吗?”④科学派成员唐钺则说:“我以为美是可以分析的。”“就是一时不能完全分析美感,但却不可

---

① 张君劢、丁文江等:《科学与人生观》,山东人民出版社 1997 年版,第 38 页。

② 张君劢、丁文江等:《科学与人生观》,山东人民出版社 1997 年版,第 41 页。

③ 张君劢、丁文江等:《科学与人生观》,山东人民出版社 1997 年版,第 59 页。

④ 张君劢、丁文江等:《科学与人生观》,山东人民出版社 1997 年版,第 139 ~ 141 页。

不用分析方法来驾驭他。”“美不是超乎理智的东西,美感是随理智的进步而变化的。”①虽然如李泽厚所言,论争双方的哲学根据并无任何原创性,“张君劢、张东荪等人传达的是欧洲大陆的柏格森、倭铿、杜里舒以及康德的先验主义;胡适、丁文江等人则是马赫、孔德以及英美经验主义、实证主义”②。但就其对中国哲学、美学发展之影响而言,这次论争则关系着中国哲学、美学将走的道路问题:是走一条传统的、人本的、道德的道路,还是走一条现代的、科学的、实证的道路?冯友兰哲学体系正是在这样一种大背景下建立起来的。值得指出的是,虽然其形成与科玄论战不无关系,但它显然超越了科、玄两派,其综合科学主义与人文主义两大思潮,融贯中西的迹象相当明显。诚如有的研究者所言:“冯友兰新理学体系的性质,一言以蔽之,就是:吸收西方现代哲学的逻辑分析方法,重建儒家的形而上学。这一工作,恰好构成‘五四’时期科学派与玄学派的‘合题’。”③从这一角度而言,我们认为,李泽厚在《中国现代思想史论》一书中,将冯友兰划为“玄学派”是欠妥当的。

如果说以上背景的开列主要给了冯友兰以创作启迪的话,那么民族危亡、国难当头的抗日战争则构成其哲学创作的动力。这种积极抗战的爱国情愫无论在其两卷本的《中国哲学史》自序中还是在其《贞元六书》的写作过程中均得到了清晰的展现。如冯友兰在1934年出版的《中国哲学史》(下)自序中说:“此第二篇最后校改时,故都正在危急之中。身处其境,乃真知古人铜驼荆棘之语之悲也。值此存亡绝续之交,吾人重思吾先哲之思想,其感觉当如人疾痛时之见父母也。吾先哲之思想,有

① 张君劢、丁文江等:《科学与人生观》,山东人民出版社1997年版,第270~272页。

② 李泽厚:《中国现代思想史论》,天津社会科学院出版社2003年版,第47页。

③ 郑家栋:《冯友兰与近代以来的哲学变革》,载《冯友兰先生纪念文集》,北京大学出版社1993年版,第148页。

不必无错误者,然‘为天地立心,为生民立命,为往圣继绝学,为万世开太平’,乃吾一切先哲著书立说之宗旨,无论其派别为何,而其言之字里行间,皆有此精神之弥漫,则善读者可觉而知也。‘魂兮归来哀江南’;此书能为巫阳之下招欤?是所望也。”[①]在 1940 年出版的《新世训·自序》中,冯说:“承百代之流,而会乎当今之变。好学深思之士,心知其故,乌能已于言哉?事变以来,已写三书。……合名曰《贞元三书》。贞元者,纪时也。当我国家民族复兴之际,所谓贞下起元之时也。我国家民族方建震古铄今之大业,譬之筑室,此三书者,或能为其壁间之一砖一石欤?是所望也。”[②]在 1943 年出版的《新原人》自序中冯友兰又一次讲道:“‘为天地立心,为生民立命,为往圣继绝学,为万世开太平。’此哲学家所应自期许者也。况我国家民族值贞元之会,当绝续之交,通天人之际、达古今之变、明内圣外王之道者,岂可不尽所欲言,以为我国家致太平、我亿兆安心立命之用乎?虽不能至,心向往之。非曰能之,愿学焉。”[③]冯友兰将其抗战时期所做的六本书命名为《贞元六书》是意味深长的,它饱含着作者对国家、民族深深的大爱。这正是其学术创作的不竭动力。事实上,冯友兰终其一生都是在这种动力的推动下从事其学术活动的。“阐旧邦以辅新命”,正是其一生学术活动自觉追求的方向。

二、冯友兰审美价值论产生的理论渊源

任何一个学说体系的建立除了它赖以生成的时代土壤,其在理论上对前贤的承继亦是不可或缺之因素。就冯友兰的新理学体系而言,其美学思想的最直接关联因素就是其新理学的哲学立场(下节具体分析),而新理学体系的形成又有其固有的思想渊源和理论基础。冯友兰在晚

---

① 冯友兰:《三松堂全集》(第 3 卷),河南人民出版社 2000 年版,第 3 ~4 页。
② 冯友兰:《三松堂全集》(第 4 卷),河南人民出版社 2000 年版,第 337 页。
③ 冯友兰:《三松堂全集》(第 4 卷),河南人民出版社 2000 年版,第 463 页。

年所做的《三松堂自序》中说:“懂得了柏拉图以后,我对于朱熹的了解也深入了,再加上当时我在哥伦比亚大学所听到的一些新实在论的议论,在我的思想中也逐渐形成了一些看法,这些看法就是‘新理学’的基础。”①以此为线索,我们认为以下几种理论学说深刻地影响了冯友兰新理学体系的建构。

(一)程朱理学构成冯友兰新理学体系的思想渊源。冯友兰在《新理学》一书绪论中开宗明义地讲:“我们现在所讲之系统,大体上是承接宋明道学中之理学一派(程朱理学——引者注)。……我们是‘接著’宋明以来底理学讲底,而不是‘照著’宋明以来底理学讲底。”②所谓“照著”讲,是指对原来理论的重述,不得“越雷池半步”,其实质是对以往理论的机械模拟照搬;而“接著”讲,则是对原有理论的一种扬弃,它是继承与创新的统一。无论就冯友兰的立论角度,还是从其新理学体系的成果来看,冯友兰确是“接著”而非“照著”程朱理学讲的。其新理学体系(尤其表现在《新理学》一书中)以对殊相、共相问题的探讨而闻名学界。在西方,柏拉图首先对这一问题进行了深入研究。而在中国哲学中,这一问题却长期被忽视。虽然早在战国时代,公孙龙就触及了这一问题,其在《坚白论》《白马论》等文中阐明的“别同异,离坚白”“白马非马”等思想实际上就是对殊相、共相问题的探讨,但是他并没有进行深入细致研究。在此之后,这一问题沉寂了千年之久,一直到宋代程颐、朱熹才又重拾这一话题,并对它做了详尽的阐发。“新理学”就是“接著”程朱这一方面来讲的。共相、殊相或一般、特殊的问题在程朱理学中是以关于理、气问题的探讨表现出来的。程颐认为,理是第一性,而气是第二性的,理是气的根本,气从属于理。理是世界的本源,是万物据以生长、存在的不二法则。他说:“天下物皆可以理照。有物必有则,一物须有一理。”(《遗书》十八)“有理则有气。”“有理而

① 冯友兰:《三松堂全集》(第1卷),河南人民出版社2000年版,第234页。
② 冯友兰:《三松堂全集》(第4卷),河南人民出版社2000年版,第4页。

后有象,有象而后有数。”(《二程粹言》卷一)朱熹在程颐的基础上又进一步明确将理气之殊看成是形而上和形而下之别。他认为:“天地之间,有理有气。理也者,形而上之道也,生物之本也。气也者,形而下之器也,生物之具也。”(《答黄道夫》)冯友兰的新理学体系以“真际”指称形而上的理世界,以“实际”指称形而下的器世界,由此我们可以清楚地看到其与程朱理学的承继关系。此外,新理学体系的四个核心范畴,即理、气、道体、大全也主要来源于程朱理学。因此,我们认为程朱理学构成了冯友兰哲学体系的思想渊源。

(二)新实在论的影响。虽然程朱理学构成新理学体系的思想渊源,但在冯友兰看来,由于传统思维方式的限制,有些问题程朱讲得并不明确。正是借助于以新实在论为代表的西方哲学的理论武器,冯友兰对程朱理学做了进一步改造,使传统的理、气问题得以走出混沌,摆脱直觉思维的限制,从而获得了现代性的品格,这就显得更加明晰、严密,富有逻辑性。冯友兰讲:“在我的哲学思想中,先是实用主义占优势,后来新实在论占优势。”①最终其哲学思想转变为柏拉图式的新实在论。可以认为,新实在论构成了冯友兰新理学体系的理论和逻辑基础。

新实在论(Neo-realism)是20世纪初产生于英美的一种哲学革新思潮。它“是一种既坚持感性事物的实在性,又坚持抽象‘共相’的实在性的折衷主义哲学”②。代表人物在英国有摩尔、罗素,在美国以佩里、蒙塔古等“六个实在论者”为代表。冯友兰哲学思想中的新实在论因子主要来自蒙塔古的影响。冯友兰在《三松堂自序》中回忆当时在哥伦比亚大学留学时的情形时说:“杜威在那里讲实用主义,还有两位教授讲新实在论。因此这两派我比较熟悉。”③这里讲的两位教授其

① 冯友兰:《三松堂全集》(第1卷),河南人民出版社2000年版,第179页。
② 夏基松:《现代西方哲学教程新编》,高等教育出版社1998年版,第73页。
③ 冯友兰:《三松堂全集》(第1卷),河南人民出版社2000年版,第179页。

中之一就是蒙塔古。冯友兰不仅熟悉蒙塔古的思想,而且亲自翻译其著作,并以《孟特叩论共相》为题发表在1927年12月的《哲学评论》上。在这篇译文中,我们几乎可以见出冯友兰新理学理论体系的“原型”。蒙塔古在此文中赋予共相以本体论的地位,并且得出了对“新理学”而言至关重要的四个结论。我们试着将其与冯友兰的“新理学”做一对比。(1)共相是每一特殊事物存在的基础,在逻辑上,“此共相先于特殊的物或事而独立暗存”。① 不言而喻,冯友兰“新理学”之“理”在此相当于共相。其对真际、实际的划分,强调真际在逻辑上先于实际而存在,“有实际必有真际”,“有真际不必有实际”。② 这些观点正是对蒙塔古新实在论思想的中国式解读。在理与事关系问题的探讨上,冯友兰甚至直接沿用蒙塔古的哲学话语——“subsist”(潜存)。蒙塔古新实在论思想对冯友兰的影响由此可见一斑。(2)共相虽然暗存,但它并不存在于具体的时空中。关于这一点,蒙塔古解释说:“我们以为共相暗存,无论殊相实现之与否,但我们却不可以为暗存即是存在,不可以为共相存在,如另一种殊相然。”③蒙塔古的这一观点在冯友兰的“新理学”中是以关于“方”与“方底物”之区分的形式出现的。(3)共相不是主观的,它并不是人心中之思想。冯友兰在《新理学》一书中强调:“有许多理,其中本涵有可能底主观的成分。我们说它是可能底主观的成分,即是说它不是实际底主观的成分。”④将“可能底”主观的成分与“实际底”主观的成分进行区分说明冯对共相的认识与蒙塔古相似。(4)共相与具体的事物都是真实的,存在物之具体的存在,并不仅靠共相之复合。蒙塔古的这一论点,在冯友兰

① 冯友兰:《三松堂全集》(第14卷),河南人民出版社2000年版,第914页。
② 冯友兰:《三松堂全集》(第4卷),河南人民出版社2000年版,第21页。
③ 冯友兰:《三松堂全集》(第14卷),河南人民出版社2000年版,第915页。
④ 冯友兰:《三松堂全集》(第4卷),河南人民出版社2000年版,第164页。

的哲学话语中,可以表述为无论具体事物还是具体事物之“理”都是客观的,“我们的主张,可以说是一种纯客观论”。①

上述所论外,新实在论还在方法论上影响了冯友兰。阅读冯友兰的著作,我们会深切地感受到逻辑分析方法在其理论体系建构过程中的重要性。在方法的运用上,可以说冯友兰是地道的理性主义者。在冯友兰看来,他对哲学的兴趣是由重分析的逻辑学引起的,而在新实在论者看来,所谓分析,“就是发现一个实有体在某种意义下是由部分形成或组成的”②,“不可忘记,哲学特别依赖于逻辑”③。他们还在关于哲学的改革方案中提出了用词严谨、定义、分析、对逻辑形式的重视等七条忠告。由此可见,这些新实在论哲学家正是以逻辑分析方法作为其理论基石的。冯友兰之所以会选择新实在论,除了该派对共相、殊相的强调,其方法论上的特色亦是吸引冯友兰的重要原因。冯友兰讲:“形上学的正底方法,是以分析法为主,反观法为辅。分析法就是逻辑分析法。”④他还认为:“哲学乃自纯思之观点,对于经验作理智底分析、总括及解释,而又以名言说出之者。哲学有靠人之思与辩。”⑤由此可见“新理学”与新实在论在运思方式上的相似之处。当然,逻辑分析方法并不为新实在论一家所独有,它是整个西方哲学的优良传统。但冯友兰在方法论上受新实在论影响这点,则是毋庸置疑的。冯对逻辑分析方法的重视也受到维也纳学派的影响,这一点将在下文阐述。

通过以上的对比分析我们可以清楚地见出冯友兰新理学体系在理

---

① 冯友兰:《三松堂全集》(第4卷),河南人民出版社2000年版,第31页。

② (美)霍尔特等著,伍仁益译:《新实在论》,商务印书馆1980年版,第160页。

③ (美)霍尔特等著,伍仁益译:《新实在论》,商务印书馆1980年版,第28页。

④ 冯友兰:《三松堂全集》(第5卷),河南人民出版社2000年版,第202页。

⑤ 冯友兰:《三松堂全集》(第4卷),河南人民出版社2000年版,第6页。

论原则和逻辑进路上对新实在论的消化和吸收。我们认为,以蒙塔古为代表的新实在论构成了冯友兰新理学体系的思想基础。

(三)维也纳学派的启示、警醒作用。冯友兰对维也纳学派之逻辑分析方法是十分赞赏的,并将该学派作为运用“正底方法”之代表。冯在“新理学”中借鉴这一学派的方法也是相当自然的事情。但我们认为,维也纳学派之于“新理学”更重要的影响是它对“新理学”的启示、警醒作用。众所周知,《新知言》这部书是冯友兰讲哲学方法论的著作,在这部书中,冯友兰谈到了两种哲学方法:正的方法和负的方法。所谓正的方法即逻辑分析方法,其实质是讲形而上学的对象是什么。所谓负的方法,则不说形而上学的对象是什么,而只说形而上学的对象不是什么。“新理学”之所以对负的方法进行言说,是因为它意识到了逻辑分析方法的局限性。冯友兰在《中国哲学简史》中说:“我在《新理学》中用的方法完全是分析的方法。可是写了这部书以后,我开始认识到负的方法也重要……”①冯友兰之所以如此说,是因为在《新理学》中他遇到了理论困境。作为“新理学”核心范畴的“气”和“大全”是不可思议、不可言说的,用正的逻辑分析方法进行思议、言说显然是做不到的,于是冯友兰将目光转向负的方法。实际上早在未写作《新理学》之前,冯友兰就已经对负的方法有所关注,而这种关注恰与维也纳学派相关联。1933年冯友兰去英国剑桥大学讲演,碰到维也纳学派的宗师维特根斯坦,两人十分谈得来,“颇觉意味相投”,之所以谈得如此投机,(冯友兰讲)是因为他们两人在不可思议、不可言说问题上有着相同的兴趣。由此我们认为,冯友兰“新理学”在方法上之转向负的方法与维也纳学派有着密切联系。可以说,正是在维也纳学派的启示下,冯友兰才重新发掘出中国古代哲学的言说方式即负的言说。

冯友兰的“新理学”与维也纳学派也是有着本质区别的。在维也纳

① 冯友兰:《三松堂全集》(第6卷),河南人民出版社2000年版,第283页。

学派看来,形而上学的命题、概念都是没有意义的,因为它经不起逻辑的分析,因而应该取消形而上学,所谓哲学,其实不过是一种语言或科学论。嗜哲学如命的冯友兰显然不会同意维也纳学派的这种观点,因而他要“重建形而上学”。在他看来,维也纳学派对形而上学的批评不是没有道理的,他甚至讲:“他们的取消形上学的运动,在某一意义下,我们也是欢迎底。”①这里所谓的“某一意义”是就坏的形而上学而言的。坏的形而上学认为它能对实际做积极的肯定,因而能够增加人的实际知识。而真正的形而上学“必须是一片空灵”,它不在于增加人的实际知识,而重在人的境界的提高。可以说,正是在维也纳学派的警醒下,冯才对真正的形而上学有了明确的认识。冯友兰认为,真正的形而上学用维也纳学派的批评是不能取消的,“这还是就用正底方法底形上学说。至于用负底方法底形上学,更不在维也纳学派的批评的范围之内”②。在冯友兰看来,维也纳学派的某些论点,如维特根斯坦在其《逻辑哲学论》的最后说:“我的命题由下述方式而起一种说明的作用,即理解我的人,当其既已通过这些命题,并攀越其上之时,最后便会认识到它们是无意义的。(可以说,在其已经爬上梯子以后,必须把梯子丢开。)他必须超过这些命题,然后才会正确地看世界。”③这实际上就是在用负的方法讲形而上学。

综上,我们认为,正是在维也纳学派的启示、警醒下,“新理学”才克服了单纯用逻辑分析方法讲形而上学的理论困境,在方法论上才实现了由正转负,进而强调正负互补:“一个完全的形上学系统,应当始于正的方法,而终于负的方法。如果它不终于负的方法,它就不能达

---

① 冯友兰:《三松堂全集》(第5卷),河南人民出版社2000年版,第192页。

② 冯友兰:《三松堂全集》(第5卷),河南人民出版社2000年版,第191页。

③ (奥)路·维特根什坦著,张申府译:《名理论(逻辑哲学论)》,北京大学出版社1988年版,第88页。

到哲学的最后顶点。但是如果它不始于正的方法,它就缺少作为哲学的实质的清晰思想。"①这就实现了中西不同思维方式的交流融合,也使得"新理学"显得既可信又可爱,对于我们则具有重要的方法论启迪。

无论程朱理学、新实在论,还是维也纳学派,在冯友兰的"新理学"中都是作为"要素"而存在的,与"新理学"的有机整体相较显然居于从属的地位。陈寅恪讲:"其真能于思想上自成系统,有所创获者,必须一方面吸收输入外来之学说,一方面不忘本来民族之地位。"②冯友兰"新理学"的卓绝之处正在于融中西哲学之长,而又加以合理改造,因而显得圆融无碍,成就非凡。质之于以上三家学说而言,"新理学"借助于新实在论等西方哲学传统赋予程朱理学以现代形态,将其进一步发扬光大,同时借助程朱理学改变了新实在论的发展路向,将新实在论的多元共相变为一元共相,即新理学之"理"。在方法论上,"新理学"将东方重直觉轻概念的思维方式同西方重分析少诗意的思维方式相结合,实现了中西互补。凡此种种,均说明了冯友兰广阔的理论视野和对哲学之于人的精神境界之提高的深切期许。

三、冯友兰审美价值论产生的个人因素

以上背景的开列更多关乎冯友兰美学生成的"哲学因",在这一部分我们重在探讨其美学生成的"美学因"。实际上,冯友兰之哲学和美学是不可截然分开的,分开探讨只是为了论述的方便。毋庸置疑,冯友兰美学的生成首先与冯之哲学紧密相关,这一点我们在前文已有所谈及,在后面我们将给予重点探讨。在这里我们着重探讨的是冯友兰之个性气质与其美学思想生成的关系。我们认为,冯友兰的个性气质和生活

---

① 冯友兰:《三松堂全集》(第6卷),河南人民出版社2000年版,第288页。

② 冯友兰:《三松堂全集》(第3卷),河南人民出版社2000年版,第462页。

方式直接影响了其美学思想的生成。观冯友兰一生的生命历程，我们发现冯友兰始终对文学、艺术保持着浓厚的兴趣，这自然影响到其哲学、美学创作。设想一个对文学、艺术毫无喜好和鉴赏能力的人怎么可能形成关于美的系统见解！冯友兰显然不属于这一类。细读冯友兰的著作我们发现，以文学、艺术作类比是他行文的一贯风格，这不能不说是由其对文学、艺术的喜好所致。

冯友兰生于书香门第，自小受到良好的中国传统文化启蒙教育。早在年幼的时候，他就在自家私塾读完了《三字经》《论语》《孟子》《大学》《中庸》等经典著作，且熟读成诵，稍长又读完了《诗经》《书经》《易经》《左传》等著作。这样他打下了深厚的中国古典文学功底。冯后来在文章写作中对古典诗文的信手拈来与此不无关系。冯氏一门有作诗的传统。冯友兰的祖父、父亲、伯父均能做诗，至于其妹冯沅君、其女冯钟璞（宗璞）在文学上的造诣更是世人皆知。冯友兰本人亦能为诗、作文。他在年少时参加县里的入学考试，受到县官的称赞："你的文章很好。"①在北大读书时代同学做拟古诗，同学抄好后送给老师黄侃，黄阅后，"居然加圈加点，还写了赞赏的批语"②。以上可以见出冯友兰在诗歌方面的造诣。至于其在散文上的成就更是家喻户晓。无论是其20世纪40年代所做的《祭母文》《国立西南联合大学纪念碑碑文》，还是晚年写的回忆性散文《三松堂自序》均引起了一时轰动。事实上，冯友兰的哲学著作也散发着文学的光辉。任继愈先生认为，冯友兰有出色的文学诗学修养，"善抒情，为文似不经意，而洒脱自然超越古人藩篱"③。冯友兰的哲学著作明白晓畅，文笔简洁而又不

---

① 冯友兰：《三松堂全集》（第1卷），河南人民出版社2000年版，第28页。

② 冯友兰：《三松堂全集》（第1卷），河南人民出版社2000年版，第36页。

③ 任继愈：《〈冯友兰学记〉序》，载单纯、旷昕主编：《解读冯友兰》，海天出版社1998年版，第21页。

失古雅之美，虽然是用文白兼具的形式写成的，“然其修辞、用典、逻辑等方面都极为讲究，其文体有如‘行云流水’，读之者可收‘赏心悦目’之效”①。冯友兰终其一生对文艺保有浓厚兴趣，在晚年表现尤甚。冯晚年虽然目力全坏，听力也几近于无，但依然平静自如，“总处于一种怡悦之中”，“没人理时，便自己背诗文”。② 即使住院也依然喜欢吟咏诗词，“他在诗词的意境中似乎觉得十分安宁”③。如果一个人在其言说、行文过程中习惯于采取类比的形式，如欲说一个对接受者而言是陌生的事物甲，他不直接说甲如何如何，转而以另一个事物乙来解释之，那么我们认为这个作为类比的物乙之种种情状，必为言说者和接受者所共同认可且了然于心，物乙对于言说者来说尤其如此，否则他不会以之作为类比的对象。具体到冯友兰的行文风格而言，在其哲学言说中，冯友兰习惯于用文学、艺术的形式作为其哲学的类比对象，以此来阐释其理论主张。可以认为，“哲学—文艺—哲学”构成其行文的基本模式。我们试以冯友兰对形而上学负方法之讲述做一分析。

冯友兰在《新知言》第一章“论形上学的方法”中讲道：“真正形上学的方法有两种：一种是正底方法；一种是负底方法。……负底方法是讲形上学不能讲，讲形上学不能讲，亦是一种讲形上学的方法。……孟子说：‘不屑于教诲者，是亦教诲之而已矣。’《世说新语》说：‘谢公夫人教儿，问太傅：“那得初不见公教儿？”答曰：“我自常教儿。”’……此种讲形上学的方法，可以说是‘烘云托月’的方法。画家画月的一种方法，是只在纸上烘云，于所烘云中留一圆底或半圆底空白，其空白即是月。画家的意思，本在画月。但其所画之月，正在他所未画底地方。……用负底

① 单纯：《旧学新统：冯友兰哲学思想通论》，四川大学出版社 2005 年版，第 410 页。

② 宗璞：《九十华诞会》，载郑家栋、陈鹏选编：《追忆冯友兰》，社会科学文献出版社 2002 年版，第 226 页。

③ 宗璞：《三松堂断忆》，《读书》1991 年第 12 期。

方法讲形上学者，可以说是讲其所不讲。讲其所不讲亦是讲。此讲是其形上学。"①在这段论述中，冯友兰意在向我们解释何为形而上学之负的方法。为了说得清楚，他首先给予负的方法以哲学上的释义："负底方法是讲形上学不能讲，讲形上学不能讲，亦是一种讲形上学的方法。"然后他举中国古典文艺现象作类比。通过类比，冯友兰最后又用哲学的话语作结："用负底方法讲形上学者，可以说是讲其所不讲。讲其所不讲亦是讲。此讲是其形上学。"至此冯友兰完成了对负的方法之言说。我们认为，冯友兰这种"哲学—文艺—哲学"的言说模式深深地影响着其哲学见解，这也是其"新理学"蕴含美学因子的原因之一。

综上所论，我们认为，冯友兰独特的生活习惯及个性气质是构成其美学思想不可或缺的因素。冯友兰对文艺的喜好和高超的鉴赏能力，则直接催生了"新理学"之美学因子的萌芽。

第二节 冯友兰审美价值构成论

冯友兰的美学思想具有丰富的内容，无论是作为其哲学代表作的"六书"，还是作为其哲学史代表作的"三史"，抑或是其平时的哲学论文、日常书信往来，这其中都蕴含着丰富的美学因子。如冯在《新理学》一书中设专章论艺术，在《新知言》中列专章讲诗歌，在《中国哲学史新编》中设专章对王国维的美学思想进行评述。在评述过程中，冯阐发了自己的相关美学见解，典型的如冯友兰结合自身经历谈王国维的"意境"说，这实际上已是他自己的美学见解了。冯友兰在其哲学论文中对美学问题有所言说的有《从哲学观点看艺术——论艺术的创作和批评和教育》《论风流》《关于真善美》等，尤其是《论风流》一文，是

① 冯友兰：《三松堂全集》(第5卷)，河南人民出版社2000年版，第149～150页。

冯友兰大面积论述美学问题(关于人格美)的单篇论文,实是地道的美学论文;在冯友兰日常书信往来中能体现其美学见解的有《致李泽厚》一文。而目前对冯友兰美学思想研究的明显不足之处就是研究者们几乎千篇一律地将专注的目光放在前一个方面,而相对忽视后几个方面美学思想的存在。我们认为,《贞元六书》作为冯友兰哲学的代表作,其中所阐发的"新理学"见解在冯友兰哲学生命历程中起着承上启下的作用。它是对冯友兰以前哲学见解、主张的概括和继承,同时开启了冯其后哲学见解的先河。因而,在研究资料的运用上,我们将以《贞元六书》为主,同时兼及其他,以期对冯友兰美学思想有一较为全面、系统的把握。

尽管《贞元六书》的出版年份各不相同,时间跨度也比较大,如《新理学》出版于1939年,《新知言》出版于1946年,前后相差达七年之久,但由于我们意在对冯友兰美学思想进行总体观照,以理出其内在的逻辑,因而我们将以逻辑发展而不是依据时间先后来考量冯友兰美学思想。

通读冯氏著作,我们认为,方法论上的转型是冯友兰美学思想展开的内在逻辑,它直接影响着冯友兰关于美的理想和追求。

冯友兰对哲学的兴趣源于逻辑学。逻辑学"辨名析理"的学科特点,加以西方新实在论等哲学的影响,使得新理学体系的建构在方法论的选取上首推重逻辑分析的正的研究方法。这一点在冯友兰早期学术活动中表现得尤为明显,甚至可以说正的方法是冯友兰早期哲学活动选取的唯一方法。如他在20世纪30年代讲:"凡所谓直觉、顿悟、神秘经验等,虽有甚高的价值,但不必以之混入哲学方法之内。……故谓以直觉为方法,吾人可得到一种神秘的经验(此经验果与'实在'符合否是另一问题)则可,谓以直觉为方法,吾人可得到一种哲学则不可。"①但是随

① 冯友兰:《三松堂全集》(第2卷),河南人民出版社2000年版,第247页。

着冯友兰思考的深入,他逐渐认识到正的方法的弊端,典型如用这种分析方法不能阐释作为“新理学”核心范畴的“气”和“大全”,因为它们是不可思议、不可言说的。为了摆脱这种理论困境,在维也纳学派的启发下,他将视域转向中国传统哲学,最终在那里找到了“新理学”的另一种方法论支撑——负的方法,从而在方法论上实现了转型。负方法的引进给冯友兰带来了巨大的成功,它不仅解决了冯友兰理论上的困难,而且使其哲学显得更空灵而富有魅力。冯友兰在哲学方法论上的由正入负,进而强调正负互补的这种转型对其美学思想产生了重要影响,表现在以下两个方面:

第一,冯在方法论上对正方法的自觉追求,使得其哲学、美学具有浓郁的理性主义气质。正是通过“辨名析理”的逻辑分析方法,冯友兰在哲学上划分出了真际、实际两个既相区别又相联系的概念,进而强调“理”的先验性。哲学上对“理”的张扬,反映在美学、艺术上是冯友兰强调“美之理”的本体论,强调“艺术之本然样子”的艺术论,强调“技进于道”的诗论。方法论上正方法的引进反映了冯友兰哲学、美学研究上鲜明的科学主义立场。

第二,方法论上由正入负的转型,使得冯友兰对中国传统哲学、美学有了新的、更深的把握。“新理学”之“境界”,尤其是“天地境界”,不仅是一个哲学问题,更是一个生存意义上的美学问题,它彰显的是对人生之美的诗性找寻和对卑微现实的崇高救赎。负的方法之引进,说明冯友兰在其哲学、美学研究的科学主义立场之外,又重启了人文主义的新维度。

根据以上的逻辑线索,我们可以将对冯友兰美学思想的研究分成方法论、美论、艺术论、境界论四个方面,在此基础上对冯友兰美学的总体风貌进行宏观把握,最终则使用“理境交融”的方法加以概括。“理”即理性气质,强调其美学研究的科学主义立场;“境”即境界,是其人文主义的终极诉求。两者交融,反映出冯友兰融合中西又不失民族本位的学术追求。

一、审美价值之方法论

方法作为一种工具、手段和策略,对目的的达成具有至关重要的作用。在一定意义上讲,方法是否自觉及选择得是否恰当直接关乎既定目标、计划的实现及完满与否。黑格尔讲:“在生活中我们有了目的。于是我们便反复思索达到这个目的的种种方法。……按照目的,我们便决定达到这目的的手段或工具。”①哲学和美学研究当然也不例外。冯友兰在其哲学、美学研究中始终有着方法论的自觉追求,并且有一个由正入负进而强调两者结合的转变过程。在《新知言》中,他对新理学的方法论进行了探讨。在这部著作中,他纠正了《新理学》在方法论上单纯强调逻辑分析的片面性,转而认为形而上学的研究方法应该有两种:一种是逻辑分析的方法,也称正的方法;另一种是直觉主义的方法,亦即负的方法。用正的方法讲形而上学,“就是对于经验作逻辑底释义。其方法就是以理智对于经验作分析,综合及解释”。用负的方法讲形而上学,“可以说是讲其所不讲。讲其所不讲亦是讲。此讲是其形上学。犹之乎以‘烘云托月’的方法画月者,可以说是画其所不画。画其所不画亦是画”②。而真正完备的形而上学方法应是这两种方法的有机结合。在《中国哲学简史》中他说:“一个完全的形上学系统,应当始于正的方法,而终于负的方法。如果它不终于负的方法,它就不能达到哲学的最后顶点。但是如果它不始于正的方法,它就缺少作为哲学的实质的清晰思想。”③

我们认为,在冯友兰关于方法论的论述中,其用负的方法讲形而上学的研究方法对美学有着深刻的启示意义,甚至可以说负的方法本身就蕴含着丰富的美学意味。事实上,在目前关于冯友兰哲学美学方法论的

---

① (德)黑格尔著,贺麟译:《小逻辑》,商务印书馆1981年版,第74页。
② 冯友兰:《三松堂全集》(第5卷),河南人民出版社2000年版,第150页。
③ 冯友兰:《三松堂全集》(第6卷),河南人民出版社2000年版,第288页。

研究中,已有部分学者认识到了这一点。如彭锋认为,在并不多见的冯友兰美学思想研究中,研究者多重其用正的方法讲出来的与美学直接相关的东西,却相对忽视其用负的方法暗示出来的东西,这就遮蔽了冯友兰美学思想的丰富性和深刻性。事实上,与正的方法相较,冯友兰用负的方法"讲"哲学时透露出来的东西更具有美学意味。彭锋认为,冯友兰对天地境界的论述在很大程度上是一种审美境界,其所谓风流人格亦是一种审美人格。冯友兰这些极富有美学意义的论述,恰与其讲哲学时负的方法的自觉运用密不可分。① 李昌舒认为,冯友兰所谓负的方法是把握新理学最高哲学范畴——"大全"的根本方法,在冯友兰的哲学著作中,他将负的方法分为道、禅、诗三类,这其中蕴含着丰富的美学意义。具体而言,冯友兰所谓道家用忘分别、"去知"的方法把握同天境界,实际上是站在一种无限的立场观照有限,这种以"无"观"有"的思想正是"中国艺术的一切造境"(宗白华语);禅宗认为第一义不可言说,因而强调"悟"的方法,而此"悟"恰与审美直觉相似,中国古典美学即用"妙悟"指称审美直觉,而宗白华径直把"悟"作为审美的最高阶段,只有达此阶段,审美才真正诞生;诗的语言因其本身的暗示性、以言说不可说性决定了负的方法必然蕴含着丰富的美学意义,正是艺术(审美)而非思辨才使得天地境界的达成成为可能。② 在此立足于已有研究成果,对冯友兰"新理学"负的研究方法做进一步的美学阐释。

冯友兰在《新知言》中给出了负的言说方法的三种形式:道家的方法、禅宗的方法和诗的言说。在道家看来,作为形而上学意义上的"道"是不可思议、不可言说的,所谓"道可道,非常道;名可名,非常名。无,

① 彭锋:《可说的与不可说的——冯友兰与维特根斯坦美学的一种比较研究》,《衡阳师范学院学报》2006 年第 1 期。

② 李昌舒:《新理学负的方法的美学意义》,《安徽师范大学学报》2003 年第 4 期。

名天地之始;有,名万物之母”(《老子》第一章)。道、名、无、有这些都是不可讲的,但欲求人生的最高境界又必须对这些不可言说者有所言说,于是道家选择“去知”“坐忘”的方式以期达到对“道”的体认:“堕肢体,黜聪明,离形去知,同于大通,此谓坐忘。”(《庄子·大宗师》)“去知”“坐忘”的结果是“无知”。但这种“无知”并不是原始的混沌的无知,而是对“有知”的超越,是一种“后得底无知”。这种“无知”,“不是不知,亦不是没有对事物作分别。他是已作之又忘之。不知对于事物作分别,是其知不及此阶段。忘其对于事物所作底分别,是其知超过此阶段”。①只有经过这一阶段,才能达到“天地与我并生,万物与我为一”的圣人境界。禅宗作为一种“静默的哲学”,在禅宗看来,第一义是不可言说的,“因为第一义所拟说者不可说”。凡对第一义所拟说者作肯定就是死语。第一义虽不可说,但又必须对其进行表显和言说,否则便等于承认第一义不存在。如何才能得到第一义?“知第一义所拟说者为得到第一义。”这里的“知”,其真实含义是“悟”,并不是普通所谓知识上的知。“普通所谓知识之知,有能知所知的分别,有人与境的对立。悟无能悟所悟的分别,无人与境的对立,所以知第一义所拟说者,即是与之同体。”②在冯友兰看来,进于道的诗亦是用负的方法在讲形而上学,因为它能用可感觉者表显不可感觉只可思议者,如抽象之理,亦能用可感觉者表显不可感觉亦不可思议者,如道体和大全。进于道的诗其义不止于它所讲述的,“其所欲使人得到者,并不是其所说者,而是其所未说者”③。中国传统诗学所谓“得鱼忘筌,得兔忘蹄”“言有尽而意无穷”“言外之意,味外之旨”“不著一字,尽得风流”,说的都是这种意思。我们认为,冯友兰以上所谓负的方法具有重要的美学内涵,它具有以下

① 冯友兰:《三松堂全集》(第5卷),河南人民出版社2000年版,第56页。
② 冯友兰:《三松堂全集》(第5卷),河南人民出版社2000年版,第228页。
③ 冯友兰:《三松堂全集》(第5卷),河南人民出版社2000年版,第233页。

特点:

(一)直觉性。禅宗所谓“顿悟”,进于道的诗所谓“以可感觉者表显不可感觉只可思议者,以及不可感觉亦不可思议者”,突出强调的都是负方法的这种直觉性。这种直觉与其说是柏格森式的直觉,毋宁说是一种理性的直觉。在冯友兰看来,负的方法,亦即直觉主义的方法,与正的方法并不是截然对立的,它们两者是相互补充的。负的方法,“它不是反对理性的;它是超越理性的”①。因而,我们这里对负方法特性的概括准确的说法应是理性的直觉性,它是对作为正方法之特征的理性超越。我们认为,这种理性的直觉性具有重要的审美特性。它同作为美感特征之一的“潜藏着理性的个体直觉性”具有相通性。众所周知,个体直觉性是美感的显著特征之一。在审美活动过程中,人们对美的事物的欣赏是在对其形象的直观、直觉中进行的,但这种直观、直觉并不是通常所说的作为感知事物门户的感觉,而是一种高级形态的直觉,它是潜藏着理性内容的。马利坦在《艺术与诗中的创造性直觉》中通过分析“诗性直觉”的理性内涵,指出审美直觉中潜藏着理性的这一特点。他这样分析:“诗人这种对于客观实在的把握,不是通过概念和概念化的认识,而是通过一种隐约的认识。而这种隐约的认识,就是我称之为通过情感契合而达到的认识。”②所谓“隐约的认识”,实即潜存在直觉中的理性。结合冯友兰对负方法三种典型形态的论述,我们认为,负方法的这种理性直觉性的特征具有审美特征。

(二)神秘性。无论是道家用“忘分别”“去知”的方法对“道”的体认,还是禅宗对“第一义”的“顿悟”,无不笼罩在一种神秘的氛围之中。在李泽厚看来,“禅宗宣扬的神秘感受,脱掉那些包裹着的神学衣束,也

① 冯友兰:《三松堂全集》(第6卷),河南人民出版社2000年版,第288页。

② (法)雅克·马利坦著,刘有元、罗选民等译:《艺术与诗中的创造性直觉》,三联书店1991年版,第93~94页。

就接近于悦神类的审美经验了。不仅主客观浑然一致,超功利,无思虑;而且似乎有某种对整个世界与自身相合一的感受"①。这种看法无疑是有道理的。事实上,美是有不可言说性和神秘性的审美特征的。柏拉图发出的"美是难的"这句慨叹,固然反映出其对美之本体不易找寻的复杂心绪,但在我们看来,亦是对美之神秘性的体认。历史上,中外许多美学家、文论家甚至科学家对美的神秘性多有谈及。如梁启超讲:"须知美是多方面的,美是含有神秘性的。"②波德莱尔讲:"我发现了美的定义,我的美的定义。那是某种热烈的、忧郁的东西,其中有些茫然、可供猜测的东西。……神秘、悔恨也是美的特点。"③科学家爱因斯坦也高度肯定美的神秘性的存在。他在《我的世界观》一文中说:"我们所能有的最美好的体验是神秘的体验。它是坚守在真正的艺术和真正的科学发源地上的基本感情。谁要是不懂得它,谁要是不再有诧异和惊讶的感觉,他就无异于一个死人,无异于一支熄灭了的蜡烛。"④值得说明的是,这里的神秘性不是指"上帝"暗示之类的神秘性,而是指一种超理智、难以捉摸、只可领悟的神秘状态和使人精神激动、给人启发的神秘效应。作为负方法之特征的神秘性主要是就神秘状态而言的,它不是非理性、反理性的,而是超理性的。在我们看来,这种超越理性的神秘性同样具有审美特征。

(三)超越性。道家通过"离形去知"的负方法,强调从天之观点来看世间万物,所谓"圣人不由,而照之于天"(《庄子·齐物论》)。它讲的实

---

① 李泽厚:《中国古代思想史论》,天津社会科学院出版社2003年版,第199页。

② 陈引驰编:《梁启超学术论著集(文学卷)》,华东师范大学出版社1998年版,第215页。

③ (法)波德莱尔著,郭宏安译:《波德莱尔美学论文选·译本序》,人民文学出版社1987年版,第14页。

④ (美)爱因斯坦著,蔡怀新等编译:《爱因斯坦论著选编》,上海人民出版社1973年版,第457~458页。

际上是一种超越,亦即要在一个更高的层次上达到“天人合一”的境界。诗歌只有在其超越所呈现的具体感性形象而表显不可言说、不可思议的东西时才称得上是“进于道”的诗歌,所谓“超以象外,得其环中”(司空图《二十四诗品》)。追求超越性更是禅宗思想的精髓。唯其追求超越性,它才要“不立文字”,强调“顿悟”。唐代禅师青原惟信的名论:“老僧三十年前未参禅时,见山是山,见水是水。及至后来,亲见知识,有个入处,见山不是山,见水不是水。而今得个休歇处,依前见山只是山,见水只是水。”(《五灯会元》卷十七《青原惟信禅师》)这里讲的就是一个在参禅中不断超越的过程。冯友兰负方法表现出来的超越性具有审美特征,或者可以说这种超越性是负方法最主要的审美特征。在这一点上,我们赞同张世英先生对审美意识的论述。在《哲学导论》一书中,张先生认为,不应用主客对立式的思维方式看待审美意识,审美意识从本质上讲是人与世界融合的产物,其核心正在于超越性。普通所谓审美意识的直觉性、创造性、愉悦性、超功利性,“归根结底,都离不开对主客关系式或认识的超越”①。冯友兰负方法表现出来的超越性恰是以超越主客二元对立、强调人与世界的本源性融合为鹄的的,因而具有审美特征。

(四)浑整性。冯友兰在开列三种典型的负的言说方式之前,曾用绘画中的一种特殊技法——“烘云托月”的方法对负方法在总体上作了一种形象的说明。他讲:“画家画月的一种方法,是只在纸上烘云,于所烘云中留一圆底或半圆底空白,其空白即是月。画家的意思,本在画月。但其所画之月,正在他所未画底地方。……用负底方法讲形上学者……犹之乎以‘烘云托月’的方法画月者,可以说是画其所不画。”②这实际上揭示了负方法的另一个重要特征,即它是浑整的,而不像正方法那样条分缕析地对事物加以拆解以致显得破碎支离。道、禅、诗采取“去知”“顿悟”

① 张世英:《哲学导论》,北京大学出版社 2002 年版,第 112 页。

② 冯友兰:《三松堂全集》(第 5 卷),河南人民出版社 2000 年版,第 150 页。

"表显"的方式说其所不可说,这并不是对"不可说"的无可奈何,更不是对"不可说"的肢解,因为,"不可说"用直接的言语是难以实现的。虽如此,"不可说"在某种程度上又能够用负的方法"说",这是因为,"不可说"与"负的言说"之间具有一种本源上的、不可分的浑整性。这种浑整性是在(物的)"不可说"与(人的)"负的言说"之间纯粹的、灿烂的呈现,它是超越主客二元对立的,是对人与世界融合为一的高层次体认。杜夫海纳认为,美学的注意力应该把握其本原,即审美经验本身,正是审美经验开辟了人类通往科学和行动的道路,因为"它处于根源部位上,处于人类在与万物混杂中感受到自己与世界的亲密关系的这一点上"①。冯友兰负方法之浑整性是人与世界的亲密关系之体现,它与审美经验有着密切的关联,我们似可说浑整性是审美经验产生的起点。负方法之浑整性特征还可以从审美意识的角度进行考察。张世英强调"审美意识是人与世界的交融"②,这里的"交融"亦可用浑整性来替代,强调的都是存在论意义上的"天人不二"。还可以说,负方法之浑整性同审美意识有着密不可分的联系。

冯友兰的方法论不仅具有重要的美学内涵,而且对中国文论、美学的构建具有重要的借鉴意义。学者侯敏认为,未来中国诗学体系的建设"要重视中国美学诗性智慧所包含的整体性的模糊的直觉把握、领悟和体验的'负的方法',也应该重视西方诗学那样重知性的分析与逻辑的推理的'正的方法'"③。林衡勋则更进一步,在《道·圣·文论——中国古典文论要义》一书中将冯友兰的研究方法直接应用于中国古典文论的研究中,给人耳目一新之感。我们应该重视对冯友兰方法论的研究,以更好地服

---

① (法)米盖尔·杜夫海纳著,孙非译:《美学与哲学》,中国社会科学出版社1985年版,第8页。

② 张世英:《哲学导论》,北京大学出版社2002年版,第105页。

③ 侯敏:《有根的诗学——现代新儒家文化诗学研究》,上海人民出版社2003年版,第218页。

务于我们的学术研究和中国特色的美学、文论体系建构。

二、审美价值之美论

冯友兰的美论是与其哲学上的见解密不可分的，欲考量冯友兰之美论，必须审查其在哲学上的出发点。冯友兰在哲学上对"两个世界"，即真际、实际的划分和对共相、殊相的强调，直接影响了其关于美的见解。何谓真际与实际？冯友兰在《新理学》一书中给予了明确说明。他说："真际是指凡可称为有者，亦可名为本然；实际是指有事实底存在者，亦可名为自然。真者，言其无妄；实者，言其不虚；本然者，本来即然；自然者，自己而然。……属于实际中者亦属于真际中；但属于真际中者不必属于实际中。"①所谓真际，就是本来的样子。所谓实际，是对具体事物在逻辑上抽象后的总括，它同一般相类似。在这两个世界的划分上，冯友兰是偏重强调真际的，这与其在殊相、共相问题的探讨上重共相、轻殊相的立场是相一致的。真际、实际的划分是冯友兰哲学体系的原点，正是以此为出发点，冯友兰得出了其哲学体系的四个核心范畴——"理""气""道体""大全"。它们同真际一样是不拖泥带水的、纯形式的。在新理学的四个范畴中，我们需要着重指出的是"理"这一范畴，因为它与冯友兰的美论直接相关。众所周知，冯友兰的新理学是接着程朱讲的，其对"理"范畴的讲述亦复如是。程朱理学将世界一分为二，即形而上的理世界和形而下的器世界。在新理学体系中，冯友兰用真际、实际的划分替代程朱的理器二分。

由此我们可以近似地将冯友兰之"理"看作是一种形而上的东西，它是"本然而有，本来已有"的，是纯形式的，虽然没有积极的内容，在逻辑上却是先于事物而存在的，是事物存在的本源。很明显，新理学之理是对程朱理学之"理"和柏拉图、黑格尔之"理式""理念"在哲学上的继承和发

---

①　冯友兰：《三松堂全集》（第4卷），河南人民出版社2000年版，第9～10页。

展，这反映出冯氏在哲学上融会中西的一贯特色。美学与哲学有着天然的联系，可以说，哲学是美学的先导。一个人在哲学上的见解往往会对其美学思想的萌芽、形成、发展以至成熟产生直接影响，典型如康德、黑格尔。具体到冯友兰，这一点表现得也非常明显。冯友兰美学上对“美之理”本体论的强调是对其新理学之“理”的直接挪用和照搬。

冯友兰关于美的明确见解，首先见于《新理学》一书。在该书第八章中他讲：“所谓美之理，其中亦涵有可能底主观的成分。……有美之理，凡依照此理者，即是美底；正如有红色之理，凡依照此理者，即是红底。此即是说：凡依照美之理者，人见之必以为美；正如凡依照红色之理者，人见之必以为是红底。此时从宇宙之观点说。若从人之观点说，凡人所谓美者，必是依照美之理者，正如凡人谓为红者，必是依照红之理者。此所谓人，是就一般人说。人亦有不以红色为红色者，此等人我们谓之色盲。亦有对于美之美盲。色盲之人之不以一红色底物是红，无害于一红色底物之是红。美盲之不以一美底事物是美，无害于一美底事物之是美。”①

冯友兰在这里讲的实际上是他的美学本体论。所谓本体，亚里士多德在《形而上学》一书中给出了解释，在他看来，本体至少有四种含义：1. 本质，2. 普遍的东西，3. 种，4. 载体（hypokeimenon）。② 这四种含义在哲学上历来众说纷纭，但在将本质作为本体的首要规定这一点上学界的看法是基本一致的。对美的本体问题的探讨在一定意义上就是对美的本质的找寻。在冯友兰关于“美之理”论述的这段引文中，他实际上讲了两层意思：1. “理”是美的本质，事物之所以美，正是因为它对“美之理”的依照：“有美之理，凡依照此理者，即是美底。”2. 无论就宇宙的观点还是从人的观点来看，美之理都是客观的，它是不以个人的意志为转移的，“美盲之不以一美底事物是美，无害于一美底事物之是美”。虽然他也说了美之理含

① 冯友兰：《三松堂全集》（第4卷），河南人民出版社2000年版，第164页。
② 汪子嵩、王太庆：《关于“存在”和“是”》，《复旦学报》2000年第1期。

有“可能底主观的成分”的问题,但“可能底”这一用语的运用是意味深长的。相似的语句出现在这段引文的上段:“有许多理,其中本涵有可能底主观的成分。我们说它是可能底主观的成分,即是说它不是实际底主观的成分。”冯友兰在这里用“可能底主观的成分”作为其哲学范畴之“理”。尽管作如此强调,但在本质上,它依然是客观的,因为理之含有“可能底主观”,“它不是实际底主观”①,既如此,自然应讲其真际,真际则是纯客观的。冯友兰尽管表面上强调理含有“可能底主观的成分”,但实际上他是不会允许主观成分对其“理”之渗透的,否则将造成其整个哲学体系的尴尬,这显然是他所不愿看到的,因为新理学之“理”是冯友兰哲学立论的出发点之一,它是客观的、纯形式的、“经虚涉旷”的。在冯友兰的思想深处,新理学之“理”的客观性决定了其美论上“美之理”的客观性。冯友兰之所谓美之理其中亦“涵有可能底主观的成分”的说法不过是似是而非的说辞。虽然冯友兰有着深厚的文艺修养,但他在对美的言说过程中并没有认识到审美活动过程中美的特殊性。冯友兰的这种做法显然是在用“新理学”的框架拘束美之独特性。

如果站在冯友兰的哲学立场上来看美的问题,他的这种做法也无可厚非。当把美学纳入哲学之中,并作为它的一个有机部分的时候,自然会用哲学来统领一切,黑格尔美之“理念”说就是一例证。尽管我们强调美学与哲学的关联性,但美学显然并不等同于哲学,它有其独立存在的合法性,哲学重在求真,美学则意在寻美,哲学的本体也并不能直接等同于美之本体。冯友兰似乎意识到了这一问题,因为随着他在审美活动过程中对美的对象的深入探讨,他逐渐改变了从哲学角度拘束美的立场,因而也更符合审美的实际。当冯友兰固有的哲学主张不能解决审美的实际问题时,他并没有停止其美学探索的步伐。事实上,他对美的认识有一个逐步深化并且不断接近审美实际的转变过程。冯友兰另一处

① 冯友兰:《三松堂全集》(第4卷),河南人民出版社2000年版,第164页。

关于美的讨论出现在《论风流》一文中。他说:“凡美都涵有主观的成分。这就是说,美涵有人的赏识,正如颜色涵有人的感觉。离开人的赏识,不能有美,正如离开人的感觉,不能有颜色,此所谓不能,也不是事实底不能,而是理底不能。人所不能赏识底美是一个自相矛盾底名词,人所不能感觉底颜色,亦是一个自相矛盾底名词。”①在这段引文中,冯友兰认为“凡美都涵有主观的成分”,这显然是对前一阶段强调美含有“可能底主观的成分”的扬弃,由强调美之含有“可能底主观的成分”到“主观的成分”的这种变化,说明冯对美的论述开始越出其哲学的藩篱。联系语境,我们认为冯友兰所谓的“实际”是在其哲学用语范围内使用的,并不是我们通常所谓的“实际”。在冯友兰看来,“有主观成分的性质的内容,是不可以言语传达底。……我不能说,一个事物有什么性质是美。……我只能指着一个美底事物,说这就是美”②。冯友兰在这里的论述显然是就审美活动过程中具体的审美对象而言的。对审美活动过程中“主观成分”的认可,在冯友兰美学中具有重要的转折意义。它是对冯友兰前一阶段片面强调“美之理”的反拨,更为重要的一点是,冯友兰从此搁置了对美的本体找寻,更加关注审美活动的实际,在下文的论述中我们会更加清楚地认识到冯友兰的这种转变。

联系冯友兰著作的发表时间,我们会有一种有意思的发现。《论风流》一文发表于1943年。在同一年,冯友兰之《新原人》正式出版。该书的出版,在冯友兰的哲学思想进程中是一个标志性的事件,它具有承上启下的作用。正是以此书为契机,冯友兰突破了前一阶段用正方法讲形而上学的局限性,他从中国传统哲学和维也纳学派得到启示,转而开始强调用负的方法讲述形而上学的重要性。负方法不讲形而上学是什

① 冯友兰:《三松堂全集》(第5卷),河南人民出版社2000年版,第309页。

② 冯友兰:《三松堂全集》(第5卷),河南人民出版社2000年版,第309~310页。

么,而讲其不是什么,“烘云托月”是对此方法的形象概括。冯在《论风流》一文中对美的本体悬置与其负方法在哲学上的引进不无关系。维特根斯坦有句名言:“对于不可言说者,我们唯有保持沉默。”冯友兰在这阶段对美之本体的避而不谈,也许在于他意识到了本体的不可言说性。这也是冯友兰更加关注审美活动的实际原因之一。从此冯不再直接讲述美的本质是什么,而更多地就审美活动过程中具体的审美对象立论。

冯友兰第三次对美的典型论述出现在《关于真善美》(1944 年)一文中。“就普通所谓真善美说,‘真’是对于一句话说底,‘善’是对于一种行为说底,‘美’是对于一种形象说底。”①“关于美,我们只能说,‘美是使人有某种感觉的形象’。”“人不能专凭直觉说一句话是真,但可以专凭直觉说一行为是善,一形象是美。不过人可以离开人的感觉说善之所以为善,但不可以离开人的感觉说美之所以为美。这就是说,感觉并不是构成善的要素,但是构成美的要素。”②

如果说在《论风流》一文中冯对美的论述已从美的本体探讨过渡到审美活动过程中具体的审美对象的话,那么冯在此文中流露出的见解则说明他在更大程度上挣脱了用哲学之本体拘束美学本体的枷锁。可以认为,冯友兰之“美是使人有某种感觉的形象”是他立足于审美活动的实际形成的对美的最终看法。冯在上述引文中强调对美之欣赏靠人的直觉,强调审美对象的形象性,强调审美活动过程中主客观的统一性这些无疑都是很有价值的。对此有论者认为,冯的这些美学见解,“话虽简短,但大陆 20 世纪五六十年代的美学讨论,朱光潜先生所讲的美学理论,美是主客观的统一,也不过是这几句话的展开”③。这种评价虽然存

① 冯友兰:《三松堂全集》(第 5 卷),河南人民出版社 2000 年版,第 417 页。
② 冯友兰:《三松堂全集》(第 5 卷),河南人民出版社 2000 年版,第 420 页。
③ 金春峰:《冯友兰哲学生命历程》,中国言实出版社 2004 年版,第 4 页。

在溢美之嫌,却也在某种程度上说明了冯友兰美学见解的发人深省性。

综上,我们认为,冯友兰的美论经历了一个由强调"美之理"到强调美之形象性、直觉性和主客观统一性的转变过程,"美是使人有某种感觉的形象"可看作冯友兰立足于审美实际最终得出的美学见解。前一阶段是冯友兰哲学见解在美学上的直接套用,并不符合审美活动的实际,因而其失误也是很明显的。对于冯友兰在美之本体探讨过程中失误的原因,有论者认为,由于冯友兰将审美与认识相混淆,将审美问题的复杂性作了简单化处理,没能看到审美的独特之处,这就决定了他不可能解决美的本质问题。① 还有论者认为:"由于未能区分美的本质与审美对象,以至于冯先生的美论既不能贯彻其哲学主张,与新理学系统不协调,又显得有点混乱不清,没有达到探讨美的本质的目的。"②上述两位论者的观点都是非常有道理的。冯友兰在对美之本体的探讨过程中确是犯了审美与认识混同、美的本质与审美对象认识不清的错误。但这些还只是次要原因,在我们看来,冯友兰之所以会出现如此失误是因为他对美之本体作了简单化的处理。在对美的认识的最初阶段,冯友兰是从哲学的视域观照美学的,在他看来,哲学的本体显然存在并且是可以言说的,其新理学之"理"即可视为其哲学的本体,于是在美学本体上强调"美之理"也似乎显得是理所应当的了。冯友兰"美之理"的本体设置却是不符合审美实际的,否则他不会改变对美的看法转而强调"美是使人有某种感觉的形象"。这种转变过程恰说明冯友兰在早期没有认识到美之本体这一问题的复杂性。事实上,"美是什么"这一问题始终困扰着古今中外的许多美学家,可谓千古之谜。无论美在"理式"或"理念"(柏拉图、黑格尔),美在"关系"(狄德罗),美在"生活"(车尔尼雪夫斯基),还是"美即直觉即表现"说(克罗齐),均没有很好地解决这一问题。

① 陈望衡:《论冯友兰的美学本体论》,《中州学刊》2001年第2期。

② 严志明:《冯友兰的艺术论和美论》,《中州学刊》1996年第3期。

中华人民共和国成立以来,在20世纪50年代“美学大讨论”中形成的四大美学流派也没有解决这一问题。新时期以来,美学领域所谓“实践”“后实践”之争同样在美的本体上难以达成共识。面对美学在理论思辨和现实审美中的这种双重困境,有些学者甚至主张取消对美的本质的探讨。典型如杨守森先生,他在《美的本体否定论》一文中结合审美活动的实际情况对美的本体提出了质疑,认为“美的本体是不存在的”,“‘美’欺骗了‘美学家’”。[①] 冯友兰美论早期的“美之理”说是不符合审美活动实际的,他对美的这种本体言说是无力的。就这一角度而言,陈望衡先生对“美之理”说的评价似乎有些欠妥当,他说:“冯友兰先生的美学本体论实是中国宋代理学家的理本体的继承与发展,但同时又吸取了柏拉图、黑格尔的理念论,是中国美学史上很有特色的理论。”[②]这种评价在冯友兰之哲学意义上是非常贴切的,因为新理学之“理”确是对程朱、柏拉图和黑格尔的继承和发展。这种评价用在美学上却未必合适。我们承认冯友兰美学思想的重要意义,与其说是在“美之理”这一本体论上,毋宁说冯在境界论、方法论、艺术论、诗论上的诸多言说更具有美学的价值和启思。如果单纯看冯友兰“美之理”的观点,实在没有什么新鲜感可言。值得说明的是,我们否定冯友兰“美之理”说并不代表对其整个美论的否定,因为他的美论有一个走出“美之理”说并且不断完善的过程。冯友兰的不同寻常之处正在于他意识到了这种本体言说的机械性和不恰切性,转而关注人审美活动的实际,重视审美对象的独特之处,强调“美是使人有某种感觉的形象”。在我们看来,这才是冯友兰美论的真正价值所在。此外,冯友兰之“美是出于自然又高于自然”的观点及其对人格美的论述(这一点将在境界论一节谈及)也是其美论的不同寻常之处。

---

① 杨守森:《艺术境界论》,上海人民出版社2008年版,第300页。

② 陈望衡:《20世纪中国美学本体论问题》,湖南教育出版社2001年版,第231页。

三、审美价值之艺术论

冯友兰在其哲学言说过程中,对艺术时有论及。他对艺术的认识有一个转变的过程,在其哲学活动的早期(以《人生哲学》为代表),他依据人的欲望是否能够得以实现而将艺术分为实现于实际中的艺术和文学及美的艺术(fine arts)两类。其中第一类艺术又包括两类:一是实用的艺术(industrial arts),如工程、制造等;二是社会的艺术(social arts),如教育、制度等。[①] 这种对艺术的称谓无疑具有一种泛化的倾向。后来冯友兰对于艺术的认识逐渐由泛艺术的立场转到广义艺术上,它包括文学、音乐、绘画等诸多艺术门类,甚至宗教亦可视为艺术之一种,"只要大家以诗的眼光看它就可以了。……至于随宗教以兴之建筑,雕刻,音乐,则更有其自身之价值"[②]。我们对冯友兰艺术论的考察亦主要是在这一意义上着手的。大体而言,冯友兰的艺术论主要是站在哲学的角度对艺术的审视,他习惯于将艺术作为其哲学观点的例证,确如他自己所说:"艺术可以从许多观点去看,我是从哲学上的观点来看。"[③]冯友兰这种从哲学观艺术的立场将艺术放在一个形而上的层面上来把握,无疑是非常深刻的,他不同于一般论者对艺术的泛泛而谈。

早在20世纪40年代就有论者对冯友兰的艺术论加以关注。典型如朱光潜先生在《冯友兰先生的〈新理学〉》一文中对冯友兰的艺术论所谓"无字天书中底本然样子"进行了论述,但从其论述来看,朱先生显然是轻视冯之艺术论的。朱先生讲:"写这篇文章原来底动机是在批评冯先生的艺术论,因为要批评这一项,不能不审查他的出发点,他所根据底哲学。一讨论到哲学基本原则,艺术就变成一个枝节问题,在篇幅分量

---

① 冯友兰:《三松堂全集》(第2卷),河南人民出版社2000年版,第224页。
② 冯友兰:《三松堂全集》(第2卷),河南人民出版社2000年版,第19页。
③ 冯友兰:《三松堂全集》(第11卷),河南人民出版社2000年版,第449页。

上不能占到过重底位置。"①审查冯友兰艺术论的出发点不可谓不正确，然讲其艺术论是一个枝节问题，则是我们所不赞同的，这也是冯友兰对朱文表示失望的原因。冯友兰讲："因为美学是朱先生所特别专长底。我很希望他在此方面多予指示。……而这篇文章，对于《新理学》讲艺术底部分，所说极少。说句笑话，这真可谓'下笔千言，离题万里'了。"②事实上，冯友兰对其艺术论是相当重视的。他在《新理学》自序中曾讲到该书艺术一章写毕曾交付闻一多、朱自清等人审阅，在其晚年亲自编订的自选集中亦将《新知言》论诗一章纳入其中，由此可见冯友兰对其艺术论之倚重。冯友兰对艺术诸多问题的论述不仅涉及艺术的一些根本问题，而且反映了冯友兰美学在融合中西的同时又不失民族本位的价值取向，又构成其境界论的先导。

（一）论艺术的两个层次

冯友兰对艺术的论述可以分为在艺术内讲艺术和在艺术外讲艺术两个层次。在艺术内讲艺术是冯友兰从艺术创作、欣赏的实际出发对艺术相关问题的观照，以揭示艺术之为艺术的独特性。在这一层次上冯友兰主要讲了艺术的层级、艺术的创作和欣赏、艺术的风格等问题。

在艺术的层级问题上，冯友兰继承其新理学体系对共相、殊相问题的探讨，从中国传统美学关于艺术之技与道的论述中得到启示，他将艺术分为"止于技的艺术"和"进于道的艺术"两类。冯友兰认为，"止于技的艺术"（典型如讽刺画）只是表显出某一个体之特点，虽能激动人心，但由于没有透过个体表显出事物的类特征，故此类艺术"只是技，而不能进于道"。"进于道的艺术"，则重在表显某一事物所属的类特征。结合杜甫的《丹青引》，冯友兰举例说，曹霸画马之所以能够做到"一洗万古凡马空"是因为他借一匹马表示出了马之神骏之性的类特征，因而能

① 冯友兰：《三松堂全集》（第5卷），河南人民出版社2000年版，第490页。

② 冯友兰：《三松堂全集》（第5卷），河南人民出版社2000年版，第297～298页。

够“使观者见此个体底马，即觉马之神骏之性，而起一种与之相应之情，并仿佛觉此神骏之性之所以为神骏者”①。由此可见，艺术之技与道区分的关键正在于是否表显出事物的共相。这与文学、艺术理论中的典型学说大致相似。所不同者在于，艺术中的典型学说强调个别与一般的统一，而冯友兰在此强调更多的似在共相、一般。

在艺术的创作问题上，冯友兰认为“艺术底活动，是对于事物之心赏或心玩”②，它是带有人的情感因素的，艺术家将其心之所赏所玩者用一种艺术技巧表示出来就是艺术作品，而比兴则是艺术家在创作过程中常用的艺术技法。冯友兰关于比兴的看法有继承传统的地方，如他认为：“说一别事物以喻某事物，谓之比。说一别事物以引某事物，谓之兴。”这与中国诗学主张是基本一致的。中国传统诗学认为：“何谓比？盖写物以附意，扬言以切事者也。”（刘勰《文心雕龙·比兴》）“比者，以彼物比此物也。”（朱熹《诗集传》）“兴者，起也；取譬引类，起发己心，诗文诸举草木鸟兽以见意者，皆兴辞也。”（孔颖达《毛诗正义》）冯对比兴的看法与传统的不同之处在于，他对艺术创作过程中之所以能用比兴的原因在哲学上进行了深层探析。在他看来，一种别的事物之所以可喻或可引某事物是因为“此别事物与此某事物在某方面同是某一种底事物，有相同底性，而此性正是此诗人所拟表示者”③。艺术家在创作过程中是持一种旁观的、超然的态度的。哲学家对于事物的态度亦是如此。所不同者在于，哲学家以超然、旁观的态度分析事物，意在对事物有所知，艺术家对于事物“惟欲赏之玩之”④。相比而言，我们认为，哲学家对待事物的功利性要强一些，艺术家在创作过程中则是无功利的。

---

① 冯友兰：《三松堂全集》（第4卷），河南人民出版社2000年版，第151页。
② 冯友兰：《三松堂全集》（第4卷），河南人民出版社2000年版，第151页。
③ 冯友兰：《三松堂全集》（第4卷），河南人民出版社2000年版，第153页。
④ 冯友兰：《三松堂全集》（第4卷），河南人民出版社2000年版，第152页。

在艺术欣赏方面,冯友兰强调“好底艺术作品,必能使赏玩之者觉一种情境。境即是其所表示之某性,情即其激动人心,所发生与某种境相应之某种情”①。这种对情境的强调实际上是对艺术欣赏过程中主客交融(如果可以称作主客的话)的哲学化解释。冯友兰认为真正好的艺术作品还不仅限于以上所说之情境,离开作品所写内容,单是形式本身亦可使人生某种之情。因而我们可以说,冯友兰在艺术欣赏方面对艺术的具体品评是从内容、形式两方面着眼的。由此我们转到冯友兰对艺术风格的论述。

在冯友兰看来,所谓艺术风格,主要是艺术作品形式方面本身所引发的人的心意感受。他讲:“一艺术作品之本身所能使人感觉之某种情境,如雄浑或秀雅等,即此艺术作品之风格。”②这与我们普通对风格的论述是不同的。普通所谓风格,多从创作者角度立论,以突显其独特的创作个性。如扬雄所谓“言为心声,书为心画”,布封强调“风格即人”,均是就作家的创作个性而言的。冯友兰对风格的论述从形式角度立论颇能见出其艺术论的独具只眼处。

由以上分析,我们可以看出,冯友兰站在艺术内讲艺术,对艺术的层级、艺术的创作和欣赏、艺术风格的诸多论述均是符合审美活动过程中艺术的实际情况的。冯友兰对这部分的讲述,确乎如有的论者所言:“是冯先生美学思想中最纯粹的部分。”③站在艺术内讲艺术,是从艺术作品的实际入手展开的对艺术的考评,它突显的是艺术不同于其他上层建筑的独特性。而站在艺术外讲艺术,实是将艺术同其他上层建筑放在相同的位置,从哲学的立场对其进行的考察,这是冯友兰讲艺术的另一

① 冯友兰:《三松堂全集》(第4卷),河南人民出版社2000年版,第153页。

② 冯友兰:《三松堂全集》(第4卷),河南人民出版社2000年版,第153页。

③ 彭锋:《冯友兰美学思想的三个层次》,《衡阳师范学院学报》2002年第1期。

种境界。在这种境界里冯友兰主要论述的是艺术的本质问题。在论述之前,我们需要说明的是,冯友兰对艺术本质的看法同样有一个转变的过程。冯在其早期的代表性著作《人生哲学》(1926 年出版)一书中讲:“艺术者,人所用以改变天然的事物,以满足人自己之欲,以实现人自己之理想者也。”①这是冯站在泛艺术论的立场上对艺术的界定。及至新理学时期,受其哲学思想的影响,冯转而强调“艺术之本然样子”。所谓本然样子,即“不是作品底作品”②。它不是实际存在的,它只存在于真际中。这里所谓“样子”是对朱熹“文字自有一个天生成腔子”(《语类》卷一百三十九)之“腔子”的改造,二者均含有空虚、非实际的意思,但因“腔子”一词又有“套子”的意思,用它容易给人一种套套子的错觉,所以冯友兰用“样子”一词取而代之,以此指称“不是作品底作品”。虽然我们讲冯友兰站在艺术外讲艺术主要讲的是艺术的本质问题,但也不限于此。事实上,冯在这部分对艺术的讲述是有着丰富内容的。我们尝试运用艾布拉姆斯艺术活动四要素说的观点考评冯友兰在这一层次上对艺术的诸多言述。艾氏在《镜与灯——浪漫主义文论及批评传统》一书中认为:“每一件艺术品总要涉及四个要点,几乎所有力求周密的理论总会在大体上对这四个要素加以区辨,使人一目了然。”这四个要素即作品、艺术家、世界和欣赏者。我们以此为视角从这四个方面考察冯友兰的艺术观。所不同者在于,艾氏所谓世界“是由人物和行动、思想和情感、物质和事件或者超越感觉的本质所构成”③,我们这里对“世界”一词的运用主要就形而上层面而言,即哲学世界。

其一,鉴于冯友兰对艺术的观照立场,我们首先从形上层面展开对

① 冯友兰:《三松堂全集》(第 2 卷),河南人民出版社 2000 年版,第 224 页。
② 冯友兰:《三松堂全集》(第 4 卷),河南人民出版社 2000 年版,第 154 页。
③ (美)M. H. 艾布拉姆斯著,郦稚牛等译:《镜与灯——浪漫主义文论及批评传统》,北京大学出版社 2004 年版,第 4 页。

冯友兰艺术论的考评。众所周知，冯友兰哲学活动的展开是由其对逻辑学的兴趣引起的，而共相殊相问题恰是逻辑学中的重要问题，冯友兰终其一生对此抱有浓厚的兴趣。在其新理学时期，冯友兰对"真际""实际"的划分，对"理"范畴的强调均与此相关。在共相、殊相(冯友兰有时用"个体"一词指称)两者的地位上，冯友兰是偏重强调共相的，反映到艺术上，冯友兰必然要强调艺术的共相。他讲："艺术作品的主要目的，艺术之所以有价值，就在表现共相，而那共相不一定是被一般人所注意的。"①在艺术上之所以强调共相，在他看来是因为"共相是理想的，个体是现实的；共相是完全的，个体是不完全的"②。冯友兰对"艺术之本然样子"的强调也与其哲学立场相关。因为冯友兰所谓"真际"是本然的，不着实际的，亦是理想的，完全的。可以认为，本然样子是最完满的共相，"艺术之本然样子"的提出是对"艺术表现共相"观点的升华，也是在形而上学层面上对"何谓艺术"的本体追问，它实际上构成了冯友兰美学思想中艺术的本体论。尽管有其神秘色彩，但它是异常深刻的。诚如有的论者所言，冯友兰"作为哲学家，他较一般的艺术家更深入地探讨艺术的本质"③。

其二，从作品的角度看冯友兰关于艺术的论述，涉及艺术的门类、题材、语言等问题，其根本目的在于探讨艺术作品本然样子之"一"与"多"的问题。

如上所说，冯友兰认为有艺术的本然样子，这是就类的观点而言的。艺术又有许多"别类"，它可包括文学、音乐、绘画、舞蹈等众多艺术门类。在这些艺术门类中，又各有其本然样子，如有文学的本然样子、音乐的本然样子等。文学的本然样子即"不著一字"之文学，音乐之本然样

---

① 冯友兰：《三松堂全集》(第11卷)，河南人民出版社2000年版，第450页。
② 冯友兰：《三松堂全集》(第11卷)，河南人民出版社2000年版，第449页。
③ 陈望衡：《论冯友兰的美学本体论》，《中州学刊》2001年第2期。

子是“无声之乐”。冯友兰所谓“题材”，是指“一艺术作品所拟表示之某性”。他认为，艺术作品之每一题材“在一种工具及一种风格之下，都有一个本然底艺术作品，与之相应”①。如有春思题材之本然样子，有闺怨题材之本然样子等。春思、闺怨诸题材讲其本然样子尚好理解，因为它们是就一类事物而言的，即使完全叙述个体事物题材的作品亦有其本然样子。冯友兰以李白《赠汪伦》一诗为例讲，李白赠汪伦虽然是在叙述个体的行为，但“汪伦送李白，亦是一事，此事亦属于某类，属于某类，即有某性”，既属于某类之某性，就有其本然样子。冯友兰在这种探讨的基础上得出了历史和历史诗的区别，他认为：“历史之目的在于叙述某事，而历史诗之目的在于表示某事之某性。”②这与亚里士多德认为历史家之职责在于描述已发生的事而诗人之职责在于叙述可能发生的事之观点相类，均是对艺术之理想性、超越性和完满性的标榜。就艺术之同一题材而言，不同的艺术门类有不同的表达方式，在这同一题材之下，不同艺术门类是否都有其本然样子呢？冯友兰认为是有的。由此我们转入艺术的语言问题。我们所谓艺术语言是就各艺术门类用其独特的工具、技法对同一题材的表现而言的，如文学的语言、绘画的语言等。冯友兰以“闺怨诗”为例说明艺术的语言问题。他认为，“闺怨诗”之共类有一本然的样子，但由于此题材可用中国言语表示，亦可用外国言语表示，故这些别类同样有其本然样子。“若专就‘闺怨’诗说，本然样子是一；若就可用各种言语表示之‘闺怨’诗说，本然样子是多；若两方面都说，一多不相碍。”③冯友兰用“一多不相碍”的说法试图解决艺术作品实际存在本然样子之“多”与其本体存在本然样子之“一”的关系问题，显示出冯友兰美学思想中一贯的开放性和包容性。

---

① 冯友兰：《三松堂全集》（第4卷），河南人民出版社2000年版，第154页。
② 冯友兰：《三松堂全集》（第4卷），河南人民出版社2000年版，第156页。
③ 冯友兰：《三松堂全集》（第4卷），河南人民出版社2000年版，第160页。

其三,从艺术家角度看冯友兰的艺术论。冯友兰认为,艺术之本然样子是艺术家创作的准绳:“每一个艺术家对于每一个题材之作品,都是以我们所谓本然底艺术作品为其创作的标准。”①这种艺术的本然样子是天地间之至文,它是“不著一字”的。艺术家在创作过程中能接近或达至艺术的本然样子,就是古语所谓“文章本天成,妙手偶得之”。以诗为例,冯友兰认为,历史上伟大的诗人均是依照诗之本然样子作诗的,常人所取得的成就之所以不如伟大诗人的是因为他们以伟大的诗人之诗为依照,而没能窥探出诗之本然样子。由此我们转到艺术的模仿问题。冯友兰显然认为,艺术应该模仿(冯友兰用“依照”一词表示)艺术之本然样子。以山水画中诗人或画家对自然界之远山处理为例,他认为,这些诗人、画家“其所咏所画,自是自然界中底远山。但其所做之诗,或所画之画,所取之标准,或所应取之标准,却不是其所咏或所画之自然界中底远山,而是一最好底对于自然界中底远山之诗或画。此最好底对于自然界中底远山之诗或画,不必实际地有”②。这里所谓“一最好底对于自然界中底远山之诗或画”实是指远山之诗或远山之画这一题材的“本然样子”,因为它“不必实际地有”。将冯友兰之模仿说同柏拉图之模仿说相比较,我们会发现冯友兰对柏拉图借鉴的痕迹,尽管冯友兰可能完全没有意识到这一点。柏拉图认为艺术是对理式模仿的模仿,以床为例,他认为床有理式之床、现实之床和画家所画之床三类,画家所画之床以现实中的床为蓝本,而现实之床的存在又是依据床之理式的,因而画家所画之床是对理式模仿的模仿。冯友兰抛弃了艺术对现实的模仿这一中间环节,径直认为艺术家创作是依照其本然样子进行的。在艺术是对一种最高实体的模仿上两人的观点是基本一致的,但他们又有着明显的不同。在柏拉图看来,因为艺术是对理式模仿的模仿,所以它

① 冯友兰:《三松堂全集》(第4卷),河南人民出版社2000年版,第155页。

② 冯友兰:《三松堂全集》(第4卷),河南人民出版社2000年版,第161~162页。

是不真实的,和真理隔了两层。而冯友兰则认为,艺术是能够表现"真理"的,只要艺术家在创作过程中依照其本然样子进行创作,艺术就能够由技入道。

其四,从欣赏者的角度考察冯友兰的艺术论,可以看出冯友兰亦是从其艺术之本然样子的立场持论的。冯友兰讲:"我们所谓至文,及'不著一字'之诗,亦是一张白纸,常人不能读,必才人乃能读之,他不但能读之,且能约略写出,使人读之。"①也就是说,只有才人才能领略艺术之本然样子。何谓才人?冯友兰释才为"一个人的天资"②,据此我们可以认为,所谓才人,就是天生在某些方面有所专长的人。冯友兰讲:"一个人在某方面底才,有大小的不同。……在某方面有很大底才者,我们称之为某方面底天才。"③由此可见,冯友兰所谓才人兼具欣赏者和创作者的双重身份。才人主要是就艺术之本然样子而言的,但毕竟能读"无字天书"的才人是极少的,生活中更多的是"一般人"。一般人是否也能接近这种艺术之本然呢?答案是肯定的。冯友兰认为,一般人在欣赏过程中倘能做到"设身处地",即能做到一读某作品,即"立刻仿佛见某种境,而起与之相应之某种情,并仿佛见此种境之所以为此种境者",如此即能窥探艺术之本然样子。何谓"设身处地"?以诗为例,冯友兰讲:"所谓设身处地者,即我们亦须仿佛有一种经验,如诗人做某诗时所有者……如不能设身处地,不能仿佛有一种经验,如诗人做某诗时所有者,则对于诗人之某诗,决不能有深切底了解、欣赏。"④如何才能做到"设身处地"?冯友兰没有明确说明。我们认为,欣赏者唯有从现实的功利态度中走出,做到今道友信所谓"日常意识的垂直切断",才能在欣赏过程

① 冯友兰:《三松堂全集》(第4卷),河南人民出版社2000年版,第158页。
② 冯友兰:《三松堂全集》(第4卷),河南人民出版社2000年版,第598页。
③ 冯友兰:《三松堂全集》(第4卷),河南人民出版社2000年版,第379页。
④ 冯友兰:《三松堂全集》(第4卷),河南人民出版社2000年版,第157页。

中真正做到"设身处地"。这符合审美活动的实际，也符合冯友兰论述的内在逻辑。

以上是冯友兰站在艺术内、外两种立场上对艺术相关问题的探讨。在此基础上，他提出了关于艺术作品的具体评判标准问题。冯友兰认为，对于一件艺术作品的实际评判有以下标准："从宇宙之观点说，凡一艺术作品，如一诗一画，若有合乎其本然样子者，即是好底；其是好之程度，视其与其本然样子相合之程度，愈相合则愈好。自人之观点说，则一艺术作品，能使人感觉一种境，而起与之相应之一种情，并能使人仿佛见此境之所以为此境者，此艺术即是有合乎其本然样子者。其与人之此种感觉愈明晰，愈深刻，则此艺术作品即愈合乎其本然样子。"①

冯友兰在这里给出了评判艺术的两种标准：第一，从宇宙的观点来看，若一件艺术作品能够接近或符合其本然样子，就是好的作品；第二，从（一般）人的观点来看，若一件艺术作品能使人感觉出某种境，并同时生发出相应之情，就是好的作品，因为，在这种境—情的互渗交融中，人得以从殊相中超出而领略到事物所属的类特征。冯友兰之第一个标准，实是我们所说的从形而上的视角对艺术作品的观照，他试图为具体艺术作品的评判定一个客观的标准。冯友兰所定的这个标准，虽然如有些论者所言"并没有给出任何判断艺术作品是否合于其本然样子的信息"②，但我们认为，这一标准的设置依然是有意义的。它实际上强调的是艺术不应该媚俗，不应该沦为娱乐的玩偶或政治宣传的工具，它应该有一种形而上的追求，这就为它设置了一个至高的标度。冯友兰的第二个标准，实是我们所说的从欣赏者的角度对具体艺术作品的考察。虽然冯友兰所谓的"境"同中国古典美学之"境"不同，它主要指事物之某性，而"境"在中国古典美学中则主要指艺术创造的一种诗性精神空间，但在

---

① 冯友兰：《三松堂全集》（第 4 卷），河南人民出版社 2000 年版，第 162 ~ 163 页。

② 彭锋：《冯友兰美学思想的三个层次》，《衡阳师范学院学报》2002 年第1 期。

强调欣赏过程中的主客(如果能称之为主客的话)浑然这一点上,两者则是一致的。我们可以认为,在欣赏过程中,冯之强调境—情互渗交融的观点是对传统诗学之物我交融主张在哲学上的一种升华。一个从哲学上立论,一个在诗学上标榜,二者殊途而同归,共同指向审美活动过程中的超越性。

(二)论艺术之“文”与“质”

在中国古典美学中,文、质主要是就文艺作品的感性形式和具体内容而言。冯友兰对“文”与“质”的论述与中国古典美学不同,它肇始于冯友兰的社会文化哲学。冯的社会文化哲学主要从类的观点看待东西文化。从这一角度出发,冯友兰认为,所谓东西文化之别,实是古今之异,东方是“生产家庭化底”社会,西方是“生产社会化底”社会,中国要现代化是要从“生产家庭化底”社会进到“生产社会化底”社会,并不是单纯的“西化”。每一民族的文化都有其“文”和“质”。质是文化的实质性内容,文是文化的外在形态和样式。① 中国文化的现代化主要是就文化“质”的方面而言的,其文化之“文”则是需要加以保持的。因为东西文化在“质”方面的差异是程度的不同,在“文”方面的差异则是花样上的不同。程度有高低之分,低者自然需要加以改进,“不如是不足以保一民族的生存”②。花样之不同则无高低贵贱之别,因而应加以保留,“不如是不足以保一民族的特色”③。

以上是冯友兰从文化的类特点出发看待东西文化及中国文化的现代化的,并不是我们论题的直接指涉,但它构成我们考察冯友兰论艺术之“文”与“质”问题的起点。在探讨完东西文化之别后,冯友兰说:“清末人常用‘体’‘用’二观念以谈文化。我们于此,可用‘文’‘质’二观

① 陈战国:《冯友兰哲学思想研究》,北京大学出版社1999年版,第288页。
② 冯友兰:《三松堂全集》(第4卷),河南人民出版社2000年版,第278页。
③ 冯友兰:《三松堂全集》(第4卷),河南人民出版社2000年版,第278~279页。

念,以说明我们的意思。一个社会的生产方法、经济制度以及社会制度等,是质。它的艺术、文学等,是文。……一个建筑所用底建筑材料是质,一个建筑所取底式样是文。文是关于花样底不同者。从关于质底类的观点看,文是不主要底。但从一个体,一社会,或一民族的观点看,文却是重要底。”①

冯友兰在这里明言,所谓质,指的是一个社会的经济基础及社会制度等,而文指文学、艺术等。文与质的概念又是相对使用的,以文学艺术为例,就冯友兰社会、文化哲学的观点看,它可归于“文”,就其自身而言,文学艺术又有其“质”。

以抒情性作品为例,其所要抒发的情感是“质”,其却有诗、乐、舞等不同的表现形式,这些是“文”。冯友兰突出强调了文学、艺术之于人类全体及各民族的重要性。就前者而言,冯友兰强调,文学、艺术虽然是人们生活中的点缀和花样,但“这些花样,能开拓人的心胸,能发抒人的情感,能使人歌,能使人哭”②。这就点到了文学、艺术在安顿人之精神方面的重要作用,因而它是必不可少的,否则人只能像动物那样生存。就文学、艺术之于一个民族的意义而言,冯友兰强调对民族文学的看法。他认为,一个民族有其独特的历史传统、生活环境、语言习惯和文化心理,这些较其他民族而言都是独一无二的,因而冯友兰强调各民族必须在自己的文学、艺术中“得到充分底愉快”,“一个民族必须宝贵它自己底文学艺术”。③ 冯友兰对民族文学的看法是辩证的,一方面强调各民族应该珍惜、重视自己的民族文学,另一方面又指出,“宝贵”民族文学并不是要抱残守缺,将其视为一种僵死之物而送入博物馆,“我们此所

① 冯友兰:《三松堂全集》(第4卷),河南人民出版社2000年版,第280页。
② 冯友兰:《三松堂全集》(第4卷),河南人民出版社2000年版,第280页。
③ 冯友兰:《三松堂全集》(第4卷),河南人民出版社2000年版,第283页。

谓宝贵,是把一种东西当成活底东西,养育培植,叫它生长发展"①。民族文学必须不断求新、求变,才能不断发展。

民族文学是这样,具体的文学艺术本身也是这样。冯友兰由此谈到了对五四新文学的看法。在他看来,新文学求新文体、新花样是必要的,却不应该拘囿于西洋文学,"民初以来,新文学家的毛病,是专在西洋文学中找新花样"②。新文学即西洋之欧化之文学这种看法是错误的。因为新文学之改革是要在程度即"质"上实现现代化,如采纳新式标点、新名词、新观念等,并不是要在花样即"文"上实现现代化,而且,花样之现代化在事实上也是不可能的。文学、艺术之花样上的差别是不可也不必改变的。在新文学中,冯友兰重点谈及了对新诗和普罗文学的看法。在他看来,新诗之所以在新文学中成绩最不见佳恰是因为作诗者欧化倾向过于明显,"令人看着,似乎是一首翻译过来底诗",而不能给人以感动,这种新诗是"更贵族底,更死底"。③

冯友兰认为普罗文学有两种:"一是鼓吹或宣传无产阶级革命底文学;一种是可以使无产阶级底人可以得到一种感动底文学。"第一种普罗文学算不得真正的文学,因为它旨在标榜口号,表达革命主张。后一种才是真正的文学,因为它重"文",能给人以感动。"一种艺术或文学,若不能使大众得到一种感动,则这种艺术文学是贵族底,是死底。"④这种普罗文学与中国传统的平民文学类似,每一时代的大作家都是能将平民文艺做得最好者。冯友兰的这种观点对普罗文学的创作和发展具有一定的导向作用。冯对民族文学的看法是辩证的,对新文学的评价也是中肯的。

---

① 冯友兰:《三松堂全集》(第4卷),河南人民出版社2000年版,第283页。
② 冯友兰:《三松堂全集》(第4卷),河南人民出版社2000年版,第284页。
③ 冯友兰:《三松堂全集》(第4卷),河南人民出版社2000年版,第286页。
④ 冯友兰:《三松堂全集》(第4卷),河南人民出版社2000年版,第286页。

从民族文学之于一个民族的独特意义出发,冯友兰还谈了对翻译文学的看法。在他看来,文学作品在本质上是不可翻译的,因为不同民族有不同的语言习惯、历史传统和文化心理结构。文学本质上是一门语言的艺术,“一个民族的文学是跟着它的语言来底。一个民族的语言,只有一个民族内底人,才能充分了解。一个民族的语言,是一个民族的整个历史,整个生活所造成”①。冯友兰从“文”之独特性的角度看翻译文学,认为其不可翻译,这种看法是有一定道理的,它饱含着冯友兰对民族文化、民族文学的深情眷恋,但这种观点显然又是有失偏颇的,因为它不但否认了人类情感的某些共通性,而且否认了不同民族之间沟通的可能性,这反映出冯友兰在文化上存在一定程度的保守性,与其融合中西的学术立场是不相适应的。冯友兰对翻译文学、民族文学、新文学及普罗文学的看法均是从其社会文化哲学之“文”与“质”的立场出发的,他着重强调了文化之“文”,即文学、艺术之于一个国家、民族的不可或缺性,认为应该加以保持并将其发扬光大。他同时强调应该努力实现中国文艺的现代化,这是从文化之“质”的角度立论的,中国文艺的现代化是要在文化的实质性内容方面加以革新、提升,并不是形式上的欧化或西化。冯友兰讲:“只有从中国人的历史、中国人的生活中生出来底文艺,才是中国底,亦惟有这种文艺,对于中国人,才可以是活底。中国人的生活现代化了,所以中国底文艺亦要现代化。现代化并不是欧化。现代化可,欧化不可。”②既强调文艺的民族性,又不忽视文艺的世界性(现代性),冯友兰的这种看法是辩证而深刻的,它饱含着冯友兰对建设中国特色文艺的良苦用心。

(三)艺术的功用

尽管冯友兰对艺术的看法有一个由泛艺术论到艺术论的转变过程,

---

① 冯友兰:《三松堂全集》(第4卷),河南人民出版社2000年版,第281页。

② 冯友兰:《三松堂全集》(第4卷),河南人民出版社2000年版,第287页。

他对艺术本质的看法也存在一个由强调满足个人之欲、实现理想之艺术到强调本然样子之艺术的转变过程，但这并不妨碍冯对艺术之功用的见解。换言之，冯友兰对艺术之功用的看法是一贯的，它不存在一个转变的过程。虽如此，冯友兰在其著作中对这部分内容的讲述却是相当分散而零乱的。概而言之，冯友兰对艺术之功用的论述主要有以下四点：

第一，艺术能够满足人的欲望，实现人的理想。人们在生活中有种种的欲望，典型如食、色之欲，这些欲望并不是都能够实现的，于是便想出种种办法来“助人自欺”，以满足其欲，实现其理想。文学、艺术正是“助人自欺”之典型。冯友兰讲：“诗对于人生之功用——或其功用之一——便是助人自欺。……诗对于宇宙及其间各事物，皆可随时随地，依人之幻想，加以推测解释；亦可随时随地，依人之幻想，说自己哄自己之话。”①冯友兰在《新知言》论诗一章所举温庭筠《过分水岭》一诗很好地说明了文学艺术这种“助人自欺”的功用。诗云：“溪水无情似有情，入山三日得同行。岭头便是分头处，惜别潺湲一夜声。”这里所谓溪水之有情或无情，就其客观存在而言是没有意义的，它不过是自欺欺人之语，但是无论诗人还是读者能够通过此诗“于想象中得到一种感情上底满足”②。小说借助于作家的虚构，亦能使人的种种难以实现之欲在想象中得以满足。戏剧则直接将人的种种幻想搬上舞台，使之就像在生活中实际发生的一样。画家、雕刻家则从人的理想出发，通过其独特的技法，“使天然境界之好的方面，完全独立实现，以为吾人幻想中游息之地”③。冯友兰认为，艺术之功用虽在于“自欺欺人”，人却于创作、欣赏时承认它所代表的是非真实的，这与宗教不同，宗教虽也是“自欺欺人”，宗教之人却并不认为它是非真实的、虚幻的，相反他们是信以为真

---

① 冯友兰：《三松堂全集》（第2卷），河南人民出版社2000年版，第18页。
② 冯友兰：《三松堂全集》（第5卷），河南人民出版社2000年版，第231页。
③ 冯友兰：《三松堂全集》（第2卷），河南人民出版社2000年版，第226页。

的。因而,艺术与宗教虽同是非科学的,但相比而言,艺术在人生中更有价值,能够与科学并行不悖,而宗教则是与科学相违背的。这也是冯友兰给予宗教以艺术化解释的原因所在。冯友兰对艺术功用的上述看法,显然是受弗洛伊德影响的。弗洛伊德认为,艺术是人的欲望在想象中的满足。冯友兰强调,通过文学艺术人能够“得到一种感情上底满足”,这种观点与弗氏是基本一致的。所不同者在于,弗氏所谓欲望指的更多的是人的性欲,而冯友兰所说的欲望更多是指人的情感上的一种愿望,它同人生理上的性欲并无太大的关联。

第二,艺术能够给人以感动,使人在情感上得到一种慰藉。冯友兰讲:“艺术对于人之力量是感动。……所谓感动者,即使人能感觉一种境界,并激发其心,使之有与之相应之一种情。”①他认为,能给人以感动,使人情感上得到慰藉的艺术品才是好的艺术品,这其中蕴含着一股“真至精神”。否则,徒具艺术的形式,终不是艺术作品。冯友兰对五四新文学的评价就是与艺术的这种感动功用息息相关的。他认为,新文学创作如果不能给大众以感动,使其情感得到慰藉,这种文学就是贵族化的、僵死的,因而算不上成功的文学艺术作品。艺术品的这种感人性是就一般人而言的,诚然有人终其一生不能感受到艺术的这种力量,但他们毕竟是少数,不过是艺术盲和美盲。“美盲之不以一美底事物是美,无害于一美底事物之是美。”②由此冯友兰还谈及了对艺术中之“阳春白雪”现象的看法。他认为,所谓阳春白雪、曲高和寡之类的艺术作品,只是在某时某地暂时不为人所接受,但时过境迁或是在同时之异地则会为人们所接受,给人以感动。如这种艺术永远是“阳春白雪”,也只能说明这种艺术“不过是作者及标榜之者之空想妄谈”③。

① 冯友兰:《三松堂全集》(第4卷),河南人民出版社2000年版,第163页。
② 冯友兰:《三松堂全集》(第4卷),河南人民出版社2000年版,第164页。
③ 冯友兰:《三松堂全集》(第4卷),河南人民出版社2000年版,第164页。

冯友兰对艺术之感动功用的强调与其所受传统文化之濡染密切相关。众所周知,中国传统文化可谓一种抒情性的文化,诗词歌赋构成了这种文化的主体。中国作为一个有着浓厚抒情传统的诗的国度也早已为世人所公认。冯友兰是有着深厚的传统文化修养的,因而可以认为,冯友兰强调艺术的感人作用是一种文化、心理上的必然。

第三,艺术具有教育的功用。如上所说,由于艺术具有感动人的力量,不同的艺术风格、门类能激发人不同的心理感受,因而欲实现社会的安定进步和人际关系的和谐,可以借助于艺术,以之作为一种教育的手段。冯友兰讲:"有艺术作品,能使人觉一种境而引起一种善底情者,此种艺术作品,自社会之观点看,可以有教育底功用,可以作为一种教育的工具。"①冯友兰举儒家对于"乐"的重视以为例,证明其对艺术之教育功用的强调有着充分的历史依据。《毛诗序》说:"正得失,动天地,感鬼神,莫近于诗。先王以是经夫妇,成孝敬,厚人伦,美教化,移风俗。"《礼记·乐记》说:"先王之制礼乐也,非以极口腹耳目之欲也,将以教民平好恶而反人道之正也。"《荀子·乐论》说:"夫声乐之入人也深,其化人也速,故先王谨为之文。乐中平则民和而不流;乐肃庄则民齐而不乱。"儒家以上凡此诸说,皆是强调艺术之教育功用的重要意义。

如果说冯友兰强调艺术之感人性主要是就艺术自身立论的话,那么冯在此处强调艺术的教育性显然是站在艺术外立足于社会政治立场的。他并不像有的论者那样片面强调艺术之艺术性("为艺术而艺术"),或片面强调艺术之工具性。冯友兰从艺术的感人性和教育性这两方面持论是有道理的,也是符合艺术之实际的。

第四,艺术可作为讲述形而上学的一种方法。这里的艺术主要是就诗而言的。冯友兰认为,艺术有技与道之分,诗也如此。有止于技之诗,有进于道之诗。止于技的诗只是以可感觉者表显可感觉者,进于道的诗

---

① 冯友兰:《三松堂全集》(第4卷),河南人民出版社2000年版,第165页。

却能用可感觉者表显不可感觉只可思议者,及不可感觉亦不可思议者。就进于道的诗而言,它可作为讲述形而上学的一种方法,此种方法即我们第一节所谓负的方法。以诗讲述形而上学,“它不讲形上学不能讲,而直接以可感觉者,表显不可感觉,只可思议者,以及不可感觉,亦不可思议者”①。这里所谓不可感觉、只可思议及不可感觉亦不可思议者,正是形而上学的对象。以李煜词句“独自莫凭栏,无限江山,别时容易见时难”为例,江山、别离这些都是可以感觉的,从这一层次而言,它所表显的是词人个人的情感,却不限于此。更重要的是,它还表显了一种普遍的“情感的要素”,它是不可感觉只可思议的。正因如此,这些词句才“能使任何时读者,离开作者于某一时有此种情感的事,而灼然有‘见’此种情感之所以为此种情感”②。此诗以可感觉者表显不可感觉、只可思议者,因而能够视作讲形而上学的一种方法。陶渊明的《饮酒》诗更是用艺术讲形而上学的典范。陶诗云:“采菊东篱下,悠然见南山。山气日夕佳,飞鸟相与还。此中有真意,欲辨已忘言。”在这里飞鸟、南山俱是可见可感的,但“欲辨已忘言”之“真意”是不可感觉亦不可思议的,此诗正是用可感觉的飞鸟、南山表显不可感觉、不可思议之“大全”之浑然。事实上,这首诗的意义还不限于此。艺术如果达至此种地步,已然跃入“天地境界”中了。冯友兰在论述天地境界时,恰以陶诗为例,作为其天地境界之依凭。他讲:“有些诗人,如陶潜等,其诗所写底境界,即是天地境界。”③冯友兰在《新原人》“功利”一章中更是直接引用陶潜之《饮酒》诗,以说明其论述的主旨。④ 由此可见,我们先前所下冯友兰的艺术论是其境界论的先导这一断语,绝非空穴来风,由冯友兰论艺术可

① 冯友兰:《三松堂全集》(第5卷),河南人民出版社2000年版,第231~232页。
② 冯友兰:《三松堂全集》(第5卷),河南人民出版社2000年版,第232页。
③ 冯友兰:《三松堂全集》(第4卷),河南人民出版社2000年版,第539页。
④ 冯友兰:《三松堂全集》(第4卷),河南人民出版社2000年版,第539页。

作为一种讲述形而上学的方法可见一斑。冯友兰并不只是在就艺术论艺术,更是意在通过赋予艺术以形而上学性而超越艺术。艺术之由“技”转“道”进而入“境”(天地境界)是冯友兰之理想中最完美的艺术,它与艺术之本然样子相较,更富有生机与活力。在艺术的终极上我们领悟到了天地境界,也发现了美。天地境界不只是一种哲学境界,它也是一种美学境界。

四、审美价值之境界论

冯友兰在哲学方法论上的转型直接影响着其相关美学、艺术见解。冯友兰在《新原人》一书中提倡境界尤其是天地境界是与其负方法的自觉运用密不可分的。以天地境界为例,冯友兰认为,欲真正达到人与天地参、与万物一的境地,就必须经过知天、事天、乐天以至于同天四个阶段,只有同天的境界才是真正的天地境界。这个不可思议、不可了解却能自同于“大全”的境界正是冯友兰通过负方法得到的:“不可思议者,仍须以思议得之;不可了解者,仍须以了解了解之。以思议得之,然后知其是不可思议底;以了解了解之,然后知其是不可了解底。”①唯其如此,冯友兰才会讲,虽然同天境界具有不可思议、不可了解性,但是在其中的人经过思议、了解的阶段能够“自觉其是在天地境界中”,因而可以“自同于大全”。冯友兰在描绘天地境界时对诸如“无知而有知”“有为而无为”“无我而有我”等悖论性语言的运用,亦是负方法运用的典型体现。王国维讲:“哲学上之说,大都可爱者不可信,可信者不可爱。”②之所以学界有人认为冯友兰的哲学达到既可信又可爱的地步,我们认为这与其哲学对境界尤其是天地境界的自觉追求息息相关。据说,冯友兰曾说自

① 冯友兰:《三松堂全集》(第4卷),河南人民出版社2000年版,第572页。
② 王国维:《静庵文集》,辽宁教育出版社1997年版,第160页。

己生平立说什么都可丢,唯有天地境界不可丢。① 冯友兰在《四十年的回顾》一书中明确讲道:“总起来说,‘境界说’是新理学的中心思想。”②可以认为,境界尤其是天地境界是冯友兰哲学思想中最可爱、最迷人的部分。诚如有的论者所指出的那样:“我们把以《新原人》为主而多方论证了的境界说,看作冯友兰新理学哲学体系王冠上的明珠。”③冯友兰曾明确指出:“天地境界又可以叫做哲学境界,因为只有通过哲学,获得对宇宙的某些了解,才能达到天地境界。”④我们认为,天地境界不只是一种哲学境界,也是一种美学境界。因为虽然通过哲学可以获得对宇宙的某些了解,欲真正达到天地境界却是须臾不可离开文学、艺术(文学、艺术作为一种负方法的言说)的。

(一)“觉解”的境界论

冯友兰认为,宇宙人生对于人有不同的意义,这些不同的意义即构成人所有的不同境界,之所以如此,是因为人对于宇宙人生具有不同的“觉解”。由此可见“觉解”之于境界的重要性。那么,何谓“觉解”? 我们可以从“解”和“觉”两个方面加以探讨。

所谓“解”,就是了解。它主要是人通过概念对于事物及其所属之“理”的认识。“我们可以说,对于事物底了解必依概念。”了解依据对概念掌握的深浅而有程度上的差别。“凡依内涵最浅底概念底了解,即是最低程度底了解。”⑤对于事物及其所属之“理”的较深了解,冯友兰称之为“胜解”,对于事物及其所属之“理”的最高程度的了解为“殊胜解”。“殊胜解”在理论上是可能的,在事实上却难以实现,“因为一事物之为

① 陈岱孙等:《冯友兰先生纪念文集》,北京大学出版社 1993 年版,第 10 页。
② 冯友兰:《三松堂全集》(第 14 卷),河南人民出版社 2000 年版,第 1051 页。
③ 安继民:《冯友兰境界说的人生意义追思》,《中州学刊》2008 年第 2 期。
④ 冯友兰:《三松堂全集》(第 6 卷),河南人民出版社 2000 年版,第 286 页。
⑤ 冯友兰:《三松堂全集》(第 4 卷),河南人民出版社 2000 年版,第 467 页。

一事物,其构成底性质,是极多底”①。就人有限的生命及精力而言,是不能够穷尽这些性质的。所谓“觉”,就是自觉。它主要指的是人的一种明觉的心理状态。了解不可离开概念,自觉却可以离开概念而存在,因为“了解是一种活动,自觉是一种心理状态,它只是一种心理状态,所以并不依概念”②。

觉解是人心的特异之处,是人区别于动物的显著标志,是人之为人的根本。冯友兰以灯作喻,认为人之有觉解恰如以灯光照物,它能够使宇宙间的万事万物得以被“照亮”从而具有意义。人唯其有知觉灵明的觉解才得以“与天地参”。冯友兰讲:“就存在方面说……人不过是宇宙间万物中之一物,人有心不过是宇宙间万事中之一事。但就觉解方面说,宇宙间有了人,有了心,天地万物便一时明白起来。”③人不但有觉解,而且能够在觉解时知道觉解是怎么一回事,这是高一层次的觉解,即“觉解其觉解”。

人对于宇宙人生之觉解程度的不同,使得宇宙人生对于人的意义呈现出层次上的差别,这即构成人生不同的境界。冯友兰认为,虽然人的境界千差万别,各人有各人的境界,但就总体而言,可以将人生境界由低到高分为自然、功利、道德和天地四种境界。

在自然境界中的人觉解程度最低,“其行为是顺才或顺习底”④。他对于自己所行的事并没有清楚的了解,只是顺着人的生物本能或顺着社会风俗、个人习惯行事。有这种境界的人并不限于原始社会,在工业社会同样存在。

在功利境界中的人,“其行为是‘为利’底”⑤。他对于自己所行的

---

① 冯友兰:《三松堂全集》(第4卷),河南人民出版社2000年版,第470页。
② 冯友兰:《三松堂全集》(第4卷),河南人民出版社2000年版,第472页。
③ 冯友兰:《三松堂全集》(第4卷),河南人民出版社2000年版,第483页。
④ 冯友兰:《三松堂全集》(第4卷),河南人民出版社2000年版,第498页。
⑤ 冯友兰:《三松堂全集》(第4卷),河南人民出版社2000年版,第499页。

事有了一定程度的觉解,即他的所作所为均是从个人利益的角度出发,要么旨在增加个人的财富,要么以维护、强化个人的荣誉为目的。

在道德境界中的人,“其行为是‘行义’底”①。在这种境界中的人,对于人性已有觉解,他开始认识到人性中蕴含着社会性,个人不能脱离社会而存在,因而他的所作所为以对社会及他人的奉献为目的。

在天地境界中的人,“其行为是‘事天’底”。在这种境界中的人,有了完全的高一层次的觉解,即他不仅觉解到人的社会性,觉得自己应当做一个社会人,而且觉解到自己是宇宙的一员,“人不但应在社会中,堂堂地做一个人;亦应于宇宙间,堂堂地做一个人”②。

在以上四种境界中,自然境界的层次最低,天地境界的层次最高,功利境界高于自然境界而低于道德境界,道德境界则高于功利境界而低于天地境界。四境界的区分是以觉解的程度为划分标准的,这是冯友兰在书中予以明确的。我们认为,从“天人合一”(冯友兰所谓“天人之际”)的视角来观照冯友兰的人生四境界说更有利于对其进行美学阐释。冯友兰认为,作为对人类精神生活进行反思的哲学,其范围主要涉及自然、社会、个人三部分。“自然就是中国传统哲学中所说的‘天’;社会和个人,就是中国传统哲学中所说的‘人’;人和自然之间的关系就是中国传统哲学中所说的‘天人之际’。”③由此出发,我们可以看出,四境界由低到高顺序的依次递进,“表现的是天人之间由对立而部分地和谐统一,最终达到完全合一的过程”④。因而,“天”“人”合一之程度也就内在地构成了自然、功利、道德、天地四境界划分的尺度,而只有在天地境界中,人才真正找到自己的安身立命之本,因为“天”“人”关系在此达到了真

---

① 冯友兰:《三松堂全集》(第4卷),河南人民出版社2000年版,第499页。

② 冯友兰:《三松堂全集》(第4卷),河南人民出版社2000年版,第500页。

③ 冯友兰:《三松堂全集》(第1卷),河南人民出版社2000年版,第210页。

④ 汪先全:《“天人合一”——冯友兰一以贯之的思想》,《中州学刊》1993年第2期。

正的合一。

(二)天地境界之美学阐释的可能性

天地境界的美学阐释之所以能够有其可能,概而言之,其原因主要有以下三个方面:

其一,就中国传统文化的角度而言,“中国式的生命境界,总体看是一种审美境界,一种心灵境界。这种审美或心灵的境界,诞生在人的最充沛、最自由的心灵之中”①。在中国传统文化中,“境界”一词源于佛教。如《无量寿经》中说:“比丘白佛,斯义弘深,非我境界。”《成唯识论》中说:“觉通如来,尽佛境界。”可见,境界在佛教中主要指修行者在修行过程中通过觉悟所达到的精神层次。这一佛教用语对中国传统文化影响深远。境界引入禅宗形成对禅本体找寻的三个阶段:第一境是“落叶满空山,何处寻行迹”,这是对“禅”的寻而不得阶段;第二境是“空山无人,水流花开”,这是对“禅”的似悟而实未得;第三境是“万古长空,一朝风月”,这里描写的正是得悟禅道时的心理感受:瞬间得永恒,刹那成终古。② 境界引入文论中,形成了文学艺术特有的品评方式。宋人李涂《文章精义》中说:“作世外文字,须换过境界。《庄子》寓言之类,是空境界文字;灵均《九歌》之类,是鬼境界文字;子瞻《大悲阁记》之类,是佛境界文字;《上清宫辞》之类,是仙境界文字。”郭熙在《林泉高致》中亦说:“即画之主意,亦岂易及乎?境界已熟,心手已应,方始纵横中度,左右逢源。”由以上论述可见,以境界品评文学艺术及创作主要着眼于境界被赋予的精神内涵。③ 境界引入人生则构成人体验把握世界的一种方式。王国维认为,古今成就大事业大学问者必须经过三种境界:“‘昨夜西风凋碧树。独上高楼,望尽天涯路。’此第一境界也。‘衣带渐宽终不

① 乔志航:《中国哲学美学中的超越境界》,《益阳师专学报》1998年第1期。
② 李泽厚:《中国古代思想史论》,天津社会科学院出版社2003年版,第197页。
③ 杨守森:《艺术境界论》,上海人民出版社2008年版,第146页。

悔,为伊消得人憔悴。’此第二境界也。‘众里寻他千百度,回头蓦见,那人正在灯火阑珊处。’此第三境界也。”①由以上举例可见,在中国传统文化中,境界无论是作为一种精神层次、心理感受、精神内涵,还是作为一种体验方式,均与美学息息相关。而美学意义上的美也并不是普通意义上的美,它是事物本然样态的一种呈现,这种本然样态可以被恰当地理解为一种境界美,因而美学意义上的美毋宁说是一种境界美。② 如果从这一角度出发,我们便找到了与冯友兰天地境界论的契合点,天地境界的不可思议性及天人合一的特点恰是一种本然的境界美。

其二,就已有的研究成果而言,冯友兰境界说中所蕴含的审美意蕴一直以来就是学者们关注的重点。这为我们对冯友兰境界论做进一步的美学阐释提供了根据和范例,表现在以下两个方面:在哲学界,张世英、杨国荣等学者对冯友兰的境界说进行了美学阐释。张世英从超主客二分(天人合一)的立场出发成功地将冯友兰的天地境界改造成为审美境界。他讲:“婴儿在其天人合一境界中,尚无主客之分,根本没有自我意识,这种原始的天人合一,我把它姑且叫做‘无我之境’;有了主客二分,从而也有了自我意识之后,这种状态,我且称之为‘有我之境’;超越主客关系所达到的更高一级的天人合一,应该说是一种‘忘我之境’。审美意识都是忘我之境,也可以说是一种物我两忘之境。”③杨国荣从本体探求的角度分析了冯友兰境界论中的美学意味,他认为,冯友兰哲学“真际”这一本体的提出是在人的知行过程之外规定存在的本体论路向,因而未能真正摆脱传统形而上学。在人生境界说中,冯友兰则打通

---

① 王国维著,滕咸惠校注:《人间词话新注》(修订本),齐鲁书社 1986 年版,第 2 页。

② 彭锋:《美学的感染力》,中国人民大学出版社 2004 年版,第 63 页。

③ 张世英:《哲学导论》,北京大学出版社 2002 年版,第 108 页。

了本体世界与人的存在(天人合一),建立了本体论与价值观的联系。天地境界的不可言说性说明它已不仅仅是“说”的问题,而更多的是“在”的问题。在“转识成智”的智慧之境中,主体的存在融合了其境界,而境界又在主体的“在”中得到确证。这一境界蕴含了审美的维度,它指向一种审美之域。智慧之境在此“展开为一种合目的性与合规律性相统一的意境。合目的性的内在意蕴是化自在之物为为我之物,合规律性则意味着自然的人化不能隔绝于人的自然化。人的本质力量与天地之美相互交融,内化为主体的审美境界,后者又为美的创造和美的观照提供了内在之源”。①

在美学、文论界,李泽厚、叶朗、彭锋、程相占、张毅等学者对冯友兰境界论所潜含的美学意味进行了阐释。李泽厚指出:“冯先生所说的‘天地境界’即是我所讲‘审美境界’,在这境界中的人,是‘参天地、赞化育’,启真储善的自由人生。”②“冯没指出这‘天地境界’实际是一种对人生的审美境界。”③

叶朗认为,冯友兰的天地境界“是消解了‘我’与‘非我’的分别的境界,是‘天人合一’‘万物一体’的境界,因而也就是一种超越了‘自我’的有限性的审美境界”④。彭锋认为,虽然冯友兰的人生境界理论没有直接论及审美问题,但是这其中潜存着一个美学维度,因为,只有从美学的角度入手才能全面而深刻地理解其哲学思想,尤其是天地境界。事实上,天地境界只有被理解为审美境界时,它的达成才成为可能。“如果我们进一步把冯先生集中论述人生境界的著作同他的少数美学论文结合起来看,就会发现所谓天地境界在很大程度上就是审美

---

① 杨国荣:《存在与境界——冯友兰新理学本体论的内在向度》,《中国社会科学》1996年第5期。

② 陈岱孙等:《冯友兰先生纪念文集》,北京大学出版社1993年版,第25页。

③ 李泽厚:《华夏美学·美学四讲》,三联书店2008年版,第94页。

④ 叶朗:《美学原理》,北京大学出版社2009年版,第437页。

境界。”①程相占则从康德美学和中国传统诗学中找到了与冯友兰美学的契合点。他用康德审美判断的四个规定性同冯友兰的天地境界相比较,从中窥探出了天地境界的审美意蕴。② 在另一篇文章中,他明确指出:“天地境界基本上就是审美境界。”“注重人生境界与诗境的关系,是冯友兰对于文艺境界论的最大理论贡献。”③张毅认为:“冯友兰讲四种人生境界,均用诗或艺术作喻示,他所称赞的天人合一的天地境界,同于情景合一的审美境界”。④

其三,从冯友兰个人对境界的论述来看,其“哲学—文艺—哲学”的言说模式在此再次出现,我们在前文曾指出这种言说方式是冯友兰哲学蕴含美学因子的直接原因。由冯友兰对诗及诗人不同境界的论述,可以证明我们对天地境界的美学阐释绝非空穴来风。例证如下:

在讲述自然境界时,冯友兰举民间歌谣及其作者的创作以为例。他认为民间歌谣的作者们只是顺任自然而唱出了这些歌谣,并没有觉解到自己创作的天才性及其作品的艺术价值。“就这些歌谣的本身说,是‘出于天籁’;就这些作者的活动说,是‘纯乎天机’。‘纯乎天机’者,言其活动是自发底艺术活动;‘出于天籁’者,言其作品是自发底艺术活动的产物。就这些作者的活动说,其活动是自然的产物;就这些作者在此方面的境界说,其境界是自然境界。”⑤

在讲述功利境界时,冯友兰举杜甫作诗以为例。冯友兰认为其诗作追求“语不惊人死不休”的效果,诗人是在有意出惊人语以成诗名,因而

---

① 彭锋:《冯友兰“人生境界”理论的美学维度》,《北京大学学报》1997年第1期。

② 程相占:《冯友兰人生境界论的审美维度》,《孔子研究》2004年第5期。

③ 程相占:《中国文艺境界论传统的文化精神与现代裂变》,《江苏大学学报》2003年第3期。

④ 张毅:《儒家文艺美学:从原始儒家到现代新儒家》,南开大学出版社2004年版,第341页。

⑤ 冯友兰:《三松堂全集》(第4卷),河南人民出版社2000年版,第520页。

其境界是功利境界的。① 他还举才人在学问或艺术方面的成就为例以纠正道学家的偏见。冯友兰认为:“无论哪一种底学问,只要能成为一种学问,无论哪一种艺术,只要能成为一种艺术,总是有益于人底。不过才人研究学问,或从事创作的目的,可以只是为求他自己的利。若其目的是如此,则他的境界是功利境界。”②

在讲述道德境界时,冯友兰举演戏者在戏中的角色及其在实际生活中的地位以为例。冯友兰认为:“一个戏子的艺术的高下,与其所担任底角色,并没有联带的关系,与其所演底某人在历史中或戏本中底社会地位,更没有联带的关系。杨小楼唱武生,可以唱好戏。梅兰芳唱青衣,亦可以唱好戏。”冯友兰由此得出结论,只要人能够做到“尽伦尽职”,“其行为即是道德底行为”,“有此等行为底人的境界,即是道德境界”。③

在讲述天地境界时,冯友兰举陶渊明及陈子昂等人的诗作以为例。他讲:“有些诗人,如陶潜等,其诗所写底境界,即是天地境界。此等诗人所常有底境界,已不是一般才人所常有底境界。他们已不止是才人。就才人英雄说,他们所常有底境界,是功利境界。”④在他看来,陶渊明的《饮酒》诗是以可感觉的南山、飞鸟表显不可感觉亦不可思议的浑然的大全。陈子昂的《登幽州台歌》“是将宇宙作一无穷之变而观之”。李白诗“登高壮观天地间,大江茫茫去不还”,苏东坡《前赤壁赋》“哀吾生之须臾,念天地之无穷(当为‘羡长江之无穷’——引者注)。挟飞仙以遨游,抱明月而长终”,均是借可感觉的大江、明月表显不可感觉的无穷道体。这些诗所描写的境界就是天地境界。⑤ 仔细考量冯友兰论述四种

① 冯友兰:《三松堂全集》(第4卷),河南人民出版社2000年版,第521页。
② 冯友兰:《三松堂全集》(第4卷),河南人民出版社2000年版,第537页。
③ 冯友兰:《三松堂全集》(第4卷),河南人民出版社2000年版,第556页。
④ 冯友兰:《三松堂全集》(第4卷),河南人民出版社2000年版,第539页。
⑤ 冯友兰:《三松堂全集》(第11卷),河南人民出版社2000年版,第545页。

境界所举的例证,我们会发现一个共同的特点,即无论自然、功利、道德,还是天地境界,冯友兰着重论述的均是创作主体的精神境界问题。前三种境界与第四种境界的不同之处也是显而易见的,即冯友兰在天地境界中不只论述到了主体的精神境界,而且论述到了作品所客观呈现出来的艺术境界,对这一艺术境界的论述显然在其他三种境界中是难以找到的。这一发现对我们而言至关重要,因为它将构成我们下文对天地境界进行二维美学阐释的内在根据。

综合以上三个方面,我们认为对冯友兰的境界论(天地境界)进行美学阐释具有可行性。

(三)天地境界的美学阐释

由以上分析可知,冯友兰在天地境界中对文学艺术的讲述不仅涉及创作主体的精神境界问题,而且涉及作品所呈现的艺术境界问题。据此我们可以从艺术和主体存在两个维度对天地境界进行美学阐释。

第一,从艺术之维考察冯友兰的天地境界,我们认为冯友兰的天地境界可以被看作一种艺术境界,它体现为一种哲性的艺术美或艺术的哲性美。这种哲性的艺术美就是叶朗先生所讲的意境。按他的说法,意境与意象是不同的。意象可以看作情与景的交融,而意境是一种“景外之景”“象外之象”,它蕴含了浓郁的宇宙感、历史感、人生感。“因此,我们可以说,‘意境’是‘意象’中最富有形而上意味的一种类型。”①艺术中意境的这种形而上学性使得它具有一种哲性的艺术美。在冯友兰用诗的言说及文学艺术类比的方式所论及的天地境界中,呈现出来的就是这样一种美。

冯友兰在天地境界中主要谈及了李煜的词作《浪淘沙》、陶渊明的《饮酒》诗、陈子昂的《登幽州台歌》、苏东坡的《前赤壁赋》等诗文。他举这些诗文以说明艺术中的天地境界。当人置身于这种艺术境界时,能够

---

① 叶朗:《说意境》,《文艺研究》1998年第1期。

感受到无穷的“道体”，能够做到浑然与“大全”相同一。这种艺术境界给人的是一种“天人合一”的心理感受，它饱含着深深的宇宙感、历史感、人生感，能够使人自失于这种种“感”触之中，因而它具有一种形而上的意味，表现为一种艺术的哲性美。事实上，冯友兰对意境问题的最终看法也表现出对艺术之形而上意味的认同。冯友兰在对王国维意境论的介绍过程中，表达了自己对意境问题的独特见解，这实际上也成为冯友兰美学思想的一个有机部分。冯友兰个人对意境的理解体现在《中国哲学史新编》第六册第六十九章“中国近代美学的奠基人——王国维”的“附记”部分。1937年七七事变爆发，在中国军队退出而日军尚未接管北京城这段时间里，冯友兰及其同仁一起守护清华大学。在一个皓月当空的夜晚，冯友兰百感交集，突然产生一种幻灭感，及至后来读到清人诗句“似此星辰非昨夜，为谁风露立中宵”，“反复吟咏，更觉其沉痛”。转移到长沙以后，冯友兰暂寄于朋友家的小楼上，他经常凭栏远望，及至看到楼下的腊梅花时，他想起李煜的词句“独自莫凭栏，无限江山，别时容易见时难”，一种亡国之痛油然而生。① 意境在这里表现为通过皓月、梅花等有限的物象表显一种有限与无限相统一的“大象”，这种“大象”，引发了人对宇宙、历史、人生的无尽感喟，这正是一种形而上的艺术境界，它透射出一种哲性之美。在艺术论一节中我们曾认为，艺术之由“技”转“道”进而入“境”是冯之理想中最完美的艺术，之所以有如此提法，恰是以我们这里所谓天地境界具有哲性的艺术美或艺术的哲性美为依据的，因为在这种境界中的艺术恰如尼采所言，能够给人一种形而上的慰藉，它“是生命的最高使命和生命本来的形而上活动”②。

---

① 冯友兰:《三松堂全集》(第10卷)，河南人民出版社2000年版，第473~475页。

② (德)尼采著，周国平编译:《悲剧的诞生——尼采美学文选》，北岳文艺出版社2004年版，第2页。

第二，从主体存在的角度观察冯友兰的天地境界，我们认为冯友兰的天地境界又是一种诗意栖居的生存境界。它表现为一种神秘的体验美、一种诗意的生存美和一种风流的人格美。分述如下：

1. 神秘的体验美。冯友兰认为一个真正能审美的人是能够接近或达至天地境界的。他讲："一个真正能审美的人，于欣赏一个大艺术家的作品时，会深入其境，一切人我之分，利害之见，都消灭了，觉得天地万物都是浑然一体，人们称这种经验为神秘经验。这是一种最高的精神境界。"①冯友兰在这里讲的实际上就是我们所谓天地境界中的体验美问题。在我们看来，审美就是一种自由的体验，这种体验是人的一种精神活动，其最根本的特征是人在审美活动过程中通过艺术直觉而达到与物"浑然一体"的境界。审美既是对主体与客体的沟通，也是对主体与客体的超越。德国学者克鲁格讲："从人的体验着的各种事物本身散发出意义与价值的光芒；当我们的各种精神官能不经过反省就领略到这些意义与价值而整个心灵深处对之采取欣赏态度时，深刻的体验就随之产生。"②

我们认为这里讲的就是审美活动过程中的体验美问题。冯友兰之天地境界的达成需要经过知天、事天、乐天、同天四个阶段，只有同天阶段所达到的境界才是真正的天地境界。在这四个阶段中，每一高的阶段都是对低一阶段的扬弃，因而同天境界也就内在地包含着知天、事天、乐天三种境界。冯友兰认为："能知天者，不但他所行底事对于他另有新意义，即他所见底事物，对于他亦另有意义。如《论语》说：'子在川上，曰："逝者如斯夫，不舍昼夜。"'宋儒以为孔子于水之流行，见道体之流行。《中庸》引诗：'鸢飞戾天，鱼跃于渊。'宋儒以为于此可见，'化育流行，上下昭著，莫非此理之用'。此说虽未必即《论语》《中庸》之本意，但

---

① 冯友兰：《三松堂全集》（第10卷），河南人民出版社2000年版，第530页。
② 叶朗主编：《现代美学体系》，北京大学出版社1999年版，第449页。

水之流行，以及鸢飞鱼跃，对于知天者，都可另有意义，这是可以说底。”①能见不同意义者即能有一乐，是为同天之乐。冯友兰在这里讲的并不是普通意义上哀乐之“乐”，而是一种“本体论上的快乐”。（李泽厚语）同天境界同样具有美学的意味。在此境界中，主与客合而为一，情与境合而为一，“天”（自然）与“人”合而为一。因而，这种同天境界就不只是一种重理性认知的哲学境界，也成为一种重感性直觉体验的美学境界，它呈现为一种情境合一的体验美。陈来曾将儒家的神秘体验特征概括为六点：“（一）自我与万物为一体。（二）宇宙与心灵合一，或宇宙万物都在心中。（三）所谓‘心体’（即纯粹意识）的呈现。（四）一切差别的消失，时间空间的超越。（五）突发的顿悟。（六）高度的兴奋、愉悦，以及强烈的心灵震撼与生理反应（通体汗流）。”②我们认为，陈来对体验特征的概括大致可视为天地境界之神秘体验美的典型特点。

对冯友兰天地境界中所蕴含的体验美还可以用马斯洛的“高峰体验”（peak - experiences）理论加以分析。所谓高峰体验，“可能是瞬间产生的、压倒一切的敬畏情绪，也可能是转眼即逝的极度强烈的幸福感，或甚至是欣喜若狂、如醉如痴、欢乐至极的感觉”③。身处这种体验中的人，“他们不再感到自己与世界之间存在着任何距离而相互隔绝，相反，他们觉得自己已经与世界紧紧相连融为一体。他们感到自己是真正属于这一世界，而不是站在世界之外的旁观者”④。居于冯友兰的天地境界并对其进行体验的过程中，人与世界正是“紧紧相连融为一体”的，而审美意识恰产生于人与世界的融合过程中。这里的体验是一种审美的体验，呈现出一种神秘的体验美。

---

① 冯友兰：《三松堂全集》（第4卷），河南人民出版社2000年版，第567页。
② 陈来：《有无之境——王阳明哲学的精神》，人民出版社1991年版，第410页。
③ 林方主编：《人的潜能和价值》，华夏出版社1987年版，第366页。
④ 林方主编：《人的潜能和价值》，华夏出版社1987年版，第367页。

2. 诗意的生存美。冯友兰认为,哲学之用并不在于给人以积极的知识,而是意在提高人的精神境界。天地境界是其哲学的终极诉求,因而历史上能够达至天地境界的人也就成为冯友兰个人学习的楷模。换句话说,冯友兰并没有把天地境界作为一种概念的游戏而加以言说,而是在努力践行自己的哲学主张,即冯友兰是将哲学作为一种生活来看待的。这与古希腊哲人对待哲学的态度相一致。事实上,“极高明而道中庸”正是冯友兰在生活中自觉的境界追求,可以说他是在努力践行着天地境界的。冯友兰在对境界的论述中经常谈到儒家的“圣人之乐”和“孔颜乐处”,表达着自己对这种生存状态的诗性向往,陶渊明、程明道尤为冯友兰所推崇。在他看来,陶渊明在《饮酒》诗中所表现的那种“采菊东篱下,悠然见南山”的境界表现出了诗人最大的玄心,他在这种境界中所体会到的乐是超乎哀乐的忘情之乐。程明道《秋日偶成》诗云:“闲来无事不从容,睡觉东窗日已红。万物静观皆自得,四时佳兴与人同。道通天地有形外,思入风云变态中。富贵不淫贫贱乐,男儿到此是豪雄。”冯友兰认为:“这首诗的第一、二句是说他的生活状况,第三、四句是说‘道中庸’,第五、六句是说‘极高明’,第七、八句是说到了这个地步就可以成为孟子所说的‘大丈夫’。”①一直以来,冯友兰在生活中所孜孜以求的正是上述天地境界中人所表现出来的精神气象。就冯友兰个人的生活方式而言,晚年的冯友兰长须飘飘,表现出一派仙风道骨的气象,虽然目力全坏,听力也几近于无,却依然平静自如,“总处于一种怡悦之中”,“没人理时,便自己背诗文”。② 即使住院时依然喜欢吟咏诗词,“他在诗词的意境中似乎觉得十分安宁”。宗璞先生认为其父的精神气象主要由“呆气”和“仙气”构成:“父亲的呆气里有儒家的伟大精神,‘天行健,君子以自强不息’,自强不息到‘知其不可而为之’的地步;

---

① 冯友兰:《三松堂全集》(第14卷),河南人民出版社2000年版,第215页。
② 郑家栋、陈鹏选编:《追忆冯友兰》,社会科学文献出版社2002年版,第226页。

父亲的仙气里又有道家的豁达洒脱。秉此二气,他穿越了在苦难中奋斗的中国的二十世纪。”①可以说,晚年的冯友兰已几近于天地境界中的诗性生存美。冯友兰认为真正风流的人须有玄心、洞见、妙赏和深情(下文重点谈及),他以一种审美的眼光看待生活,践行其哲学理想,亦可谓真正的风流人豪。

3. 风流的人格美。冯友兰讲:“大凡人的奇特怪异底品格或行为,就其本身看,都可成为一种赏玩赞美的对象。”②在天地境界中诗性生存的人,必然表现出一种与众不同的人格美,冯友兰称之为“风流”。在《论风流》一文中冯友兰系统地论述了这样一种风流的人格美。“风流作为一种人格美,有其构成条件……其中既有认识问题,又有情感问题,既有方法问题,又有存在问题,但都是从美的角度讲精神境界的。”③冯友兰认为,风流作为一种人格美主要有四个构成条件:第一,真风流的人必有玄心,玄心是一种超越感。“超越是超过自我。超过自我,则可以无我。”④无我则个人的成败得失、死生祸福皆可置之度外。第二,真风流的人必有洞见。洞见是对真理的一种直觉,它不需要借助推理,而是以一种名言隽语式的诗性言说表达无穷的意味,所谓“言约旨达”。第三,真风流的人必须有妙赏。“所谓妙赏就是对于美的深切底感觉。”⑤这实际上是一种高超的审美眼光。第四,真风流的人必有深情。这种情不是个人的一己之情,而是对于整个宇宙人生所持有的一种最深厚的同情。玄心、洞见、妙赏、深情这四点均是与美学息息相关的,它们构成了风流的人格美的典型特征。诚如有论者所言:“冯先生把风流当作一种

---

① 宗璞:《三松堂断忆》,《读书》1991年第12期。

② 冯友兰:《三松堂全集》(第4卷),河南人民出版社2000年版,第540页。

③ 蒙培元:《理性与情感——重读〈贞元六书〉〈南渡集〉》,《读书》2007年第11期。

④ 冯友兰:《三松堂全集》(第5卷),河南人民出版社2000年版,第311页。

⑤ 冯友兰:《三松堂全集》(第5卷),河南人民出版社2000年版,第312页。

人格美,可以启示我们更加深入地理解风流同审美人生之间的关系。”① 冯友兰的人生境界论是对中国传统文化精髓的再体认,它使得冯友兰哲学美学在科学主义研究方法的基础上,又展现出了人文主义维度,因而显得充满生机与活力。它的提出对于我们当下具有重要的理论和现实意义。在理论上,它对中国学界产生了重要影响。在哲学界,张世英先生接着冯友兰讲,哲学当为一门人生境界之学。在美学界,陈望衡、彭锋从各自不同的学术立场出发分别提出了“美在境界”说,这与他们对冯友兰的研究似不无影响。在文学理论界,杨守森借鉴冯友兰的人生四境界理论论述了艺术境界的四个层级,并从二者关系的角度出发指出:“事实上,一位人生境界低下者,不可能创造出具有很高艺术境界的作品。”②冯友兰境界论的提出,对于提高人们的精神层次,实现人与人、人与自然、人与社会的和谐具有一定的启示性,这是其境界论阐发的现实意义之所在。

第三节 冯友兰审美价值特征论

在上一节我们分别从方法论、美论、艺术论和境界论四个方面对冯友兰审美价值思想进行了研究。如前所述,冯友兰之哲学、美学方法论的转型直接影响了其相关美学、艺术见解,如果说美论、艺术论、境界论是冯友兰美学思想展开的逻辑起点、延伸和逻辑终点的话,那么冯友兰哲学、美学方法论成为我们进入其整个美学思想的不二法门,依此我们的研究才得以顺利而流畅地进行。通过以上研究,我们具体呈现了冯友兰审美价值思想的丰富内容,并对其美学思想的总体特征做了一些理论

① 彭锋:《冯友兰“人生境界”理论的美学维度》,《北京大学学报》1997 年第 1 期。

② 杨守森:《艺术境界论》,上海人民出版社 2008 年版,第 154 页。

上的概括。

冯友兰在《三松堂自序》中对其所写的《贞元六书》做过总体评价，他说："这六部，实际上只是一部书，分为六个章节。这一部书的主要内容，是对于中华民族的传统精神生活的反思。"①事实上，不仅《贞元六书》是冯友兰对于传统精神生活的反思，其一生的学术活动及学术成果均是以此为中心的。"反思"即需借助"理性"，而中华民族的传统精神生活可以看作是一种追求"境界"的生活，因为它讲究"内圣外王"之道，追求一种"极高明而道中庸"的生存状态。故而我们认为可以用"理境交融"一词概括冯友兰美学思想的总体特征。"理"即理性气质，强调的是冯友兰美学研究的科学主义方法论立场；"境"即冯友兰美学对境界的高扬，它是冯友兰美学的终极诉求。两者交融，反映出冯友兰融合中西又不失民族本位的学术致思路向。

一、理性主义气质

冯友兰对哲学的兴趣是由逻辑学引起的，逻辑学"辨名析理"的学科特点，加之西方新实在论等哲学的影响，使冯友兰哲学一问世即呈现出鲜明的理性主义倾向。这典型地体现在冯友兰对方法论的自觉追求和运用上。不仅如此，事实上冯友兰终其一生都对理性主义有着深切认同。他认为，无论中国还是西方，占统治地位的哲学思想都是理性主义的。他还讲："故我以为'思''辨'二字最能说明哲学之性质及其精神。"②"人欲求高底境界，必须靠智。"③"哲学乃自纯思之观点，对于经验作理智底分析、总括及解释，而又以名言说出之者。哲学有靠人之思

① 冯友兰：《三松堂全集》（第1卷），河南人民出版社2000年版，第209页。

② 冯友兰：《三松堂全集》（第11卷），河南人民出版社2000年版，第286页。

③ 冯友兰：《三松堂全集》（第5卷），河南人民出版社2000年版，第17页。

与辩。”①冯友兰晚年在写给李泽厚先生的书信中亦曾说:“近见美国哥伦比亚大学的一篇博士论文,题目是‘冯友兰的新理性主义’。这个帽子,我很愿戴。”②

冯友兰哲学、美学的理性主义气质主要体现于其方法的科学主义立场上。冯友兰在方法论上首先强调的是“正的方法”。所谓“正的方法”,就是通过严密的逻辑分析对经验做解释。冯友兰哲学中有“理”“气”“道体”“大全”四个概念,它们作为新理学的核心范畴,是由四组命题推演出来的。第一组命题:“凡事物必都是什么事物。是甚么事物,必都是某种事物。某种事物是某种事物,必有某种事物之所以为某种事物者。”③第二组命题:“事物必都存在。存在底事物必都能存在。能存在底事物必都有其所有以能存在者。”④第三组命题:“存在是一流行。凡存在都是事物的存在。事物的存在都是其气实现某理或某某理的流行。总所有底流行,谓之道体。”⑤第四组命题:“总一切底有,谓之大全,大全就是一切底有。”⑥由这四组命题的推演过程可以看出,冯友兰是用逻辑分析的方法“对于经验,作形式底释义”⑦。因而这四组命题是形式命题,由此得出的四个范畴也是不着实际、“一片空灵”的。也正是通过“辨名析理”的逻辑分析方法,冯友兰在哲学上才划分出了真际、实际两个既相区别又相联系的世界,进而强调“理”的先验性。

不只“正方法”体现了冯友兰哲学、美学的理性主义气质,冯友兰对“负方法”的引进亦是如此。所谓“负方法”即直觉主义的方法,冯友兰

---

① 冯友兰:《三松堂全集》(第4卷),河南人民出版社2000年版,第6页。
② 冯友兰:《三松堂全集》(第14卷),河南人民出版社2000年版,第680页。
③ 冯友兰:《三松堂全集》(第5卷),河南人民出版社2000年版,第195页。
④ 冯友兰:《三松堂全集》(第5卷),河南人民出版社2000年版,第197页。
⑤ 冯友兰:《三松堂全集》(第5卷),河南人民出版社2000年版,第199页。
⑥ 冯友兰:《三松堂全集》(第5卷),河南人民出版社2000年版,第200页。
⑦ 冯友兰:《三松堂全集》(第5卷),河南人民出版社2000年版,第194页。

认为用“负方法”讲形而上学并不直接说形而上学是什么，而是说它不是什么，因而“可以说是讲其所不讲。讲其所不讲亦是讲。此讲是其形上学。犹之乎以‘烘云托月’的方法画月者，可以说是画其所不画。画其所不画亦是画”①。这种“负方法”虽然是直觉主义的，但它并不是与理性相反、相对、相绝缘之直觉，而是超理性的。冯友兰自己曾明确讲过，负方法“不是清晰思想的对立面；更不在清晰思想之下。毋宁说它在清晰思想之外。它不是反对理性的，它是超越理性的”②。“负方法”是对理性的一种扬弃，因而它在本质上属于一种高层次的理性。

通过“负方法”的运用，冯友兰对中国传统哲学、美学有了更深的把握，依据此种方法，冯友兰提出了“境界说”，这其中的人文向度是显而易见的（下文将重点谈及），但亦含有科学主义的气质。诚如牟钟鉴先生所言：“境界说是对古代哲学的一个创造性的发展，具有鲜明的中国精神，而又有现代逻辑分析的明确性。”③“境界说”含有理性主义的气质，究其原因，除了负方法作为一种不离理性而又超越理性的方法引进，还有一点即冯友兰“境界说”是由其对人生意义的探求得到的，而对人生意义的探求，则与人的“觉解”密不可分。冯友兰在《新原人》一书中讲：“人对于宇宙人生底觉解的程度，可有不同。因此，宇宙人生，对于人底意义，亦有不同。人对于宇宙人生在某种程度上所有底觉解，因此，宇宙人生对于人所有底某种不同底意义，即构成人所有底某种境界。”④由此可见“觉解”之于“境界”的重要性。而“觉解”在本质上是一种理性主义的思维方式，因为“觉解”之“解”是对事物及其所属之理的了解。冯友兰明确指出：“我们可以说，对于事物底了解必依概念。”“凡依内涵

① 冯友兰：《三松堂全集》（第5卷），河南人民出版社2000年版，第150页。
② 冯友兰：《三松堂全集》（第6卷），河南人民出版社2000年版，第286页。
③ 郑家栋等选编：《解析冯友兰》，社会科学文献出版社2002年版，第461页。
④ 冯友兰：《三松堂全集》（第4卷），河南人民出版社2000年版，第496页。

最浅底概念底了解，即是最低程度底了解。"①因而，我们认为，冯友兰的境界说中含有理性主义的气质这种提法是成立的。

由以上可见冯友兰哲学、美学的理性主义特色，可以说理性精神和理性气质是贯穿冯友兰哲学、美学始终的一条红线。这种科学主义的研究立场对美学而言显得尤为重要。众所周知，在美学研究过程中进入美学的路径大致可以分为两条：一是人文主义的研究方法，它主要从价值的尺度衡量美学问题；一是科学主义的研究方法，"科学主义的美学侧重于用科学的方法包括哲学的方法、自然科学的方法去研究美学"。两者相较，在中国科学主义美学并没有得到应有的重视和显著发展。"在中国现代美学中真正属于科学主义的有蔡仪、冯友兰。"②冯友兰美学的科学主义立场显得难能可贵，它对当下科学主义美学的进一步发展不无启发意义。

二、境界的终极诉求

冯友兰对哲学的看法是与众不同的。他认为："哲学不能增进人们对于实际的知识，但能提高人的精神境界。"③可以说，冯友兰从其哲学活动的一开始就将哲学与人的精神境界之提升紧密地联系在了一起。及至步入晚年，冯友兰孜孜以求的依然是人的精神境界之提升，如他在《三松堂自序》中重申中国传统哲学的价值时曾说："我认为中国古典哲学中有些部分，对于人类精神境界的提高，对于人生中的普遍问题的解决，是有所贡献的。"④"境界"是冯友兰哲学、美学所始终追求的，它构成了其哲学、美学的终极诉求，是冯友兰美学人文精神的体现。这集中表

---

① 冯友兰：《三松堂全集》（第4卷），河南人民出版社2000年版，第467页。

② 陈望衡：《20世纪中国美学本体论问题》，湖南教育出版社2001年版，第199～200页。

③ 冯友兰：《三松堂全集》（第10卷），河南人民出版社2000年版，第656页。

④ 冯友兰：《三松堂全集》（第1卷），河南人民出版社2000年版，第313页。

现在冯友兰的境界论中。

冯友兰认为,"境界"是新理学体系的核心。据说,冯友兰曾说自己生平立说什么都可丢,唯有天地境界不可丢。这种看法并不是没有道理的。

在《新原人》一书中,冯友兰依据人觉解程度之不同,将人的境界由低到高分为自然、功利、道德、天地四种境界,并且指出,只有在天地境界中,人才真正找到自己的安身立命之本,因为在此种境界中"天"与"人"达到了真正的合一。居于天地境界中的人,并不需要刻意做某些特别的事情,他只需要在日常生活中"尽职尽责",所谓"极高明而道中庸"。居于天地境界中的人与常人之不同在于,在做这些事情的时候他们能够"觉解"其意义。上节中我们曾指出,天地境界具有美学阐释的可能性,并且从艺术和主体存在的维度将其阐释为一种哲性的艺术美或艺术的哲性美、一种神秘的体验美、一种诗意的生存美和一种风流的人格美。可以认为,以上"四美"是冯友兰美学终极诉求的具体体现。由此可见,冯友兰之"境界"尤其是"天地境界",不仅是一个哲学问题,更是一个生存论意义上的美学问题,它彰显的是对人生之美的诗性找寻和对卑微现实的崇高救赎,其中体现的人文主义精神是显而易见的。

事实上,冯友兰哲学、美学的人文诉求不只体现在《新原人》对"境界"的论述中,新理学从一开始就孕育着人文诉求的萌芽。在《新理学》一书中,冯友兰通过逻辑分析方法得出了四个核心范畴——"理""气""道体""大全"。冯友兰认为虽然这些范畴是纯粹形式上的,不能给人以积极知识的增加,但是"理及气的观念,可使人游心于'物之初'。道体及大全的观念,可使人游心于'有之全'。这些观念,可使人知天,事天,乐天,以至于同天。这些观念,可以使人的境界不同于自然,功利,及道德诸境界"①。由冯友兰的论述可见,新理学的四个核心范畴是以提

① 冯友兰:《三松堂全集》(第5卷),河南人民出版社2000年版,第136页。

高人的精神境界进而达至最高的天地境界为旨归的。王国维讲,哲学上之说,大都可爱者不可信,可信者不可爱。而对学界之所以有人认为冯友兰的哲学达到既可信又可爱的地步,我们认为这与其哲学对境界尤其是天地境界有着自觉的追求息息相关。可以认为,境界尤其是天地境界是冯友兰哲学思想中最可爱、最迷人的部分,它是冯友兰哲学、美学人文主义诉求的典型体现。

三、“理境交融”的价值追求

综合以上分析,我们认为可以用“理境交融”一词对冯友兰美学思想的总体风貌进行宏观把握。蒙培元先生认为:“冯先生的哲学的最大特点,是引入了西方的理性主义,但是,他看到理性的限制。不离理性而又超越理性,这才是他的哲学的根本宗旨。”①蒙先生的上述概括是有一定见地的,对冯友兰美学也是基本适用的。但我们认为,冯友兰哲学美学的最大特点与其说在于其理性主义的精神特质,毋宁说体现在“理”与“境”的融合上。冯友兰个人对“理”与“境”是有过论述的。他讲:“理为智之对象,境为神之对象,智与神为能,理与境为所。‘智与理冥,境与神会’,即是知对象之能,与对象之所,冥合不分。不分而又自觉其是不分。此所谓‘如人饮水,冷暖自知’。”②虽然冯友兰在这里讲的是禅宗对第一义的体悟问题,与我们所论似乎没有多大关系,但我们认为,这里的“理”和“境”在某种意义上是可以理解为理性和境界的,因为我们所谓“理”和“境”亦是“智之对象”和“神之对象”。

目前一些学者似乎意识到了冯友兰美学思想在整体上所呈现出来的我们所谓“理境交融”的特征。如学者程相占认为:“冯友兰新理学名

---

① 蒙培元:《理性与情感——重读〈贞元六书〉〈南渡集〉》,《读书》2007 年第 11 期。

② 冯友兰:《三松堂全集》(第 11 卷),河南人民出版社 2000 年版,第 526 页。

著《贞元六书》，将中国传统哲学中的‘辨名析理’同西方近代的逻辑分析结合起来，发扬理性主义精神，以提高人的精神境界为理论归宿。”① 这种提法已暗含了“理境交融”的观点，所不同者在于，我们认为“理境交融”不只是冯友兰《贞元六书》的总体特色，也是冯友兰整个哲学的总体特色，更是其美学的总体风貌。学者侯敏认为：“冯友兰的美学是同他的理性主义原则和人生境界学说趋同的思辨美学。”②可以说，论者的这种提法已接近于我们的观点，所不同者在于尚没有指出这种思辨美学同时具有融合中西的特色。而我们所谓“理境交融”的观点，除了指明冯友兰美学的理性气质和境界的终极诉求，还意在突出冯友兰美学对中西美学的兼容性。

总之，我们认为，“理境交融”是冯友兰审美价值思想的总体特征。理性是一种手段和方法，境界是其美学的最终皈依。

第四节　冯友兰审美价值论的反思

冯友兰审美价值思想的产生有其特定的时代背景和理论渊源。

一、冯友兰审美价值思想的贡献与不足

作为哲学家和哲学史家的冯友兰的审美价值思想的贡献体现在以下几个方面：

其一，在方法论上，冯友兰较早认识到中西思维方式上的差异，并对各自的优劣有着清醒的认识：运用中国直觉主义式的“负方法”研究形而上学暗示有余而明晰性不足，运用西方逻辑分析式的“正方法”研究

---

① 程相占：《冯友兰人生境界论的审美维度》，《孔子研究》2004 年第 5 期。

② 侯敏：《有根的诗学——现代新儒家文化诗学研究》，上海人民出版社 2003 年版，第 51 页。

形而上学却不能达到哲学的最高顶点。冯友兰在其学术研究中兼采中西之长,强调思维方式上的中西互补,这是对中西思维方式的双向扬弃,走的是一条综合创新之路。这对美学研究具有深刻的启示意义。在强调对话与交流的全球化时代背景下,寻求一条中西互补、综合创新之路,无疑会加速中国特色美学理论体系的建构。

其二,在美论上,冯友兰美学前期强调美之“理”,认为事物之所以美,在于其对“理”的表显。这实际上构成了冯友兰美学的本体论。虽然没能解决美的本体问题,但由于美之“理”是对程朱理学之“理”和柏拉图、黑格尔哲学“理式”“理念”的吸收,这种对美的本体探寻方式,在中国现代美学史上是独树一帜的,应该给予一定地位。冯友兰美学后期强调“美是使人有某种感觉的形象”,对于我们正确把握审美活动中审美对象的独特之处提供了参考。

其三,在艺术论上,冯友兰从其社会文化哲学之“文”与“质”的立场出发,既强调文艺的民族性,又不忽视文艺的世界性(现代性)。他的这种看法是辩证而深刻的,其中饱含着冯友兰对建设中国特色文艺的良苦用心。在艺术的评判标准上,冯友兰强调应从宇宙和个人两个维度考评文艺作品,其中第一个标准实际上强调的是艺术不应该媚俗,不应该沦为娱乐的玩偶或政治宣传的工具,它应该有一种形而上的追求,这就为它设置了一个至高的标度,为我们把握艺术境界提供了很好的启示。

其四,在境界论上,冯友兰天地境界所呈现出来的哲性的艺术美或艺术的哲性美、神秘的体验美、诗意的生存美和风流的人格美对于提高人们的精神层次,实现人与人、人与自然、人与社会的和谐,进而达至诗性生存之境具有一定的启示性。

不可否认,由于冯友兰哲学思想的影响,加之时代和个人认识的局限性,其审美价值思想也存在着一些不足,突出表现在:

第一,基本立场上的唯心主义色彩。冯友兰早期将美的本质标举为“美之理”,在艺术论上强调“艺术之本然样子”,这些是冯友兰从其新理学哲学体系出发得出的必然结论。众所周知,新理学之“理”是对程朱理学之“理”和柏拉图、黑格尔之“理式”“理念”在哲学美学上的继承和发展,具有较为明显的客观唯心主义色彩。

第二,本体的混淆。在美的本体探讨上,冯友兰对其做了简单化的处理。冯友兰是从新理学的视域观照美学的,用新理学之“理”去拘束美的本体,强调“美之理”,其明显失误之处在于他将哲学的本体同美学的本体相混同。冯友兰美学后期对美的看法转向“美是使人有某种感觉的形象”恰说明冯友兰此前没有认识到这一问题的复杂性。

第三,在艺术论上,冯友兰从民族文学之于一个民族的独特价值意义出发,认为文学作品在本质上是不可翻译的,因为不同民族有不同的语言习惯、历史传统和文化心理结构。这种看法有一定道理,它饱含着冯友兰对民族文化和民族文学的深情眷恋,但这种观点显然又是有失偏颇的,因为它不但否认了人类情感的某些共通性,而且否认了不同民族之间沟通的可能性,这反映出冯友兰在文化上存在一定程度的保守主义倾向,与其融合中西的学术立场是不相适应的。

第四,在境界论上,冯友兰美学在终极意义上指向人之境界的提升,但境界尤其是天地境界的终极设置,主要是就人的理性(“觉解”)层面而言的,这就相对忽视了境界的感性层面,忽视了境界达成的现实性,因而在一定程度上显得流于玄虚,很难付诸具体实践。

二、冯友兰美学思想的当代意义

长期以来,冯友兰是以哲学家和哲学史家的身份名之于世的,但这并不意味着其思想中没有美学因子。事实上,如果我们抛开对冯友兰的狭隘定位,真正从其文本出发,就会发现其中所蕴含的美学思想。且不论冯友兰在其哲学中对艺术、诗的论述所直接表达的美学见解,即便就他对哲学本身的阐发而言,这其中亦潜存着美学的维度,如境界论、负的研究方法等。我们认为,冯友兰美学思想的当代意义主要体现在以下几

个方面:

第一,中西互补的方法论启示。在运思方式上,冯友兰强调不同于逻辑分析方法(冯所谓“正的方法”)的“负的方法”的重要性,进而强调正、负方法的结合,以达到通过哲学提高人的精神境界之目的。他说:“一个完全的形上学系统,应当始于正的方法,而终于负的方法。如果它不终于负的方法,它就不能达到哲学的最后顶点。但是如果它不始于正的方法,它就缺少作为哲学的实质的清晰思想。”①这种对方法论的自觉追求,对于克服西方自近代以来占主导地位的主客二分思维模式的弊端进而超越之,从而达至人与世界浑融一体、天人合一的诗性生存境界具有一定启发性。不可否认,主客二分式的认识论思维模式在推动人类社会的进步与发展过程中起到了重要作用,但也产生了一些负面影响。弊端之一就是它导致了人的主体意识的无限膨胀,“人为自然立法”“人是自然的主人”之类的说法就是主体意识过度膨胀的反映。冯友兰清醒地认识到了这种过于理性的思维方式的弊端,因而在其学术视域中,他有意识地融合中西哲学、美学传统,强调主客二分而又超越主客二分,在其哲学系统中设置了一种充满诗性智慧的负的研究方法,这就在终极意义上走向了一种“超主客关系的天人合一”(张世英语),达到了一种完全不同于主客对立的诗性弥漫的境界。

第二,本土化美学理论体系建构的借鉴。冯友兰在中西文化交融碰撞的时代继承旧学,创造新系统,在哲学上独树一帜地建构了一种体系完整的新理学,影响深远。冯友兰美学与其哲学息息相关,亦是在融合中西哲学美学传统的基础上建立起来的,他对美和艺术本质的看法正是其融合中西文化传统之典型体现。这对我们建构本土化的美学理论体系具有借鉴意义。我们的美学理论体系建构既不能一味地全盘西化,使中国美学成为西方各种理论话语的“跑马场”,亦不能因盲目排外而抱

① 冯友兰:《三松堂全集》(第6卷),河南人民出版社2000年版,第288页。

残守缺、固步自封。事实上，自西学东渐以来，中西文化之争就决定了中国近代美学的发展趋向，即努力探寻中西美学的契合，以实现对中西美学的综合创新。① 我们的现代美学亦复如是。只有努力寻求一种中西互补之路，保持一种开放的心态，在交流对话中相互借鉴、吸收，既有拿来主义的眼光，又有“送去主义”的勇气，才能使我们的美学理论体系得到合理建构。对此，有论者结合冯友兰的诗论颇有见地地指出：“当我们困惑于传统文论在现代西化语境中的尴尬时，冯氏所展望的未来哲学的前景为我们提供了一种可能的方向。”②

第三，现实诗性生存之境的展望。在一定意义上讲，中国的哲学家与美学家是合二为一的。用美学的方式表述哲学问题与用哲学的方式统观美学问题，成为中国思维方式的特色之一，这一点在先秦诸子中表现得尤为明显。肖鹰认为，中国美学精神的核心是在天地之间立其心，在此基础上他将中国美学精神同哲学精神进行了对比。他说：“作为一种精神表现，中国哲学在其天地境界中展现为中国美学的意境；作为一种精神的生成（如冯友兰所讲的哲学在于提高人的心灵境界），中国美学又归于中国哲学的天地精神——这是中国艺术意境的玄远之致。”③

冯友兰的哲学与美学思想可作如是观。作为新儒学的代表人物之一，冯友兰有着深厚的传统文化积淀，他承继了传统儒家“天人合一”的审美追求，强调天地境界当为人生的最高境界，强调主体精神的解放发展，这也是中国美学的基本规定，对于提升人的精神空间、达至诗性生存之境具有一定启发意义。冯友兰在1924年写就的《人生哲学》一文中，强调了“和”的哲学思想，他说：“和之目的，就是要叫可能的最多数之

① 唐孝祥：《中国近代美学的四大特征》，《华南理工大学学报》2004年第2期。

② 李建国：《诗学与哲学的共同向度——冯友兰诗学发微》，《三峡大学学报》2007年第1期。

③ 肖鹰：《传统中国美学的当代文化意义》，《北京社会科学》1997年第2期。

欲,皆得满足。……社会主义的社会制度较好,正因其所得之‘和’较大。”①晚年更是把“和”归结为中国哲学最优秀的传统。这种“和”的思想亦是审美价值的崇高追求。

综上所言,在世界文化冲突与融合的时代背景下,在美学转型多元取向和多种建构的中国语境中②,冯友兰审美价值思想不仅具有重要的现实意义,而且在理论上为我们回答“中国美学向何处去”这一问题提供了重要启示。其融合中西又不失民族本位的学术致思路向为我们揭示了美学研究的一种可能性向度,因而我们应该充分重视冯友兰审美价值思想,将其研究进一步推向深入。

① 冯友兰:《三松堂全集》(第2卷),河南人民出版社2000年版,第11～12页。

② 周均平:《跨世纪历史性转换的前奏——美学转型问题研究综论》,《文史哲》1998年第3期。

第七章　李泽厚：“以美启真，以美储善”的探求

李泽厚(1930～　)，我国著名的哲学家、美学家，成名于20世纪50年代，以重实践、尚“人化”的“客观性与社会性相统一”的美学观自成一家。他曾参与20世纪50年代的美学争论。80年代，他不断拓展其学术思想，并推动思想界的启蒙运动不断向前发展，这一时期他的思想主要是对西方美学的接受，以高扬人的主体性、崇尚康德、倡导美学热而闻名于世，被称为“青年导师”。90年代以后，他客居美国，出版了《论语今读》《世纪新梦》等著作，宣扬儒家主情论，这一时期他的思想主要是用中国传统文化改造西学。他在主体性实践哲学的基础上形成了主体性实践美学思想，并以“自然的人化”观点为依托，对什么是美、美产生的根源以及美的本质进行了系统的阐释。李泽厚的思想比较自由，他的美学思想集中体现了世纪之交审美价值的一些新的东西，更重要的是，他的审美价值思想具有很强的实践性、创新性、人文性和启蒙性，在中国当代美学史上具有十分重要的影响。

第一节　李泽厚审美价值发生论

世界上任何事物都处于永不停息的运动、变化、发展之中，正如孔子所说：“逝者如斯夫！不舍昼夜。”(《论语·子罕》)李泽厚的审美价值观也经历了不断发展变化的过程。我们可以把这个过程分为三个阶段：第

一阶段,以1956年前后中国持续近十年之久的美学大讨论为标志,李泽厚接受了马克思《1844年经济学—哲学手稿》中关于"人化的自然"的观点,把"实践"这个范畴引入了他的审美价值论研究。第二阶段,主要是从20世纪80年代开始到80年代末,李泽厚接受了康德哲学思想中的主体性思想并对其进行研究,他又以康德哲学思想为基础对审美价值论进行了进一步探索,提出了美的本质与人的本质都是人类实践的产物,它们是紧密相联不可分割的关系。这一时期以他1979年出版的哲学专著《批判哲学的批判——康德述评》为标志。第三阶段,20世纪80年代后期到现在,这一阶段他的审美价值论的突出特点是对中国传统文化特别是儒家文化的重视,"实用理性"与"乐感文化"是他这一时期审美价值观的代表性观点。

一、李泽厚对西方思想的接受

(一)从"自然的人化"到"人化的自然"

李泽厚在1950年时考上了北京大学。他在北京大学读书期间学习很刻苦,而且涉猎广泛。他在回忆那段经历时曾说过:"有的年轻人看我现在写文章很快,以为这是'天分',其实我是下过笨功夫的。"①他在这段时期的积累也成为他以后在美学研究路上的宝贵财富。1956年中国开始了持续十年之久的美学大讨论。也正是在这场大讨论中李泽厚的审美价值思想突显出来,他在当年第五期的《哲学研究》上发表了名为《论美感、美和艺术——兼论朱光潜的唯心主义美学思想》的文章。在这篇文章中,最值得关注的是他引用了马克思《1844年经济学—哲学手稿》中关于"人化的自然"的观点,有关"实践"这个范畴也正是在这个时候被引入他的审美价值研究中来的。而马克思的《1844年经济学—

① 李泽厚:《走我自己的路》,见《走我自己的路(杂著集)》,中国盲文出版社2002年版,第3页。

哲学手稿》中的“人化的自然”观点也成了李泽厚审美价值思想对西方思想接受的主要来源。他不但接受了马克思的“人化的自然”观点,还在此基础上提出了“自然的人化”观点,并且他认为美的根源就在于“自然的人化”。那么,什么又是“自然的人化”呢?有关这种思想他在后来的《美学四讲》中有详细的阐释,他说:“美的根源究竟何在呢?这根源(或来由)就是我所主张的‘自然的人化’。在我看来,自然的人化说是马克思主义实践哲学在美学上(实际也不只是在美学上)的一种具体的表达或落实。就是说,美的本质、根源来于实践,因此才使得一些客观事物的性能、形式具有审美性质,而最终成为审美对象。这就是主体论实践哲学(人类学本体论)的美学观。”①实践是检验真理的唯一标准,实践观点是马克思主义哲学的重要部分。李泽厚创造性地运用马克思主义的实践哲学思想并对其改造,形成了他颇具特色的审美价值思想。他认为美以及美的本质最终都是根源于实践的。为什么根源于实践呢?因为一些客观事物的性能、形式之所以具有审美的性质并最终成为审美的对象都是因为有了实践,没有人类的实践,就不会有审美对象的产生,没有审美对象的产生也就不会有审美以及审美的价值所在。可见,实践在审美的过程中起着决定性作用。从人类经过社会实践创造出来的物质实体到人类精神上审美的产生这一过程,也就是“自然的人化”的过程,而审美的价值也就在这一过程中产生出来。其实也就是说实践是审美价值产生的基础的基础,没有实践,审美以及审美价值都无从谈起。这也正是李泽厚把实践引入他的审美价值研究的真正意义所在。在这场大讨论中,李泽厚还发表了《美的客观性和社会性》《关于当前美学问题的争论》《〈新美学〉的根本问题在哪里?》《美学三题议》等一系列文章。

其实,李泽厚对马克思“人化的自然”观点的接受也是有重要价值的。1919年五四运动以后,马克思主义开始在中国传播,马克思主义

① 李泽厚:《美学四讲》,天津社会科学院出版社2001年版,第77页。

的基本原理是正确的，具有强大的生命力，它是源于实践又指导实践的科学的理论，它也是中国革命与建设胜利的指导思想。正是因为马克思主义有这样重要的作用，所以我们说李泽厚接受并引入马克思主义思想中的"实践"观点，也是有其重要意义的。而且李泽厚自己也说过："从理论传统和实践传统看，马克思主义美学这种特征是有其时代历史的原因的。它是马克思主义本身的批判性、革命性和实践性在艺术—美学领域中的体现。这就是我们所习惯了的马克思主义美学。在中国，它从三四十年代起开始广泛传播，1949 年后便占据了统治地位。"①可见，马克思主义美学思想也是李泽厚对西方思想接受的主要来源，以马克思主义美学思想为依托来研究审美价值观也是具有重要意义的。

(二)从康德哲学到美的本质源于实践

李泽厚不但接受了马克思主义美学思想中的"实践"观点，而且接受了康德哲学中的一些思想。对这些思想的接受主要体现在他 1979 年出版的哲学专著《批判哲学的批判——康德述评》中，虽然说这是一部哲学著作，但是哲学是美学的基础，所以从这部哲学著作中我们也能看出他的审美价值论的一些轨迹来。这本书主要是运用马克思主义的实践观点来对康德的先验论哲学进行分析研究。在其中的美学论述部分，李泽厚指出了美的本质与人的本质是密不可分的关系，指出美的本质与人的本质都是人类社会实践的产物。其实这也就是李泽厚所倡导的"主体性实践哲学"。在书中他还就主体性心理结构问题进行了说明："这里讲的主体性心理结构也主要不是个体主观的意识、情感、欲望等等，而恰恰首先是指作为人类集体的历史成果的精神文化、智力结构、伦理意识、审美享受。"②李泽厚为什么在这里认为主体性心理结构与个体

① 李泽厚：《美学四讲》，天津社会科学院出版社 2001 年版，第 37 页。
② 李泽厚：《批判哲学的批判》，人民出版社 1984 年版，第 94 页。

的主观意识、情感、欲望等无关，认为主体性心理结构与历史成果的精神文化、智力结构、伦理意识、审美享受相关呢？这源于他对康德哲学的部分接受以及他以马克思主义美学思想为指导。在书中他指出："康德的先验论之所以比经验论高明，也正在于康德是从作为整体人类的成果（认识形式）出发，经验论则是从作为个体心理的感知、经验（认识内容）出发。"①他认为康德从整体人类的成果出发比之经验论的从个体的感知与经验出发要高明得多，这促使他在接受了康德先验论的基础上提出了"主体性心理结构"问题，并进而认为它与人类集体的历史成果相关。他还认为维特根斯坦的现代哲学从语言出发的观点是不对的："维特根斯坦以及现代哲学则更多地从语言出发，语言确乎是区别于其他动物的人类整体性的事物，从语言出发比从感知、经验出发要高明得多。但问题在于，语言是人类的最终实在、本体或事实吗？现代西方哲学多半给以肯定的回答，我的回答是否定的。"②为什么是否定的呢？是因为他认为："人类的最终实在、本体、事实是人类物质生产的社会实践活动。在这基石上才生长起符号生产（语言是这种符号生产中的主要部分）。"看来最终李泽厚还是把它归结到实践上来，也即："真正的感性普遍性和语言普遍性只能建筑在实践的普遍性之上。"③这也正是他以马克思主义美学思想为指导，接受了康德的哲学并以此为基础，以实践的视角、理性的思维来对审美价值论进行研究的意义所在。当然，李泽厚对西方思想的接受还不仅限于此。由于他涉猎广泛，在学术方面的造诣更是深入，仅拿他对西方思想接受的主要部分来做分析还不够全面，下面我们从中国传统文化的角度考察李泽厚的审美价值论。

---

① 李泽厚：《批判哲学的批判》，人民出版社1984年版，第76页。
② 李泽厚：《批判哲学的批判》，人民出版社1984年版，第76页。
③ 李泽厚：《批判哲学的批判》，人民出版社1984年版，第76页。

二、中国传统文化的继承与改造

李泽厚在接受西方文化的同时不忘从中国传统文化中去找寻美的本质问题。1979 年李泽厚不但出版了《批判哲学的批判》,还出版了《中国近代思想史论》,1980 年他还在《中国社会科学》上发表《孔子再评价》一文,后来又先后发表了研究中国古代思想史的一些文章:1982 年发表的《宋明理学片论》,1984 年的《秦汉思想简议》《孙老韩合说》《墨子论稿》,1985 年的《荀易庸记要》和《庄玄禅宗漫述》。这些文章之后合成专著《中国古代思想史论》出版。这一专著的出版表明李泽厚试图从中国传统文化中发掘与探索美的问题。这主要体现在以下三个方面:

(一)实用理性的审美精神实质

李泽厚认为儒家文化的最显著特点就是强调情感和理性的统一。在《中国古代思想史论》的《孔子再评价》一文中,李泽厚阐释了孔子的“礼”的特征与“仁”的结构,他认为孔子的仁学思想是种“整体模式”,有四个因素构成这个思想模式和仁学结构,那就是:“(一)血缘基础,(二)心理原则,(三)人道主义,(四)个体人格。”①他进而认为这种精神的实质是“实用理性”。书中这样写道:“四因素机械之和不等于‘仁’的有机整体。这个整体具有由四因素相互作用而产生、反过来支配它们的共同特性。这特性是一种我称之为‘实践理论’或‘实用理性’的倾向或态度。它构成儒学甚至中国整个文化心理的一个重要的民族特征。”②那么,什么是“实践(用)理性”呢?他说:“首先指的是一种理性精神或理性态度。……不是用某种神秘的热狂而是用冷静的、现实的合理的态度来解说和对待事物和传统;不是禁欲或纵欲式地扼杀或放任情感欲望,而是用理知来引导、满足、节制情欲;不是对人对己的虚无主义或利

① 李泽厚:《中国古代思想史论》,人民出版社 1986 年版,第 16 页。

② 李泽厚:《中国古代思想史论》,人民出版社 1986 年版,第 29 页。

己主义,而是在人道和人格的追求中取得某种均衡。”①他用更加理性的视角来解说孔子的“仁”与“礼”,表现了一种清醒的理性精神。他说:“这种理性具有极端重视现实实用的特点。即它不在理论上去探求讨论、争辩难以解决的哲学课题……重要的是在现实生活中如何妥善地处理它。”②他更加重视“仁”与“礼”在现实生活中的应用以及它们所真正起到的启蒙作用。其实李泽厚在这里所提出的“实用理性”的观点也正是对马克思主义美学思想中“实践”观点的接受,并且他用“实践”的理论对孔子的“仁”与“礼”的思想加以继承并改造,形成了“实用理性”的态度。

(二)对天人合一观的改造

在《中国古代思想史论》一书《试谈中国的智慧》一篇“天人合一”一节中,李泽厚认为:“中国思想传统有着自己的重大缺陷和问题,实用理性正面临着严重的挑战。”③他认为这种挑战主要是一些“封闭因循、消极反馈的行为模式和生活模式”④。这些模式影响了现代化的进程,需要扫清这些模式。那么如何扫清呢?他采取的是继承中国传统文化精华的方法,这就是他所说的:“中国现代化的进程既要求根本改变经济政治文化的传统面貌,又仍然需要保存传统中有生命力的合理东西。”⑤他认为还要用西方的一些积极思想来对中国传统思想加以改造,这也就是他所说的“西体中用”。他说:“所谓‘西体’就是现代化,就是马克思主义,它是社会存在的本体和本体意识。它们虽然都来自西方,却是全人类和整个世界发展的共同方向。所谓‘中用’,就是说这个由马克思主义指导的现代化进程仍然必需通过结合中国的实际(其中也包括中

① 李泽厚:《中国古代思想史论》,人民出版社1986年版,第29页。
② 李泽厚:《中国古代思想史论》,人民出版社1986年版,第30页。
③ 李泽厚:《中国古代思想史论》,人民出版社1986年版,第316页。
④ 李泽厚:《中国古代思想史论》,人民出版社1986年版,第316页。
⑤ 李泽厚:《中国古代思想史论》,人民出版社1986年版,第317页。

国传统意识形态的实际)才能真正实现。这也就是以现代化为‘体’,以民族化为‘用’。”①他以马克思主义美学思想为基础,对中国传统思想进行改造,这也充分体现了他由放眼西方世界文化转而开始对中国传统文化的精华加以发掘与研究。对中国传统的“天人合一”观进行研究与改造是其中比较有代表性的。他说中国的“‘天人合一’,便既包含着人对自然规律的能动地适应、遵循,也意味着人对主宰、命定的被动地顺从崇拜”②。他又对中国这个“天人合一”观形成与演变的过程进行了论述,他认为:“如果今天还保存‘天人合一’这个概念,便需要予以‘西体中用’的改造和阐释。……以马克思讲的‘自然的人化’为根本基础。”③

(三)从巫史传统看审美心理的产生

“巫史传统”是中国传统文化的一个重要特征,从这一特征可以看到中国传统文化是注重情感与和谐的。原始的巫术礼仪代表着人类审美心理不断形成的过程,代表着审美能力的迅速发展。李泽厚认为:“就在这种原始的巫术礼仪中,由于把原始积淀中分散零乱的感受,加以集中运用,构成了巫术礼仪的感性形式的方面。如原始舞蹈把狩猎过程模仿得很简练,用现代的语言来说,也就是加以典型化,赋予它以‘艺术形式’,这样就使人们的审美心理的成长变得集中和自觉了。因此虽然艺术不等于审美,但审美能力在这种活动中却得到更加集中和远为迅速的发展。”④审美心理的形成与审美能力的发展都离不开情感因素的作用。在“巫术礼仪”中情感因素是相当重要的,“巫术活动是巫师或所有参加者所具有的某种迷狂状态,它是一种非理性或无意识的强烈情感的展现和暴露。但由于在活动、操作上又受着上述严格形式规范的要

① 李泽厚:《中国古代思想史论》,人民出版社1986年版,第317~318页。
② 李泽厚:《中国古代思想史论》,人民出版社1986年版,第319页。
③ 李泽厚:《中国古代思想史论》,人民出版社1986年版,第320页。
④ 李泽厚:《美学四讲》,天津社会科学院出版社2001年版,第257~258页。

求,与繁复的细节仪式相结合,上述迷狂情绪便仍然受着理知的强力控制,从而使它发展为一种包容有想像、理解、认知诸因素在内的情感状态”①。看来,强烈情感的展现与暴露也正是审美心理形成、审美能力发展的重要因素之一。审美心理形成与审美能力发展之后,接下来就是如何使之在陶冶人的性情与建构人性上起到一定之作用。这就是“礼”与“乐”所承担的了。李泽厚认为,中国将“礼”和“乐”并称,它们是原始巫术的分化发展,“‘礼’管人们的行为,其中形式方面(如礼仪)便包含着艺术和审美。‘乐’更是使感性的东西和理性的东西融合在一起,以完成对感情的塑造。……这种最早的陶冶性情、建构人性,便是通过诗、歌、舞三位一体的原始巫术活动的‘艺术形式’出现的”②。可见,巫术礼仪在中国传统“礼”与“乐”文化的形成与发展中起着至关重要的作用,它对审美心理的建构也具有相当重要的意义。

第二节　李泽厚审美价值特征论

李泽厚的审美价值观的特征主要体现在三个方面:以美启真,也就是自由直观;以美储善,也就是自由意志;生活艺术化,也就是自由享受。

从整个人类的大历史背景来说,文艺复兴以前的中世纪(约公元476年~公元1453年),人们是没有自我的,同时期的中国最典型的是“皇权”制,西方则是教会占统治地位,人们生活在理性与感性都被束缚的阶段。文艺复兴使人们开始专注于现世生活的质量,提倡人文主义;启蒙运动又使人们开始了理性的思考,思想发生了巨大变化,人们生活在理念的光环之下。而到了现代社会,人们逐渐开始思索,我应该如何活,我为什么活着,以及我活得怎么样的问题。针对这些问题,李泽厚说

① 李泽厚:《历史本体论·己卯五说》,三联书店2003年版,第164~165页。
② 李泽厚:《美学四讲》,天津社会科学院出版社2001年版,第259页。

“我意识我活着”。他的这个“我意识我活着”不是绝对的精神层面上的,而是把它放到了历史具体的客观时空条件之下的“我意识我活着”。他说:“‘我意识我活着’是在一定的‘客观’时空即历史条件下培育出来的,它是一定时空下的社会(集体)产物。”①然而要真正解决困扰现代人的问题,李泽厚认为要从陶冶、塑造人性上去找寻,他说:“所谓人性的塑造、陶冶不能只凭外在的律令,不管是宗教的教规,革命的‘主义’。那种理性凝聚的伦理命令使所建造的‘新人’极不牢靠,经常在这所谓‘绝对律令’崩毁之后便成为一片废墟;由激进的‘新人’到颓废的浪子,在历史上屡见不鲜。只有‘以美启真’‘以美储善’的情感的陶冶塑造,才有真正的心灵成长,才是真实的人性出路。”②在这里,李泽厚认为只有用“以美启真”“以美储善”的情感来陶冶和塑造人性才会有真正的心灵成长,这才是真实的人性的出路。这也是李泽厚所提倡的一种能够拯救心灵的审美观。

一、“以美启真”:自由直观与历史理性

那么,什么又是李泽厚所说的“以美启真”呢?在说这个问题之前,我们得要知道真、善、美这三个范畴的含义。“真”作为形容词的意义是真实。张衡《思玄赋》:“彼无合其何伤兮,患众伪之冒真。”“善”作为形容词的意义是好的、美好的。子曰:“三人行,必有我师焉,择其善者而从之,其不善者而改之。”(《论语·述而》)作为形容词,“善”还有以下几个意义:善良的、有道德的、完善的、高明的、人际关系较好的等。“美”作为形容词的意义是美观、完善的。以上是词典中对真、善、美的解释,然而真、善、美的含义也随着人们艺术实践的不断发展而不断变化。它们所表示的意义也更加多元化、综合化。黑田鹏信曾说过:“知

---

① 李泽厚:《历史本体论·己卯五说》,三联书店2003年版,第95页。

② 李泽厚:《历史本体论·己卯五说》,三联书店2003年版,第123页。

识欲的目的是真;道德欲的目的是善;美欲的目的是美。真善美,即人间理想。”他把真、善、美塑造作为人们的一种理想。从艺术与审美的视角来看,真、善、美这三个范畴又成了文艺批评中检验作品社会意义和艺术价值的美学标准。李泽厚以实践的观点为基点又对真、善、美三个范畴作了界定。他说:“人类在改造客观自然界的社会实践中,要认识、掌握和运用自然规律。我曾把自然界本身的规律叫做‘真’,把人类实践主体的根本性质叫做‘善’。当人们的主观目的按照客观规律去实践得到预期效果的时刻,主体善的目的性与客观事物真的规律性就交会融合了起来。真与善、合规律性和合目的性的这种统一,就是美的本质和根源。”①他认为,自然规律本身是“真”,它具有客观性;而人类发挥主体的积极性、主动性去认识与运用规律的本质是“善”,它具有主观性;这种主观性与客观性的合目的的、合规律的交融形成了美的本质。大致对真、善、美有了了解之后,他所说的“以美启真”也就很好理解了。李泽厚在《历史本体论》一书中,对什么是“以美启真”有较为详细的论述。他说:“所谓‘以美启真’也就是认知对偶然性的开放。如我已不断提示,‘实用理性’可以与后现代某些合理部分相衔接来重建理性。”②这里的“美”也就是他所说的“认知”,也就是个体的领悟、感受、体验等,其实也就是个体对自然规律的把握过程中所产生的感悟、体会等。还有如他所说:“个体所具有的意识(包括无意识)的这种偶然性和自发性,正是包含情感、想像在内的合理性,而与审美相通。它可以表现为灵感、顿悟种种形态,而与以概念、范畴为形态的理性认知相区别。‘以美启真’,正是这种领悟、感受、体验和把握,而非普遍、抽象的认识和理解。”③这里的“真”也就是对这些“认知”的合理的把握,这种“合理”带有个体的

---

① 李泽厚:《美学四讲》,天津社会科学院出版社2001年版,第90~91页。
② 李泽厚:《历史本体论·己卯五说》,三联书店2003年版,第44页。
③ 李泽厚:《历史本体论·己卯五说》,三联书店2003年版,第46~47页。

自发性与偶然因素，可以凸显个体的独特创造价值："'以美启真'可以成为对个体独特性的开发，亦即对人的自发性、偶然性的开放，这即是自由。尽管个体是历史的儿女，心理是文化积淀的产物，但由于个体先天、后天的不同从而所积淀的文化成果有巨大差异，这种由个体承担的偶然性，便极具个别性、差异性、独特性、具体性和多元性，成为实践操作活动中和认识思维领域中创造性的真正源泉和动力。个体存在的价值在这个认识论中也鲜明地凸显出来。"①他认为由于实践的主体是具体的个体，这个具体的个体又具有差异性、独特性、多元性等特征，而且个体在实践过程中还存在着自发性、偶然性等因素，这些因素使个体的实践活动呈现出独特的意义来，使个体的实践活动更加具有创造的自由性。其实，他所说的"以美启真"也正是回答了"如何活"的问题。"以美启真"强调的正是人作为一个独立个体所具有的独特创造力问题。我们要"如何活"？就是要活得有个性，体现出自身创造的价值，展现出自身存在的价值，那就要"以美启真"，要不断超越自身，要"突破旧的形式和结构，这就是'超越'"②。

二、"以美储善"：自由意志与心理本体

"以美启真"回答了我"如何活"的问题，那么"以美储善"又回答了什么问题呢？其实它回答了我"为什么活"的问题。现代社会的人们不再被完全的理性束缚，是思想相对自由的个体，也正是由于这相对的自由，使人们开始思考，作为生命的个体，我为什么而活着？李泽厚认为，作为生命的个体，其生活的意义可以在个体生命与生活之上去找寻，他引梁漱溟的话说："生活意义就在生活本身，而不在他处。"③他认为生命

① 李泽厚：《历史本体论·己卯五说》，三联书店 2003 年版，第 47 页。
② 李泽厚：《历史本体论·己卯五说》，三联书店 2003 年版，第 14 页。
③ 李泽厚：《历史本体论·己卯五说》，三联书店 2003 年版，第 101 页。

意识的本质是社会性的，“生活（命）是个体，生活（命）意义则可以不是个体而是在个体生命、生活之上、之外的神或集体或人类总体。……生活（命）意识本就是社会的。”①生命意识的社会性本质是针对动物生理性而言的，他认为作为生命个体的人就应该找寻动物生理性之外的人生意义和生活价值。“既然‘逝者如斯夫而未尝往也’，个人死去，人类仍存，那就‘能近取譬’，就在这你—我—他（她）的人生世界中，以充满人际情感的心理去履行那‘先验’的至上命令，获取人生意义生活价值。”②他认为，作为个体生命的人可以在人世的情感中去构筑人性的“善”，他说：“心灵的快乐当然包含着肉体以至心灵本身的苦痛艰辛，但它不再为上帝的身影、空洞的虚无所掩埋或覆盖，人性善可以建筑、归结为人世情感之中。”③对人性善的建构可以让人们知道，我为什么要活着，我活着就是为了把人性建成善的根本，“对个体，它化而为‘天地境界’，就成了具有潜在势能的‘善’，成为‘道’的执行者。……这里的审美——天地境界，便不只是泯灭一己与自然万物同一而已，它成了一种超自然、超经验的人生态度和个体品格。……它不只是‘善’，而是‘乐’，即所谓‘知之者不如好之者，好之者不如乐之者’。所以它是‘储善’。‘善’在这里已成为几乎是无意识的潇洒……是‘山仍是山，水仍是水’的心境超越”④。李泽厚在这里所说的天地境界也就是审美境界，他认为这种审美境界是“善”与“乐”的统一，是一种超越了自然、超越了经验的人生态度与品格，是一种心灵上的至上感受，是一种心灵之美。而这种心灵上的超越也正是我活着的目的，我活着就是为了享受生活、自然以及艺术自由，就是为了拥有这种审美的境界。他说：“而所谓‘天地境界’或

① 李泽厚：《历史本体论·己卯五说》，三联书店2003年版，第101页。
② 李泽厚：《历史本体论·己卯五说》，三联书店2003年版，第102页。
③ 李泽厚：《历史本体论·己卯五说》，三联书店2003年版，第102页。
④ 李泽厚：《历史本体论·己卯五说》，三联书店2003年版，第103～104页。

审美境界,即以对生活、自然、艺术的自由享受,使个体从集体、从理性、从各种约束中解放出来,其目标、前途、遭遇并无一定之规,从而不可预测。命运偶然性、个体特异性、人的有限性、过失性和对它们的超越,在这里充分绽出。这就是生命,就是道路,就是真理,就是‘情况’,也就是自己,就是你的、我的、他的、她的‘我活着’和‘我意识我活着’。”①在李泽厚看来,把个体从集体与理性的束缚中解放出来,自由地享受生活、自然和艺术所带给我们的审美体验,形成审美的境界,这才是真正的“我活着”与“我意识我活着”。当然,这里所说的“我意识我活着”并不是绝对精神上的“我意识我活着”,而是审美意义上的“我意识我活着”。他认为,作为生命的个体只有在审美中才有感性与理性的无所拘束并达到二者的交融,从而使人的心灵得到丰富,使人的情感得到升华。他说:“在认识论,理知常常要求排开所有这些情绪——情感性的心理,以履行其义务和责任的行为活动。只有在审美中,理性无拘无束,感性也无拘无束,二者随意交融,不断积累,从而不断丰富人的心灵——‘情’(情感、情况)。”②

作为个体的人的生命是有限的,人类也正是知道生命的有限,所以才要思考。既然生命短暂,那么我“为什么活”?在西方,人们大多信仰上帝,认为生命虽然是有限的,可是死了之后还会有天堂,于是乎对于这有限的生命也便不觉畏惧、不觉无趣。但到了现在,上帝不再是人们精神的依托。在中国,“信仰危机”也已不再是新名词了,人们在物质生活上已经相对满足,如何寻找精神的家园就成了真正要解决的问题。那么这时候再思考我“为什么活”就有了它真正的意义了。李泽厚的“以美储善”也即对这一问题的很好回答。他说:“所以,回到人生有限,这是无可奈何的。无常而有限,使人伤春悲秋,询问归程何处。此本体悲情,

① 李泽厚:《历史本体论·己卯五说》,三联书店 2003 年版,第 126 页。

② 李泽厚:《历史本体论·己卯五说》,三联书店 2003 年版,第 106 页。

包括抵抗与追求,包括虚构来生,指意无限,总是在活动中变化中(becoming)。这活动、变化其实也即是存在(Being)自身。它虽不限于存在者,却只有常住在存在者中,才有其实在。在西方,上帝死了,无家可归,追求超人或重建宗教;在中国,人情淡薄,无家可归,只好重建七情,珍惜有限。在这里,世俗可神圣,亲爱在人间。强颜欢笑,度此人生,此即真、善、美。"①

三、生活艺术化:找寻幸福与自由享受

解决了我"如何活"以及我"为什么活"的问题,人们要追问我"活得怎么样"。李泽厚认为,要活得幸福,要在生活中找寻幸福,要使生活艺术化。他说:"中国传统以其'精细节目','凡'可'圣',生活即艺术,幸福不成为'为什么活'的伦理学和神学所苦苦追求的问题,而是'活得怎样'的感性具体的美学问题。它是自由享受的个人选择,而非要求普遍的理性至上。"②他认为,要活得幸福,这是个具体的、感性的美学问题,它不要求理性至上,当然这不是说不要理性,而是不以理性为主导,但是理性是渗透在情感之中的,它是以情感为主导的理性的积淀过程。李泽厚说:"可解而不可解,此即人生。人总得活着,唯一真实的是积淀下来的你的心理和情感。文化谓'积',由环境、传统、教育而来,或强迫,或自愿,或自觉,或不自觉。这个文化堆积沉没在各各不同的先天(生理)后天(环境、时空、条件)的个体身上,形成各个并不相同甚至迥然有异的'淀'。于是,'积淀'的文化心理结构既是人类的,又是文化的,从根本上说,它更是个体的。"③他认为,人活一世所积淀下来的心理与情感是唯一真实的存在,由于这种积淀是个体的行为活动,因此它又具有个

① 李泽厚:《历史本体论·己卯五说》,三联书店2003年版,第107页。
② 李泽厚:《历史本体论·己卯五说》,三联书店2003年版,第103页。
③ 李泽厚:《历史本体论·己卯五说》,三联书店2003年版,第124页。

体性,它又由不同的社会环境、不同的文化传统与所受的不同的教育方式所决定,因而,它具有一定意义上的社会性,但在根本意义上是个体性。另外,他认为,这一个体积淀的差异性会越来越变得突出和明显:“特别随着今日现代全球一体化经济生活的发展,各文化各地域的生活方式,以及由之带来的文化心理状态将日渐趋同。但个体倒由之更方便于吸取、接受、选择不同于自己文化的其他文化,从而个体积淀的差异性反而可以更为巨大,它将成为未来世界的主题。就在这千差万异的积淀中,个体实现着自己独一无二的个性潜能和创造性。”①在他看来,个体的独特潜能和创造力会成为未来世界的主题。这也说明了个体的存在价值,也越来越凸显其意义。个体找寻幸福的过程也就有了其真正意义了。其实,人的一生,应该是追求幸福的一生,也只有追求幸福,人们才知道自己活着的意义,才知道自己究竟活得怎么样。然而,对于幸福的理解又因人而异,不同的人追求不同的幸福。一个勤劳朴实的农民会认为,幸福就是自己种的庄稼得到丰收;一个漂泊异乡的游子会认为,幸福就是能回到家;一个街头行乞的乞丐会认为,幸福就是能够吃饱饭、穿得暖和;一个生命垂危的病人会认为,幸福就是能够活着。人们也早已意识到幸福不是拥有财富,幸福也不是实现目标,幸福也许就是一种自我的感觉。那么,我们要如何找寻幸福呢?还记得看过威尔·史密斯主演的一部电影叫《当幸福来敲门》,片中讲的是一个聪明的推销员走过了艰难的创业煎熬期并最终成了著名企业家的故事。对于这个推销员来说,那段创业煎熬期就是他的幸福。这也告诉我们一个道理,那就是幸福掌握在我们自己的手中,幸福也许已经来了只是我们没有意识到而已,幸福也许离我们很近。

① 李泽厚:《历史本体论·己卯五说》,三联书店 2003 年版,第 124 页。

第三节　李泽厚审美价值本质论

在李泽厚看来,探索美的本质应该从美的根源着手,而这一根源主要来自“自然的人化”,来自人类客观物质实践。美的本质是人的本质的体现与表现,因此美的本质与人的本质密不可分。有关李泽厚审美价值本质论的研究,我们主要从他所主张的“美是什么”和“美的本质是什么”两个方面来加以分析。

一、美是什么

(一)字源学意义上的“美”

首先我们来看“美是什么”的命题。李泽厚从字源学的角度来探索什么是“美”。他说:“从字源学看,根据《说文解字》:羊大则美,认为羊长得很肥大就‘美’。这说明,美与感性存在,与满足人的感性需要和享受(好吃)有直接关系。”①从字源学的意义上来看,这个“美”字是由“羊”字和“大”字所构成的,所以称“羊大则美”。李泽厚认为从这种解释中可以看出,美的含义与满足人的感性需要有关。其实,“善”字也与“羊”字有关,“善”的古体字最初是上面一个“羊”字,底下四个“口”字,它是有意义所在的,意思是人人争说羊的温顺禀性,所以就成了最初的“善”字。“善”字其实最初也是与“美”字统一的,正所谓美善统一。《论语》中讲“里仁为美”,这里的“美”也是“善”的意思。而后来“美”与“善”在不断的变化和发展中又逐渐分化,《论语·八佾》篇中,子谓《韶》:“尽美矣,又尽善也。”谓《武》:“尽美矣,未尽善也。”这里面,孔子对《韶》乐与《武》乐进行了评价,在他看来,《韶》乐达到了一种“尽善尽美”的要求,而《武》乐没有达到这个要求。这也就是分化了的“美”与

① 李泽厚:《美学四讲》,天津社会科学院出版社2001年版,第61页。

"善"。关于"美"字还有另外一种看法,那就是所谓的"羊人为美"。李泽厚这样说:"另种看法是羊人为美。从原始艺术、图腾舞蹈的材料看,人戴着羊头跳舞才是'美'字的起源,'美'字与'舞'字与'巫'字最早是同一个字。这说明,'美'与原始的巫术礼仪活动有关,具有某种社会含义在内。"①甲骨文的"美"字,上面像人的头饰,下面是一个人的样子,它的意思是有头饰的人就很美。其意也就是李泽厚所说的"人戴着羊头跳舞",李泽厚以原始图腾材料为根据,认为"美"字与原始的巫术礼仪活动密切相关。李泽厚又进而把"羊大则美"与"羊人为美"这两个命题统一起来看,他说:"一方面'美'是物质的感性存在,与人的感性需要、享受、感官直接相关;另方面'美'又有社会的意义和内容,与人的群体和理性相连。"②在这里他认为"美"一方面是感性的,与人的感性相关;一方面又具有社会性,与人的理性相连,美是感性与理性的统一。以上这些都说明:"美的存在离不开人的存在。"③

(二)日常语言中的"美"

李泽厚不但从字源学的意义上分析了"美"的内涵,还从日常语言中探索什么是"美"、"美"又用在何处。他从三个方面来分析日常语言中的"美"是什么。

首先,他认为在日常的语言中,"美"是"表示感官愉快的强形式"④。他说:"饿得要命,吃点东西,觉得很'美'。……'美'字在这里是感官愉快的强形式的表达,即用强烈形式表示出来的感官愉快。实际也可说就是'羊大则美'的沿袭和引申。"⑤这里李泽厚把这种满足人的感官愉快所产生的感觉看成日常语言中的一种美的形式,他认为这种日

---

① 李泽厚:《美学四讲》,天津社会科学院出版社 2001 年版,第 61 页。
② 李泽厚:《美学四讲》,天津社会科学院出版社 2001 年版,第 63 页。
③ 李泽厚:《美学四讲》,天津社会科学院出版社 2001 年版,第 63 页。
④ 李泽厚:《美学四讲》,天津社会科学院出版社 2001 年版,第 64 页。
⑤ 李泽厚:《美学四讲》,天津社会科学院出版社 2001 年版,第 64 ~ 65 页。

常语言中的"美"是最初字源学意义上的"羊大则美"的继承与发展，他把它归结为"感官愉快的强形式"。

其次，他认为"美"在日常语言中是"伦理判断的弱形式"①。他说："我们经常对某个人、某件事、某种行为赞赏时，也常用'美'这个字。把本来属于伦理学范围的高尚行为的仰慕、敬重、追求、学习，作为一种观赏、赞叹的对象时，常用'美'这个字以传达情感态度和赞同立场。"②李泽厚从伦理学的高度来探索什么是美，他把人们对某个人、某件事以及某种行为赞赏时所产生的情感态度与立场看成日常生活中最常见的"美"的内涵，所以他说这种"美"是一种"伦理判断的弱形式"。这种美的形式的表现，李泽厚认为应该归为"羊人为美"以及美善统一的延续。《论语》中"美"字与"善"字表达一种意思的地方有很多：有子曰："礼之用，和为贵。先王之道斯为美。"（《论语・学而》）这里从道德的层面说了"善"的就是"美"的。子张问于孔子曰："何如斯可以从政矣？"子曰："尊五美，屏四恶，斯可以从政矣。"子张曰："何谓五美？"子曰："君子惠而不费，劳而不怨，欲而不贪，泰而不骄，威而不猛。"（《论语・尧曰》）这里面的五美都是"美德"之意，也是"美"即"善"的意思。用李泽厚的话来说，这些都是美的"伦理判断的弱形式"的表现。

最后，李泽厚认为日常语言中的"美"还"专指审美对象"③。前面两点李泽厚主要是从感官愉快和伦理判断的角度来审视的，而在日常生活中，还可以从审美判断的视角来看"什么是美"。他说："在日常生活中，'美'字更多是用来指使你产生审美愉快的事物、对象。我们到承德，参观避暑山庄和外八庙，感到名不虚传，果然'美'。看画展，听音

---

① 李泽厚：《美学四讲》，天津社会科学院出版社2001年版，第65页。
② 李泽厚：《美学四讲》，天津社会科学院出版社2001年版，第65页。
③ 李泽厚：《美学四讲》，天津社会科学院出版社2001年版，第65页。

乐,种种艺术欣赏,也常用‘美’这个词。这当然就属于美学的范围了。”[①]在这一点上,李泽厚从美学的范围来考察日常生活中“美”的问题,他认为,日常生活中有一种美是能够让你产生审美感觉的愉快的东西,如对自然景物美的欣赏,对人类创造的艺术作品美的欣赏等。其实这也就是“审美判断”[②]。然而在美学的范围内,李泽厚认为,“美”这个词有三重含义,也正是因为有这几层含义,他说:“第一层(种)含义是审美对象,第二层(种)含义是审美性质(素质),第三层(种)含义则是美的本质、美的根源。”[③]他还说:“要注意‘美’这个词是在哪层(种)含义上使用的。……‘美是什么’如果是问什么是美的事物、美的对象,那么,这基本是审美对象的问题。如果是问哪些客观性质、因素、条件构成了对象、事物的美,这是审美性质问题。但如果要问这些审美性质是为何来的,美从根源上是如何产生的,亦即美从根本上是如何可能的,这就是美的本质问题了。”可见,研究“美是什么”问题的根本还是要探究“美的本质”是什么。这也就是我们下面要分析的——美的本质是什么。

二、美的本质是什么

关于美的本质是什么这种问题的研究是分析李泽厚审美价值观的根本所在,也是其美学思想最精华部分的精髓所系。我们主要从美的根源、社会美和自然美三个方面来分析。

(一)美的根源

在李泽厚看来,所谓“美的本质”,是指“从根本上、根源上、从其充分而必要的最后条件上来追究美。所以,美的本质并不就是审美性质,不能把它归结为对称、比例、节奏、韵律等等;美的本质也不是审美对象,

---

① 李泽厚:《美学四讲》,天津社会科学院出版社 2001 年版,第 65 页。
② 李泽厚:《美学四讲》,天津社会科学院出版社 2001 年版,第 65 页。
③ 李泽厚:《美学四讲》,天津社会科学院出版社 2001 年版,第 75 页。

不能把它归结为直觉、表现、移情、距离等等”①。在这里，李泽厚不是从审美性质与审美对象的角度来研究美的本质问题，他认为应该从最根源的问题上来研究美的本质是什么。他说：“所谓美是主观的还是客观的，并不是指一个具体的审美对象，也不是指一般的审美性质，而是指一种哲学探讨，即研究‘美’从根本上到底是如何来的：是心灵创造的？上帝给予的？生理发生的？还是别有来由？所以它研究的是美的根源、本质。”②他认为，审美对象与审美性质不属于美的本质范畴，他曾概括出一个结构图：

美：
- 审美对象（美是主观意识、情感与客观对象的统一）
- 审美性质（美是对象的客观自然性质）
- 美的本质＝美的根源（美是人类实践的产物，它是自然的人化，因此是客观的、社会的）

从这个结构图中我们可以清楚地看出，美的本质并不等同于审美对象与审美性质。李泽厚认为，研究美的本质是什么的问题应该从根本上来研究“美”到底是从何而来的。这个根本应该从哪着手呢？李泽厚认为应该从哲学的高度来研究美的本质是什么，只有从哲学的视角来研究美的本质是什么，才能真正了解美的本质究竟是什么。既然美的本质涉及美的根源问题，那么美的根源又在哪里呢？李泽厚说：“这根源（或来由）就是我所主张的‘自然的人化’。”③“自然的人化”说是李泽厚研究美的本质问题的哲学基础，他说：“自然的人化说是马克思主义实践哲学在美学上（实际也不只是在美学上）的一种具体的表达或落实。就是

① 李泽厚：《美学四讲》，天津社会科学院出版社2001年版，第75页。
② 李泽厚：《美学四讲》，天津社会科学院出版社2001年版，第76页。
③ 李泽厚：《美学四讲》，天津社会科学院出版社2001年版，第77页。

说,美的本质、根源来源于实践,因此才使得一些客观事物的性能、形式具有审美性质,而最终成为审美对象。这就是主体论实践哲学(人类学本体论)的美学观。”①在这里,李泽厚将美的本质亦即美的根源归结为实践,在他看来,客观事物之所以具有审美的潜质并成为审美的对象,都是因为先有了人类的“实践”,实践是使事物具有审美潜质的先决条件,实践决定了审美潜质,也决定了美的本质。他还从格式塔心理学的角度来具体论述说:“格式塔心理学的同构说认为,自然形式与人的身心结构发生同构反应,便产生审美感受,但是为什么动物就不能呢?其根本原因就在人类有悠久的生产劳动的社会实践活动作为中介……因此,外在自然事物的性能和形式……是由于它们跟人类的客观物质性的社会实践合规律的性能、形式同构对应才成为美。因而,美的根源出自人类主体以使用、制造工具的现实物质活动作为中介的动力系统。它首先存在于、出现在改造自然的生产实践的过程之中。”②他认为人的审美感受的产生是和人类生产劳动社会实践活动分不开的,正是因为先有人类的社会实践活动,才会有审美产生;在人类的实践活动中,客观的自然事物和人类的实践活动形成一种合规律的“同构对应”才最终形成美。

上面我们了解了美是人类社会实践活动的产物,美的本质亦即美的根源。那么,美的本质又是以什么样的方式呈现的呢?李泽厚认为应该从社会美与自然美两个方面来探讨。他说:“我曾把自然界本身的规律叫做‘真’,把人类实践主体的根本性质叫做‘善’。当人们的主观目的按照客观规律去实践得到预期效果的时刻,主体善的目的性与客观事物真的规律性就交会融合了起来。真与善、合规律性和合目的性的这种统一,就是美的本质和根源。”③他认为美的本质和根源就在于真与善的合规律性

---

① 李泽厚:《美学四讲》,天津社会科学院出版社 2001 年版,第 77 页。
② 李泽厚:《美学四讲》,天津社会科学院出版社 2001 年版,第 81 ~ 82 页。
③ 李泽厚:《美学四讲》,天津社会科学院出版社 2001 年版,第 91 页。

与合目的性的统一,而“这个统一在这里表现为主体活动的形式——善的形式,善本身好像就是一种形式,是能改造一切对象、到处适用的形式力量,于是这种实践活动的美的实质,恰恰在于它的合规律性的内容,即真成了善的内容。这就是主体(实践活动)说。从客观对象说,善却成了内容,自然事物的美的实质是它的合目的性(符合社会需要、实践目的)的内容,即善成了真的内容。前者是社会美,后者是自然美”①。

(二)社会美

“社会美正是美的本质的直接展现。”②首先我们来看李泽厚所说的社会美。李泽厚从三个方面来论述社会美的问题:“第一,从动态过程到静态结果。……第二,历史尺度。……第三,技术工艺和生活韵律。”③他说:“社会美首先存在于、出现于、显示于各种活生生的、艰难困苦的、百折不挠的人对自然的征服和改造,以及其他方面(如革命斗争)的社会生活过程之中。崇高、壮美、滑稽、悲剧便是这种矛盾统一的各种具体不同的形态。反映在艺术上,崇高、壮美便先于优美,对后者及其特性如柔弱、雅致、轻巧、幼小、光滑……的欣赏。”④这里的意思是,人类在征服自然的过程中,对客观自然界进行改造后形成了一系列成果,反映在艺术上即对这些成果的欣赏形成了社会美的特征,于是有了崇高与优美,这也就是李泽厚所说的从动态过程到静态结果。那么,什么又是他所说的“历史尺度”呢?他说:“因为人类的社会实践活动越来越广阔、深入,使社会实践的活动过程和产品成果不断发展扩大,在不同的时代,形成不同的社会美的标准、尺度和面貌……苏格拉底曾认为实用的粪筐比无用的金盾要更美,虽然这并不对,但在远古可以是历史事实。”⑤人

---

① 李泽厚:《美学四讲》,天津社会科学院出版社2001年版,第91~92页。

② 李泽厚:《美学四讲》,天津社会科学院出版社2001年版,第92页。

③ 李泽厚:《美学四讲》,天津社会科学院出版社2001年版,第92~96页。

④ 李泽厚:《美学四讲》,天津社会科学院出版社2001年版,第92页。

⑤ 李泽厚:《美学四讲》,天津社会科学院出版社2001年版,第93~96页。

类的社会实践活动经历了漫长的历史过程,形成了丰富的成果,这些成果是在不同的年代、不同的历史时期形成的,所以它们也必须有不同的社会标准或尺度来衡量。在远古时代也许更重视实用,而随着时代的不断变化发展、物质产品的不断丰富,对美的需求比重在加大,社会美也在不断变化与发展。正如李泽厚所说:“实践在发展,社会美在提高、变迁和进步。社会美包括的范围和对象极为广阔,除了人们的斗争、生活过程、形态、个体人物的行为事业,以及各种物质成果、产品等等外,像历史的废墟、传统的古迹等等也都属此范围。为什么废墟能成为美? 为什么人们愿意去观赏它? 因为它记录了实践的艰辛历史,凝冻了过去生活的印痕,使人能得到一种深沉的历史感受。”①漫长的社会历史实践给人类留下了宝贵的财富,废墟与古迹成了一种美的寄托,这是因为里面凝聚了历史,能够使人们得到对历史深沉的审美感受。那么,什么又是他所说的技术工艺和生活韵律呢? 他认为,人类的审美观念并没有随着社会生产力的发展而发展,我们国家带有田园牧歌式的特点,西方则“乱糟糟,闹哄哄”。正是因为这样,他说:“如何使社会生活从形式理性、工具理性(Max Weber)的极度演化中脱身出来,使世界不成为机器人主宰、支配的世界,如何在工具本性之上生长出情感本体、心理本体,保存价值理性、田园牧歌和人间情味,这就是我所讲的‘天人合一’。这个‘天人合一’不仅有‘自然的人化’,而且还有‘人的自然化’。这恰好是儒道互补的中国美学精神。”②李泽厚这里讲的“天人合一”不是一般意义上的“天人合一”,他所说的“天人合一”是“使整个社会、人类从而才使社会成员的个体身心与自然发展,处在和谐统一的现实状况里。这个‘天人合一’首先不是靠个人的主观意识,而是靠人类的物质实践,靠科技工

① 李泽厚:《美学四讲》,天津社会科学院出版社2001年版,第96页。
② 李泽厚:《美学四讲》,天津社会科学院出版社2001年版,第99页。

艺生产力的极大发展和对这个发展所作的调节、补救和纠正来达到”①。在他看来,科技工艺的发展和人类生活的节奏韵律密不可分,而只有和谐的发展才能真正地实现人类与自然的“天人合一”,人类才会从社会美中获得美的享受。

(三)自然美

自然美也是美的本质的一种呈现方式。李泽厚引入了“自然的人化”这一哲学美学概念来探讨有关自然美的问题。他认为对于“自然的人化”概念我们不能仅从广义上来理解,也不能仅从狭义上来看,而“应该站在一种广阔的历史视野上理解‘自然的人化’”②。他说:“‘自然的人化’涉及的是人类实践活动与自然的历史关系。……按前述美是真善统一的观点,如果说就社会美而言,善是形式,真是内容的话,那么自然美便恰恰相反,真是形式,善是内容。内容一般是不易看到的。正如在社会美中,你看到的常常只是人类的力量、事业、功勋、伟绩;而在自然美中,你看到的常常便只是自然本身合规律性的形式、性能、结构等等。”③在这里,他所说的“自然的人化”是与人类的实践活动和历史关系分不开的,他站在历史的视角来理解“自然的人化”概念,“狭义的‘自然的人化’(即通过劳动、技术改造自然事物)是广义的‘自然的人化’的基础”,他认为在人类的历史上,人类和自然的关系经历了一个复杂的演变过程,人类发展史上,最初是不存在自然的人化关系的,原始人不能欣赏山水花鸟是因为当时的生产力水平(狭义的自然人化水平)没有达到可以欣赏的程度,但是人类实践活动所留下的迹象可以成为人类日后审美的基础。正如李泽厚所说:“众多自然事物和整个大自然逐渐成为人类生活活动的真正的客观环境、条件、资源、工具,从而成为对象。这虽

① 李泽厚:《美学四讲》,天津社会科学院出版社2001年版,第99页。
② 李泽厚:《美学四讲》,天津社会科学院出版社2001年版,第108页。
③ 李泽厚:《美学四讲》,天津社会科学院出版社2001年版,第108页。

然还不是审美对象,却是它们日后成为个人审美对象的前提基础和根源,即是说,它们(自然界和广大自然对象、事物)开始获有了美的本质,具有了审美性质。"①其实,"自然的人化"本身就只涉及美的本质问题。李泽厚进而认为,"自然的人化"概念"指出美的本质的人类历史性格,它是山水花鸟、自然景物成为人们的审美对象的最后根源和前提条件"②。也就是说,没有客观自然景物作为前提,也就不会有审美以及审美对象的产生。然而,具体的自然景色以及山水花鸟什么时候成为人们的审美对象?李泽厚认为这要从历史的角度具体地加以研讨。他以中国为例,认为至少经历了四个阶段:"最早是神秘恐惧的神话阶段……以后便是寄托幸福生活和长生幻想的世界……再后便是本色的自然阶段了……最后便是现代。"③他说:"从'自然的人化'的美的本质,到作为审美对象的五色缤纷的自然景象,是一个由工具本体到心理本体的进展过程。……美的自然是自然人化的结果。但是它们作为审美对象(美学客体),却只现实地与特定社会、时代、民族、阶级、集团以及个体相关。也因为这样,才有不同艺术家笔下的不同自然景色和形式美感。"④他认为,美的自然的形成是"自然的人化"的结果,审美对象却因有不同条件的限定而呈现出不同的形式。

第四节　李泽厚审美价值之价值

李泽厚的审美价值观是中国20世纪后期美学思想的最高成就之一,对中国当代美学的发展影响巨大。他在美学研究上个性化的学术创

---

① 李泽厚:《美学四讲》,天津社会科学院出版社2001年版,第111页。
② 李泽厚:《美学四讲》,天津社会科学院出版社2001年版,第111页。
③ 李泽厚:《美学四讲》,天津社会科学院出版社2001年版,第112页。
④ 李泽厚:《美学四讲》,天津社会科学院出版社2001年版,第115页。

新、多元化的美学研究视角对中国主流美学的发展进程产生了重要的影响。他自觉运用马克思主义的哲学美学观，以哲学体系为支撑，在研究方法上不断创新，开辟了个性化的学术新境界，在当代中国学术界产生重要影响。李泽厚的思想比较自由，他的审美价值思想集中体现了世纪之交审美价值观的新视角、新观点、新方法，具有很强的实践性、创新性、人文性和启蒙性，在中国当代美学史上具有重要影响。

一、个性化的学术创新

李泽厚的审美价值思想集中体现了他在学术研究上的个性化创新。他的个性化创新主要体现在两个方面：一方面，他自觉地接受西方先进的美学观念。他最先接受了马克思《1844 年经济学—哲学手稿》中关于"人化的自然"的观点，把"实践"这个范畴引入了他的审美价值论研究。李泽厚又接受了康德哲学思想中的主体性思想并以康德哲学思想为基础对审美价值论进行了进一步探索，提出了美的本质与人的本质都是人类实践的产物，它们是紧密相连不可分割的关系这样的论断。他的创新在于他不但接受了西方的美学观念，更重要的是他把接受了的思想加以改造，并拓展和深化接受过来的思想。换言之，他以马克思主义哲学作为指导思想，用哲学研究的方法对美以及美的本质问题加以探讨，比较科学地对接受的西方思想加以改造，这就使其美学体系完全建立在历史唯物论的基础上，形成了一种独特的新的理论，使其审美价值思想在宏观与微观上的分析研究都得到了进一步的深化与发展。这在当代学术界是难能可贵的。在李泽厚的审美价值思想中，"自然的人化"说一直贯穿其中。在他看来，人类的全部社会实践活动所创造的物质、精神文明都是"自然的人化"的产物，"'自然的人化'涉及的是人类实践活动与自然的历史关系"①。美以及美的本质问题就蕴含在这其中。可见，李

① 李泽厚：《美学四讲》，天津社会科学院出版社 2001 年版，第 108 页。

泽厚一直以"自然的人化"思想为依托，把它作为其审美价值思想研究的基础，这在学术研究上有其独特性，是个性化的学术创新。

另一方面，李泽厚试图从中国传统文化中发掘与探索美的问题，这在一定意义上来说也是个性化的学术创新。他用"实践"的理论对孔子的"仁"与"礼"的思想加以继承并改造，形成了"实用理性"的态度。他还从巫术礼仪中找寻中国传统的"礼"与"乐"的文化根基，他认为巫术礼仪在中国传统"礼""乐"文化的形成与发展过程中起着重要作用，它对审美心理的建构也具有相当重要的意义。他还把审美价值观的研究灵活运用于物质文明与精神文明的建构上。他认为，物质的极大丰富造成了人们精神上的相对缺失，只有提高人们的审美能力、培养正确的审美理想和审美观念才是根本解决之道，而这种审美能力的培养对人们塑造美好的心灵与陶冶美好的情操都是至关重要的。他认为应该"以美启真""以美储善"，他说："只有'以美启真''以美储善'的情感的陶冶塑造，才有真正的心灵成长，才是真实的人性出路。"①从中国传统文化中找寻美的问题，用"以美启真""以美储善"来陶冶塑造人性，这又是李泽厚个性化学术创新的体现。

二、多元化与综合性的美学研究视角

李泽厚的审美价值观在研究审美的本质问题上以多元化的视角、综合性的理论为我们展示了一个新的研究境界，开辟了一条广阔而深远的道路。说他多元化是因为他中西兼用，说他综合性是因为他的审美价值思想随着他本人思想的不断深化不断发展而在不同时期呈现出不同的特点。首先，我们来看他的审美价值观的多元化。李泽厚吸收了 20 世纪以来西方哲学与美学的新成果，并把它们纳入自己的美学体系中，形成了自己独特的美学理论，开辟了具有新时代意义的审美价值研究的新

① 李泽厚：《历史本体论·己卯五说》，三联书店 2003 年版，第 123 页。

境界。他倡导审美价值的研究应该采取多元化的方法,不但在方法上多元化,在观念上也多元化。他不但接受西方美学思想中有用的东西,更重要的是,他还对中国传统文化进行了反思并继承了其中有价值的东西。他认为中国传统文化中的审美传统对建立人类的精神家园、寻找幸福的真谛具有十分重要的意义,因此他主张以多元化的视角来重新审视中国传统审美文化,这就是他主张多元化的美学研究视角。

其次,他的审美价值的综合性的理论。我们知道,李泽厚审美价值思想的发展经历了三个阶段:第一阶段,以1956年起中国持续近十年之久的美学大讨论为标志,李泽厚接受了马克思《1844年经济学—哲学手稿》中关于"人化的自然"的观点,把"实践"这个范畴引入了他的审美价值论研究。他肯定了"实践"对于审美的重要意义。第二阶段,主要是从20世纪80年代开始到80年代末,李泽厚接受了康德哲学思想中的主体性思想并对其进行研究,又以康德哲学思想为基础对审美价值论进行了进一步探索,提出了美的本质与人的本质都是人类实践的产物,它们是紧密相联不可分割的关系。第三阶段,20世纪80年代后期到现在,这一阶段他的审美价值论的突出特点是对中国传统文化特别是儒家文化的重视,"实用理性"与"乐感文化"是他这一时期审美价值观的代表性观点。从他这三个阶段审美价值思想的发展可以充分看出他在研究美的本质问题上的综合性,这种综合性研究也给他的审美价值观以很深的学术潜力。他把对人类审美本质的研究放在人类整体的历史文化背景之下来研究,具有创新意义。他所提出的"以美启真""以美储善"等命题也给了我们研究美的本质等问题以新的学术启示。李泽厚的多元化、综合性的美学研究视角对中国20世纪后半期美学的发展产生了不可估量的影响,他以哲学家的视野对美的本质问题进行探讨,指出了美的本质是美的根源,这根源即来源于人类的社会实践,换言之,社会实践是美的本质产生的根源。他最早将"自然的人化"观点引入美学研究,大大推动了美学的发展进程。他很好地运用马克思的历史唯物论来研究美的问题,具有重要的进步意义。他把审美价值的本质与内涵放置于人性以及人的本质的高度来研究,指出了当代社会人们应该注重健全人性,塑造美的人生,这些都要靠审美来完成。也正因为这样,李泽厚所提倡的"真善美的统一""以美启真""以美储善""自由直观""自由意志""自由享受"等话语一时成了美学领域流行的话语。

三、对中国主流美学的发展进程的影响

在李泽厚引马克思《1844 年经济学—哲学手稿》中的"人化的自然"观点和"实践"范畴入美学之后,很长一段时间内中国流行起"《手稿》热"。在中国有一段时期的美学理论就是以马克思《1844 年经济学—哲学手稿》为理论支撑的美学理论,这都是在李泽厚的带动下所产生的效果,可见李泽厚对美以及美的本质问题的研究的确对中国主流美学的发展进程产生了一定的影响力。有人说中国 20 世纪后期的美学有一个从认识论美学向哲学美学转变的过程。如果这种说法成立的话,那么,李泽厚的审美价值理论在一定程度上在这一演变过程中发挥了重要的作用,因为是他最早说明脱离了人类自身的实践活动就不会有审美产生,审美的本质更是无从谈起。这也正是他把"实践"观点引入美学范畴的意义所在。李泽厚所编写的《美学四讲》更是代表了 20 世纪末期中国美学发展的最高水平,他以哲学理论为支撑来探讨美以及美的本质问题,这本身就具有一定的进步意义,具有持久的学术影响力。进入 21 世纪,中国美学发展面临着更加严峻的挑战,如何推动中国的美学理论进步,更新美学观念,走出一条有鲜明特色的新的美学研究道路,这是值得我们思考的重要问题。李泽厚的审美价值观给了我们更多的启示,值得我们从更加广阔的视角来对其进行审视与研究。

第八章　世纪末：审美价值论的困惑与突围

20世纪中国文坛的价值取向、兴衰迭变是以审美和观念的变奏而显相的，现代性、革命性、民族性以及商业性等观念交织于审美之中，形成了20世纪中国审美价值的独特景观以及谱系性的巨匠审美价值蓝图。在现代性的焦虑之下，王国维、蔡元培、梁启超、鲁迅等思想巨匠都不同程度地走向审美之维，以拯救传统思想对人性的撕裂，还原人之本然。朱光潜、宗白华等美学家则潜入人的生命本真之中，构建形上的审美价值独立体系。李泽厚则锚定现实生活，用实践美学、积淀说来缓和个体与群体、理性与感性的矛盾，从而实现个体和社会的全面解放的历史使命。

20世纪末，中国审美价值取向出现了陡转：由审美转向审丑、整体化归碎片、建构抛向解构……审美与审丑共舞，深度与平面对抗——形成了后实践美学、生态美学、生命美学、存在美学、制度美学、景观美学、技术美学等建构性的深度美学与暴力美学、肮脏美学、黑色美学等否定性美学对峙的新格局。从价值的意义上看，审丑的否定性美学冲决从反题上为审美价值提供了可资的参照，审美的建构性美学的深度、诗意的开掘，构架了中国美学史上审丑的否定性解构与审美的整体性建构的感性学，并最终实现了美学的和解——网络审美价值的崛起。

第一节　解构:世纪末审丑之于审美价值

从价值的意义上看,20 世纪末以来的审丑否定性美学不仅从反题上为审美建构性美学提供了可资的参照,而且在审美认知、审美观念上是一次新的革命——美学的和解,感性学的完满。

一、20 世纪末中国"审丑"现象扫描

正如本书导言所述,20 世纪中国出现了三次"美学热"并于 20 世纪末进入了审美价值的反题阶段。

依照席勒的观点,人生于世是感性冲动与形式冲动的张力性存在,二者的恰到好处就是自由的游戏冲动。物性的过于强大必然放逐、戕害感性冲动,把人推向丑的边沿。20 世纪 90 年代中国社会文化急剧转型,商品物性的强势风潮开始席卷一切,人们的感性冲动与形式冲动瞬息陡转对峙,善与恶、美与丑、灵与肉等两极性的东西都开始尖锐地对立起来。物性压倒精神,精神异化膨胀——由审美滑向审丑。20 世纪 90 年代以后,中国告别了整体狂欢的审美时代,而走向个体碎片的审丑年代。

(一)从社会层面看,物质压倒精神的导向,易于滋生社会腐败现象。无论从历史还是现实意义上看,我国清除"文革"的精神泡沫(精神压倒物质),实行改革开放,发展经济,提高物性地位,满足人民物质生活需要的方针政策无疑是正确的。但如果物性片面强大,缺乏精神的必要引导,物性就会迷失方向,腐败现象就会滋生蔓延。经济腐败、贪官政治腐败、论文学术腐败、教学教育腐败……随之揭丑、审丑现象迭起。《抉择》《大雪无痕》《黑洞》《绝对权力》等反腐倡廉作品横空出世。商品打假、学术打假等社会、经济乃至学术行为也随之产生。

(二)从精神层面看,物质压倒精神的导向,滋生了社会腐败,加剧

了精神的汰变、沦丧，培植了大众的猎奇、审丑心理倾向。唯利是图，见死不救；嗜毒沉沦，奇装异服，另类立身；道德沦丧，精神萎靡……物性的畸形强大、观念的沦落导致了诸多社会负面事件……对于纯美、崇高的美，人们似乎厌倦，而对于一些丑陋或低俗现象情有独钟。20世纪90年代以后中国人审丑的心理愈演愈烈。

（三）从创作层面看，物质压倒精神的导向，加剧了精神的沦丧，而精神的沦丧又物化了精神的创作。20世纪末，中国出现了反美学倾向，否定美学诞生。诸如暴力美学、肮脏美学、黑色美学、世纪末一族……沉渣泛起。另类写作、身体写作、色情写作、垃圾写作、恐怖暴力写作，大话、水煮、去经典式的颠覆、调笑，审丑性的创作层出不穷。

一脱成名，《色戒》不止；"美女作家"用身体写作""用胸口写作""用下半身写作"，形成了"新新人类"，"另类情感"的"身体文学"，"美女文学"的审丑文学，甚至出现垃圾派。

20世纪末中国"审丑"现象开始膨胀，它不仅颠覆了人们已有的审美价值观念，而且崛起了一种异样的学问——丑学。新世纪不仅没有终结"审丑"现象，反而愈演愈烈。"审丑"现象在学理上有何支持，它的强势又发源于什么？对此又如何进行理论剖析？

二、20世纪末中国"审丑"价值观念分析

20世纪90年代以后，人们对严肃、深度的美的热情蓦然冷却，经典让位于去经典，中心退却为边缘，整体化归为碎片，一元生成多元，深度消解为平面，人们在支离破碎玩味"丑"的"芳香"，中国"审丑"现象得以大写、凸显。"丑"不仅契合了大众的审美情趣——审丑，而且迎合了碎片时代的脉搏。20世纪末"审丑"现象作为审美价值的反题在中国出现，主要基于以下几方面原因：

（一）经济层面：物性粗放型膨胀，挤压人性，造成了中国人由审美滑向审丑。中国传统的形上哲思认为"物"是一种诗性的"聚集"，注重

“礼尚往来”。人与物是亲和的关系。孔子“钓而不纲，弋不射宿”（《论语·述而》），“故制礼义以养人之欲，给人之求，使欲不穷于物，物不屈于欲，二者相待而长，是礼之所起也”（《史记·礼书第一》）。孟子曰：“君子之于物也，爱之而弗仁；于民也，仁之而弗亲；亲亲而仁民，仁民而爱物。”（《孟子·尽心上》）“天人合一”“人物亲和”构筑了中国哲学的基点。

古人主张“爱物”并“制礼义”，使“物”与“欲”“相待而长”，从而实现和谐、诗意的生存。而当前商品意识唯“物”是瞻。人们看重的是怎样占有、控制“物”，为“物”甚至可以牺牲一切。马克思认为：“劳动产品一旦作为商品生产，就带上拜物教性质，因此拜物教是同商品生产分不开的。”①这种拜物教意识直接构筑了畸形的审丑情趣。

第一，物屈于欲，人与物对立。20世纪90年代后物性压倒精神，物成为人本质力量的显明佐证。人的能力和价值是以占有物的多少为标尺的。人对物无限制的掠夺，不仅造成生态的失衡，环境的恶化，也无情地掏空自身的人性，普泛地失落、空虚、荒原化。

第二，唯物是瞻，人与人冷漠。马克思说：“活动和产品的普遍交换已成为每一单个人的生存条件，这种普遍交换，他们的互相关系，表现为对他们本身来说是异己的、无关的东西，表现为一种物。在交换价值上，人的社会关系转化为物的社会关系；人的能力转化为物的能力。”②顾城的《远和近》透视了这种人与人隔膜的漠然：“你，/一会儿看我，/一会儿看云。/我觉得，/你看我时很远，/你看云时很近。”

第三，20世纪90年代后，人们化美为丑、以丑为美，开始玩味丑、欣

---

① （德）马克思、恩格斯：《马克思恩格斯全集》（第23卷），人民出版社1972年版，第89页。

② （德）马克思、恩格斯：《马克思恩格斯全集》（第46卷），人民出版社1972年版，第103～104页。

赏丑。罗丹的《丑》是雕塑的杰作,而柏杨亦因《丑陋的中国人》名声大噪。似乎“美就在丑的旁边”,揭示丑既是对美的逃离,也是对丑的回归。客观地说,特定时期中国提升物性的地位,是现实的必然,它的积极历史、现实意义是不可磨灭的。但这个急剧的转型是有悖中国传统的,五四时期以及新时期的现代性焦虑就是明证,所以它给中国人带来的审丑心理震荡也是不容忽视的。

(二)文化层面:经济上物性的倒置、膨胀发展,不仅挤压人性,而且更新人们的观念,积淀新的文化——大众文化。中国原有的文化是以家为基点本位,勾连政治、伦理、法律、军事、艺术等各个社会网络,并形成一个整体性存在。人们生存其中是共约的、惯例的、整体的。但从五四新文化运动开始的对传统文化无情的断裂一直延及20世纪末,中国物性的倒置、膨胀发展彻底粉碎了这种整体性文化的内核,人们变成了文化的碎片、思想的个体。人不再是整体的、通约的,而是个体的、孤独的。人们在观念更新、新文化积淀的夹缝之中,势必要忍受方向迷失和文化断裂的苦楚,审丑心理也迅疾滋生。1988年,柏杨《丑陋的中国人》一书用“丑”在世纪末文化断裂处重构了中国人,也刺痛了中国人。

张光芒指出:“小叙事、非理性化叙事、世俗化叙事等是90年代文学从文体层面对‘启蒙辩证法’的体认与揭示,而在审美精神上则表现为‘审丑’意识的凸显。”“‘审美’到‘审丑’,文学精神发生了意义重大的转型,揭露意识、批判意识得以强化,而宏大叙事的神化与遮蔽功能则大大弱化了。”①

1985年,刘心武“觉得当时中国社会有一种亲和与建构的趋向”,因此“也倾向于人性温暖性的描写,相信人性是善的,可随后的社会发展却仍有一种全面解构的态势,而且在今天还在解构”,他也认识到“人性

---

① 张光芒:《从“启蒙辩证法”到“欲望辩证法”——20世纪90年代以来中国文学与文化转型的哲学脉络》,《江海学刊》2005年第2期。

犹如一个幽暗的深渊,其恶的东西和难以言传的东西同样是非常深邃的"。①

进入21世纪,中国审美文化的断裂、观念的转变确乎引发了审美情趣的转变,由审美到审丑,由理性到感性,由深度到平面……

(三)政治层面:政治意识形态是审美与审丑的张力标尺,政治清明则和美,政治高压则丑美。中国的感性(审美与审丑)认知发展与政治关系是割舍不断的,有时甚至直接规约中国人的感性指向。魏晋高压,名士放荡,以丑反叛。著名的有"青眼白眼"的阮籍,"容貌甚陋,放情肆志"的刘伶以及王粲驴鸣、嵇康佯狂等。从梁启超在《论小说与群治之关系》中提出"今日欲改良群治,必自小说界革命始,欲新民,必自新小说始"的小说界革命始,到20世纪二三十年代左翼作家的革命加恋爱,再到新中国"文革"样板戏的高压,可以说,进入近现代社会,由于特殊国情的制约,中国人的感性认知一直与政治纠缠不清,这是中国感性学的主要特点。

这种现象在20世纪晚期尤其是八九十年代得到较大改观,政治松动,思想空前开放,人们的观念被一夜置换。观念休克疗法让人不知所措——原来反对的正是现在提倡的;原来排斥的正是现在欲求的;原来是丑的正是现在美的……政治所造成的人们思想的空洞正是审丑观念萌生的土壤,人们用倒置、反叛的姿态来回复过往的被愚弄、被欺骗。"丑"这种反讽的感性让人呼吸到逃离整体、告别革命的异样空气。

三、20世纪末中国"审丑"之于审美的价值

20世纪末"审丑"现象作为审美价值的反题在中国出现是多维原因所触发的,它既有我国经济、文化、政治的特殊原因,也有世界性的社会

---

① 刘心武、邱华栋:《在多元文学格局中寻找定位》,《上海文学》1995年第8期。

文化思潮的影响。“审丑”也是整个人类感性认知的重要部分，审美不是感性认知的全部。研究“审丑”在某种意义上也是研究审美。

20 世纪末中国“审丑”之于审美的价值如何厘定，这是我们必须面对和亟须解决的问题。美与丑亦如善与恶、黑与白、胖与瘦，两极概念相反而相成，一方的存在建基于另一方之上，抑或说没有对立方，己方也不复存在。既没有黑，就没有白，相反亦是。美亦是建基于丑之上的，没有丑亦没有美。老子曰：“天下皆知美之为美，斯恶已。皆知善之为善，斯不善已。”

在西方，1750 年鲍姆嘉通的《美学》正式出版，标志着美学作为一个学科开始独立。鲍姆嘉通的美学（Asthetik 或 Aesthetics）术语准确应该翻译成感性学，包括审美和审丑两方面的感性认知。丑学作为一门学科独立的标志是 1853 年卡尔·罗森克兰兹的《丑的美学》的出版。栾栋在《丑学百年》中认为：“1750—1850 年是西方美学的正题阶段，1850—1950 年是西方美学的反题阶段，1950—2050 年是西方美学的合题过程。”①

藉此，学界对审丑的认识有两种观点：一是把审丑看作审美的一种表现形式。现代丑学创始人罗森克兰兹认为：“吸收丑是为了美而不是为了丑。”丑只能代表人性的负面，是与美相比较、相对立而存在的生活样态，是人的本质力量的扭曲与异化。作家应当具有“精神的明辨力”，要担负起义务与责任，以审美态度去审视、选择、提炼“丑”。只有当丑与恶成为被人掌握的积极力量，即通过对丑恶事物的厌恶，唤起对美与善的渴望与追求的时候，丑才能有审美价值。二是把审丑看作“审美疲劳”的产物。审丑和审美是两个不同范畴的概念，是两极的张力性存在，但二者可以归入感性学的类概念之下。

在美学的正题观念之下，人们总是以审美为标尺来衡量一切，要化

---

① 栾栋：《丑学百年》，《华中师范大学学报》1999 年第 4 期。

丑为美,消灭丑,取消审丑的独立价值。其实人们过分强调美的价值而贬低、否定丑的价值是不当之举,过分张扬美生出的不是美的生活,反而是瞒和骗的生活。因为生活本身是复杂的,人性也是多彩的,把人的本性简单地定格在向美、向善一元之上,而忽略了人的复杂性,将丑的独特价值攻为异端,这是非常有害的。

基于以上观点,我们认为,20 世纪末中国"审丑"之于审美的积极价值主要表现为以下几点:

(一)审丑为完满、真实人性的建立,多元、共生的人之存在做了积极的策略性价值准备。人类的悲剧多由于两极式发展而造成,我们趋善避恶,但恶除之后,大善又生大恶。老子认为:"大道废,有仁义;智慧出,有大伪。"(《道德经》)黑格尔认为"恶也是推动社会前进的力量"。大恶又生大善,每次大的战争都会带来人性的大解放、道德的大重组、社会的大前进……这是美与丑、善与恶的张力使然。

20 世纪末中国的"审丑",不是为审丑而审丑,审丑不是目的,而是策略。它为审美提供了可资的对立参照,并适时形成一种张力,为完满、真实人性的建立,多元、共生的存在奠定了勃发的价值土壤。

(二)审丑为和谐社会的建立以及人类的全面发展提供了张力性的价值参照。人类社会的发展不仅是两极式发展,而且是合分式的发展。这不仅是中国古代社会的发展规律,也是整个人类社会的发展规律,即一种否定之否定的发展规律。《国语·郑语》提出"夫和实生物,同则不继。以他平他谓之和,故能丰长而物生之。若以同裨同,尽乃弃矣"以及"声一无听,物一无文"的两仪对立思想。

审丑是碎片时代的产物。审丑往往造成一片沉寂的死相,诸如"文学死了""艺术终结了""历史终结了"……甚而主体人也死了,终结了。其实人的感性不是死了,而是否定之否定了——从一极端引发到另一极端,美→丑,善→恶。本质上只是 20 世纪末中国的思想、观念、美学的整体化归为碎片,审美到审丑而已。这种整体化归为碎片不是机械地整体分割成部分，而是否定整体下的颠覆、瓦解、重组。化归后的碎片已大于原有的整体，它建基于原有、否定原有之上，所以它较之前者有更强的生命力和更广的开放度，含纳了更多的人性元素。碎片不是为碎片而存在，碎片下的生存是痛苦的，因为它是断裂的生存。在终极意义上，碎片还是为新的整体而存在的。碎片经过矛盾、抵牾、斗争，最终还是要走向新的整体，完成社会的和谐、人类的全面发展。

（三）审丑唤醒了人们对美学生活的诉求，激发了人们爱美向善的热诚。丑作为美的对立面，二者是共生的张力性存在。从宏观的整个人类史看，没有弹性的张力是创造不出生命大迸发的。有了“争地以战，杀人盈野”的大恶就有了“大同世界，天下为公”的大美；有了秦桧的大丑就有了岳飞的壮美；战争有多残酷，人们就有对和平多大的渴求……“乐土”的诉求是基于“硕鼠”丑的激发，从此意义上，我们才说，审丑唤醒了人们对美学生活的诉求，激发了人们爱美向善的热诚。从个体的意义上看，人们只有懂得了什么是丑，才能更真地理解什么是美。诗意何以充盈人的生存？首先要“日出而作”，“先之劳之”，劳作不免苦累，表现为肌肉身体的紧张，却也是诗意奠基的地方。其次要“日落而息”，表现为肌肉身体的放松，诗意亦于此张力中产生。真正的美学、诗意生活产生于苦与甜、美与丑的张力之中。审丑对于审美具有积极的张力价值。

当然，我们强调审丑之于审美的积极价值并不是鼓吹审丑，并不是没有看到审丑的消极元素。首先，在观念上，为审丑而审丑、为恶而恶的思想，我们是坚决反对的。我们主张审丑是为了与审美形成张力关系，创造新的美学生活，审丑是要最终指向审美的。其次，在行动上，我们是反对并制止审丑的极度膨胀的。人的感性欲望是无底的，丑需要“畏”的导引，攻乎异端、矫枉过正是灾难的源泉。最后，我们认为20世纪末中国引燃至今的“审丑”现象是具有世界性的中国人感性认知发展的必然，“审丑”对中国感性学的发展、中国品性完满、社会最终和谐、美学生活的锚定等方面具有积极的学理意义、革命意义。当然，我们也看到“审丑”具有现实的消极意义以及其自身难以克服的痼疾，但我们相信“物一无文”“八音克谐”不仅是美学的原则，也是生存的原则。

第二节　建构：世纪末深度审美价值的呈现

20 世纪末是中国解构与建构交织的特殊时期，在美学上主要是指审丑的否定性美学与审美的深度性美学的对峙、较量。尤其是进入 20 世纪 90 年代即在继李泽厚实践美学之后，虽然美学的整体性被颠覆、粉碎了，但在美学的废墟上又生出了后实践美学、新实践美学、生态美学、生命美学、存在美学、制度美学、景观美学、技术美学等建构性的深度美学。这些美学建基于某种深度的思想和观念之上，拯救人性的放逐、丑学的肆虐，从而丰富、完满了 20 世纪末中国感性学的发展。

一、“后”实践美学及其价值

20 世纪 80 年代的美学论争，使以李泽厚、蒋孔阳、刘纲纪为代表的实践美学崛起。从审美价值层面看，实践美学认为实践是人类以及人类社会的本体性存在，抑或说实践是人类之为人类的最为根本的东西。马克思认为：“全部社会生活在本质上是实践的。凡是把理论引向神秘主义的神秘东西，都能在人的实践中以及对这个实践的理解中得到合理的解决。”①我们认为马克思的实践论还不是实践本体论，马克思只是把实践看作“生活活动”的必由中介。马克思说：“人们之所以有历史，是因

---

① (德)马克思、恩格斯：《马克思恩格斯选集》(第 1 卷)，人民出版社 1995 年版，第 56 页。

为他们必须生产自己的生活”,“个人在积极实现其存在”。① 可见,马克思的实践论是有积极的存在论基础的。

实践本体论美学由于把实践看作人的本体性存在,而不是指归于存在,从而陷于二律背反的泥淖——人实践是为创造,人的创造物却成为异己的力量,反对人自身。马克思说:“劳动为富人生产了奇迹般的东西,但是为工人生产了赤贫。劳动创造了宫殿,但是给工人创造了贫民窟。劳动创造了美,但是使工人变成畸形。”②实践本体论在时间性上沉沦于现实实践之中,缺乏对未来的超越性和对历史的人性关怀。实践本体论确实在人类的发展方面起到了非常重要的历史作用,但它是以血淋淋的灵魂抛离为代价的,盲视于物、沉湎于现实是实践哲学的致命缺憾。马克思藉此感悟到自由王国只存在于真正物质生产领域的彼岸。

杨春时认为,实践美学注重审美的理性,忽略审美的超理性;注重审美的现实性,忽略审美的超现实性;注重审美的物质性,忽略审美的精神性;注重审美的社会性,忽略审美的个体性,混同审美活动与现实实践活动,没有彻底摆脱主客对立关系。③ 在杨春时看来,实践美学是有着种种问题的,需要反思和批判。经过杨春时先生的揭示,实践美学得到最大程度的批判。

进入 90 年代,杨春时用审美的超越性以及主体间性建构后实践美学来超越实践美学。易中天、邓晓芒则重释“劳动”,提出了新实践美学。朱立元则重释“实践”,引入存在论,提出了实践存在论美学……90

---

① (德)马克思:《1844 年经济学—哲学手稿》,人民出版社 2000 年版,第 170 页。

② (德)马克思、恩格斯:《马克思恩格斯全集》(第 42 卷),人民出版社 1979 年版,第 93 页。

③ 杨春时:《超越实践美学 建立超越美学》,《社会科学战线》1994 年第 1 期。

年代以后,对美学重新审视,实践美学得到彻底反思,主体性美学式微,"后"实践美学时代到来。

（一）"后"实践美学注重存在的本体性价值以及超越性的开掘

20世纪中国美学的价值取向、兴衰迭变是以审美和观念的变奏而显相的,现代性、革命性、民族性以及商业性等观念交织于审美之中,形成了20世纪中国审美价值的独特景观以及谱系性的巨匠审美价值蓝图。传统的美学之所以深刻,是因为源自思想、观念的深度支撑。抽离思想和观念,美学也就迅疾干枯。思想和观念是人之理性,理性抽离,则美学丢失。美学依附理性是与美学的感性存在相悖的,所以说传统美学有其深度、整体性的理性执掌,同时有其不可调和的悖论——美是理性的还是感性的?实践美学虽然注重发挥人作为主体的主观能动性,注重个体与群体的积淀衔接等,但实践仍是建立在理性之上,存在性的维度过于狭窄,缺乏必要的超越。

杨春时说:"后实践美学建立在生存本体论的基础上,生存范畴克服了实践概念的局限性,具有本体论的性质。生存的超越性只能由生存体验确证,经过现象学的体验和反思,就会领悟,生存不是已然的现实,而是一种超越的可能性;它不是指向现实或实践,而是指向超验的、形上的领域。"①后实践美学的本体旨归建立在生存本体之上,这样人与物、人与人的对立得以消解,实现了诗性和谐。中国古代"天人合一"的思想就是建基于人的生存论上的,老聃曰:"故道大,天大,地大,人亦大。域中有四大,而人居其一焉。"(《道德经》)"厩焚,子退朝,曰:'伤人乎?'不问马。"(《论语·乡党》)以人的生存为旨归就消解了实践论的"敌视"紧张,从而实现了人与物的"合一"、人与人"淡如水"的和谐关系。

---

① 杨春时、林朝霞:《实践美学与后实践美学论争的意义》,《学习与探索》2006年第5期。

(二)"后"实践美学颠覆了主客二元,走向交互主体性的间性理论

现象学家胡塞尔将传统的主客二元对立认识论转向"主体间性"的现代哲学,从而消融了主客二分的紧张。胡塞尔认为:"按照经验的意义,可以说,并不是我个人综合的产物,而只是一个外在于我的世界,一个交互主体性的世界,是为每个人在此存在着的世界,是每个人都能理解其客观对象(Objekten)的世界。"①

从20世纪90年代起,主体间性理论开始被引入我国,但主要是社会学和认识论的主体间性,还没有涉及美学领域。金元浦先生较早地将主体间性运用于文学理论上,对于主体间性理论的引入具有开创意义。杨春时先生则更为系统、详细地阐发了主体间性理论,并将本体性的主体间性引入美学领域。杨春时认为,在主体间性的两个领域中,只有本体论(存在论、解释学)的主体间性可以成为美学建构的基础。中国现代美学的建构,应该超越主体性哲学,建立在主体间性的哲学基础上,应该加强对于主体间性的研究。"对于中国现代美学而言,就是历史地对待和批判主体性美学,接受和建设主体间性哲学,特别要区分社会学的主体间性、认识论的主体间性和本体论的主体间性,在本体论的主体间性基础上建构新的美学体系。"②实践美学的主客二分一元认识论势必带来必要的紧张和对抗,而后实践教学将主客二分消融到主体间性抑或交互主体性之中,紧张和对抗的事态必然消退。因为主体间性抑或交互主体性宣告客体的退场,客体亦变成主体,主体的"对立之象"自然也就消失。

后实践美学从生存本体论、互主体性的间性理论开拓美的超越性空间,接续了过去、现在、将来的诗性时间,对还原人的诗性存在等方面具

---

① (德)胡塞尔:《笛卡尔式的沉思》,中国城市出版社2002年版,第125页。

② 杨春时:《本体论的主体间性与美学建构》,《厦门大学学报》2006年第2期。

有积极意义。

二、生态美学及其价值

生态美学的产生是以20世纪60年代蕾切尔·卡逊《寂静的春天》的发表为标志的,它的诞生基于两方面原因:一是现实环境问题的进一步恶化;另一方面是深层的原因——在场的“存在者”进入不在场的“存在”层面,获得一种诗意栖居的强烈欲求。生态美学潜隐的深刻哲学底蕴应时而生,因此它的产生不仅对美学自身多有裨助,对人类的和谐存在也多有帮助。

生态美学的诞生一方面基于生态失衡的现实原因,另一方面也是由于生态平等、生态同情等思潮的影响。生态美学是在生态经济学、生态文化学、生态伦理学、生态哲学等相互影响中产生的。1991年,余谋昌的《生态学哲学》出版。1994年,李欣复、佘正荣先生分别撰文《论生态美学》《关于生态美的哲学思考》探讨生态美学。鲁枢元于1999年开始创办的《精神生态通讯》,影响较大,虽然不是正式出版物,但在学术界流传甚广。2000年陕西人民教育出版社出版了“生态文化丛书”六种,其中包括《生态文艺学》《生态美学》各一本。2001年,“首届全国生态美学学术研讨会”在西安召开,会议汇集的主要文章以《精神生态与生态精神》为名于2002年结集出版。2003年,曾繁仁的《生态存在论美学论稿》应运而生,该著作将生态问题归结为人的存在问题,提出人类的文明前景应该是生态文明,从而将西方存在主义哲学、美学与生态学结合起来,使生态美学获得了比较深厚的哲学基础。

(一)生态美学发源于现实困境,是对现实生活的深切诊断和反思,因此生态美学的提出必然对现实困境的改善以及现实生活的提升有诸多启发。

生态美学的软性精神产品是在现实环境恶化、物态危机加重等现实困境的触发下产生的,是人文环境恶化、精神生态危机下美学的自反。

生态美学提出生态平等、生态同情的思想来消除精神生态危机乃至整个物态危机,为摆脱物态迷乱、拯救人文危机做出了积极贡献。生态美学的提出指导了现实生活,使现实生活有了方向,有了秩序,有了前进的动力。

(二)生态美学是批判的美学,它是在批判"人类中心主义"的背景下诞生的,因此生态美学的提出必然对人类调整新的观念、实现诗意的生存产生积极的影响。

曾繁仁认为,由"人类中心主义"所导致的日渐严重的资源缺乏和环境污染直接威胁到人类生存,它是使人类生存状态非美化的重要原因之一,从环境恶化的扼制和自然环境的改善来说,最重要的不是技术问题和物质条件问题,而是应有的态度,即人类应该以一种"非人类中心的"普遍共生的态度来对待自然环境,同自然环境处于一种中和协调、共同促进的关系,这其实就是一种审美的态度。生态美学问题归根结底是人类的一个生存问题。

(三)生态美学作为一门新兴的学科,对美学的自身建设做出了贡献,发挥了价值。

张玉能在《实践美学与生态美学》中认为,以马克思主义实践唯物主义和实践观点作为基础和出发点的实践美学,本来应该是理所当然包括生态美学等美学的分支学科的,但是,由于过去自然生态或自然环境问题没有引起足够注意,所以诸如生态美学等一些美学分支学科被遮蔽和忽视了。现在,随着全球化和现代化的历史进程,自然生态的问题日益凸现,成为直接影响到人类生存和发展的重大问题,因此,对自然生态问题的研究就自然而然成为许多人文科学和社会科学以及哲学的重要研究课题。正是在这种世界潮流的推动下,美学界和美学家们呼吁建构一门生态美学,当然就是非常及时的,也是对实践美学中不可或缺的一个潜隐学科的解蔽和彰显。也是在这种意义上,我们说,生态美学是实践美学不可或缺的维度。曾繁仁认为:"构成一个学科要有独立的对象、研究内容、研究方法、研究目的及学科发展的趋势这样五个基本要素。”“我认为生态存在论审美观的提出,有利于我国当代美学学科的突破,即突破传统认识论的理论观念,人类中心主义的基本原则和主客二分的思维模式,实现由认识论到存在论的转化。具体包括:由认识论转化到存在论;由人类中心转化到生态中心;由主客二分转化到有机整体;由主体性转化到主体间性;由轻视自然转化到遵循美学与文学中的绿色原则;由自然的祛魅转化到自然的部分的复魅;由欧洲中心转化到中西平等对话。”①

生态美学有望实现对碎片化的救赎,是美学重新走向整体的深度努力,它必将对人类生存观念的调整更新、对现实的物态和人文的优化起到积极的保护作用,为重构人类诗意的栖居方式奠定思想基础和文化自信意志。

三、存在美学及其价值

从人的存在维度看,审美是一个亘古长青的视角。原始时代,人的存在意念是万物有灵论,这是一种网络性的整体神话思维,人的存在是相对和谐、平衡的。随着人类主体性的强大,人类安隅在理性之维,成为理性的存在——存天理、灭人欲,人之感性被抽干。这种存在样态持续统治了人类几千年。人类感性凸显、内爆,人类矫枉过正安隅在感性之维,人成为感性的存在——跟着感觉走。感性的美学存在是人类对理性存在的胜利,也是人类走向现代美学的标志。现代美学的一个重要事件就是“存在论美学”对古典“本体论美学”的发难。

存在在终极上是悖论的,是一种艰难的抉择。古希腊哲学家巴门尼德就认为,只有以下研究途径是可以设想的。第一条:存在者存在,它不可能不存在。这是确信的途径,因为它遵循真理。另一条:存在者不存

---

① 曾繁仁:《简论生态存在论审美观》,《贵州师范大学学报》2004 年第 1 期。

在,这个不存在必然存在。走这条路,我告诉你,是什么都学不到的。因为不存在者你是既不能认识(这当然办不到),也不能说出的。能被思维者和能存在者是同一的。20世纪末的中国美学重新选择存在美学,是历史和现实深切反思的结果。中国的历史是理性强大的历史,厚重的理性存在挤压得中国人艰于呼吸视听;现实人文沮丧、道德滑坡的碎片化生存境遇必然使人重新思考人之存在问题。20世纪80年代以来,西方的思潮尤其是存在论思想涌向中国,诸如胡塞尔、萨特、海德格尔、雅斯贝斯、马尔库塞等人的存在思想传入中国,对中国人的思想有着极大的震动。中国人开始深切思考人之感性的诗意存在。

徐岱认为,存在论的视域是从主体生命意识所做出的审视,作为"存在"的世界也是一个由我们的生命体验所展开的意义世界,存在主义思想的这些特点使它内在地拥有一种美学的基因。如果说古典形而上学本体论可以被看作对世界的一种准科学介入,那么存在论在很大程度上也就能够被当作现代思想视域对世界的一种美学把握。

20世纪末,存在美学在中国广泛流布,形成了以人的存在为主题的美学新景观。人们围绕着人的存在问题积极地构建新的美学形态,探讨人类诗意的存在。后实践美学、生命美学以及实践存在论、生态存在论等都以人的存在为主线来勾勒自己的图景。曾繁仁认为:"生态美学问题归根结底是一个人类的生存问题。生态美学问题还有更深层次的存在论美学缘由。"①

存在美学在中国广泛流布,不仅形成了美学新景观,为中国美学注入了新鲜血液,而且对中国人的美学观念引起了极大的震荡和反思,从而把中国人的生存从理性生存扭转到感性生存,对恢复人的鲜活性生存起到了积极的作用。存在美学亦有消极的元素——理性缺失,所以对新感性的膨胀亦要防微杜渐,要应时而生一种新理性,使新感性与新理性

---

① 曾繁仁:《简论生态存在论审美观》,《贵州师范大学学报》2004年第1期。

二者相待而长、和谐共处，真正实现人的美学生活、诗意存在。

20 世纪末中国建构性的深度美学除了后实践美学、生态美学、存在美学，还有潘知常的生命美学、王杰的“审美制度”即制度美学。刘士林在《生命美学：世纪之交的美学新收获》中认为，生命美学对于当代中国美学的理论贡献，主要可以概括为内容与方法两个方面。首先，从内容的角度看，它为中国美学研究提供了不同于认识美学、实践美学的全新内容。其次，从方法的角度看，不论认识美学还是实践美学，追问的都是在主客关系中形成的美学问题，而生命美学追问的是超越主客关系形成的美学问题。王杰先生在《审美幻象与审美人类学》中认为：“审美制度是文化体系中隐在的一套规则和禁忌，它包括了文化对成员的审美需要所体现的具体形式也即社会文化对审美对象的选择和限定；包括了成员的审美能力在不同文化中和文化的不同语境中所表现出的发展方向和实质；当然还包括了受不同的审美需要和审美能力限制所产生的特定文化的审美交流机制。”①

还有景观美学。景观美学是环境美学的重要内容之一，研究范围涉及自然景观、人工景观和人文景观。景观美学涉及地质学、地理学、建筑学等科学知识，具有综合性。

还有技术美学、视觉美学等。此处不再赘述。

第三节　和解：世纪末网络审美价值的崛起

20 世纪末，中国审美价值取向出现了激烈的动荡：由审美滑向审丑、整体化归碎片、建构抛向解构、理性转向感性……审丑的否定性解构与审美的整体性建构对抗、反思后，最终实现了美学的和解——网络审美价值的崛起。

---

① 王杰：《审美幻象与审美人类学》，广西师范大学出版社 2002 年版，第 159 页。

网络审美价值是随着网络技术的提升、赛博空间的开拓、网络文本的生成、网络群体的结集而逐渐显示出来的。网络审美在人类审美史上具有哥白尼式的革命性功绩，势必对传统审美价值观产生巨大冲击力，甚至影响到人们生活方式的重新选择。

从20世纪50年代开始，以网络技术为主导的信息革命日新月异、突飞猛进，信息的赛博空间思维冲决了人类传统的物理视界下实物对应观念，从而引发了社会、经济、教育等观念的骤然转变。阿尔文·托夫勒将这种骤然转变称为“第三次浪潮”，或称“信息网络时代”。

中国的网络审美起步较晚，但发展迅速。中国的网络审美最早可以追溯到20世纪90年代初期。1990年11月28日，中国正式在SRI－NIC（斯坦福研究所网络信息中心）注册登记了中国的顶级域名CN，开通了使用中国顶级域名CN的国际电子邮件服务，迈出了中国互联网的第一步。1991年王笑飞在海外创办了中文诗歌网（chpoem－1@listserv. acsu. buffalo. edu）。中国留美网络作家少君，1991年4月在网络上发表《奋斗与平等》，是目前所知最早的一篇中文网络小说。1992年，美国印第安纳大学中国留学生在Usenet上建立了第一个使用GB－HZ编码的中文新闻组alt. chinese. text，中文网络文学开始在全球的互联网上传播开来。1993年3月诗阳开始通过电邮网络大量发表诗歌作品，此后在互联网中文新闻组和中文诗歌网上刊登了数百篇诗歌，被学术文献确认为历史上第一位中国网络诗人。

1998年，电子公告栏（BBS）上出现了蔡智恒所著的第一部最有代表性和影响力的中文网络小说《第一次的亲密接触》。1998年第6期《天涯》刊登了一篇“佚名”的网络小说《活得像个人样》，这篇网络小说在电子公告栏上被辗转张贴，原作者据说为邢育森。黄易的《大唐双龙传》、莫仁的《星战英雄》也风靡一时。文学门户网站如黄金书屋以及各种各样的个人网络书屋纷纷而起。1999年开始，更多的文学网站如榕树下、收费文学网站博库等各种网络文学网站陆续建立。

人类审美观念的历史性转折背后多半潜隐着媒体的新革命。“新媒体”(互联网)是联合国教科文组织在1998年提出的。所谓的新是和旧相比较而言的。“旧媒体”指传统媒体,如报纸、广播、电视等。“传统媒体”主要是以文字、图片、声音和流动的画面作为传播方式的载体。“互联网”作为一种多媒体,则兼并了传统媒体的众多媒介形式,如文字、图片、声音和画面等,它是一种多媒体形态。“互联网”多媒体的形态触发了网络审美的新观念。

人类审美媒体从口头传诵到龟甲手刻,从龟甲手刻到印刷复制,又从纸媒到视听的多媒,继而走向网络审美的传播时代。审美需要虚体性的距离,实体会影响审美的效果,甚至阉割审美。从人类审美的媒介看,中国的审美史是从虚体逐渐走向实体的发展史。口头传诵是虚体性存在,所以它引发了很多诗性的审美,但它还是原始性的审美;视听的多媒体是实体性充盈的存在,从而导致了“诗性”的终结,当下的“文学之死”“艺术终结”等亦包含其深层原因。网络审美的崛起使得“诗性”逐渐走出泥淖,获得新生。网络审美的优势主要表现在以下几个方面:

一是网络审美的平等自由性:网络审美以格式固定后的不同内容形成了“臭味相投”者的交流与沟通,这种交流或沟通是“旧媒体”不具有的。如BBS的随帖交流,ICQ、MSN即时信息的交换。网络审美是平等、自由的,它取消了现实生活的等级界限、人格面具等,自我得以诗性地充分展现。

二是网络审美的交互虚拟性:网络审美具有即时的交互性,网络小说、聊天妙语都是在交互的碰撞中出现的。传统的文本形式是凝固静止的,作者亦是高高在上的“立法者”。网络审美冲决了审美的静态,实现了动态的交互性审美。审美需要虚拟性,它是超越性的具体展现。这是传统审美和网络审美所共同具有的,但网络审美是交互的虚拟性,给审美带来了动感。

三是网络审美的即时整体性:最高的审美境界是整体性的审美——

与民同乐。网络审美具有全球性,比之传统的审美整体,范围、广度更大,迅捷、即时性明显。网络审美能够通过超链接挖掘审美的深度,信息量更大,韵味无穷。

四是网络审美的声情并茂性:网络审美依附于“新媒体”的文字、图片、声音和流动的画面,实现了声情并茂。网络审美充分调动了人们的视听感官,给人以更震撼、绚烂的视听体验。

不可否认,当前网络审美是具有诸多弊病的,网络谣言、网络色情、网恋悲剧等负面现象层出不穷,但网络审美以其整体性、交互性的特点对否定性、碎片化的审丑与深度的建构性审美纷争的终结起到了不可磨灭的积极作用。网络审美作为一种新的美学原则在崛起。网络审美以其网络性将审美碎片加以弥合,其弥合之功是不可抹杀的,它形成新的美学观念、新的美学范畴、新的美学原则……网络审美对人类的共约性、诗意性生存也具有积极的意义。网络审美作为一种不断完善、整合的新生事物,在人类审美史上理应被视为一次哥白尼式的新革命。审美的未来理应让位于网络审美。

参考文献

A. 著作

1. 黄凯锋:《审美价值论》,云南人民出版社 2005 年版。
2. 杨曾宪:《审美价值系统》,人民文学出版社 1998 年版。
3. 姚淦铭、王燕编:《王国维文集》,中国文史出版社 1997 年版。
4. 王国维:《王国维遗书》,上海古籍书店 1983 年版。
5. 梁启超:《梁启超全集》,北京出版社 1999 年版。
6. 佛雏:《王国维诗学研究》,北京大学出版社 1999 年版。
7. 刘小枫:《诗化哲学》,山东文艺出版社 1986 年版。
8. 刘纲纪:《美学与哲学》,武汉大学出版社 2006 年版。
9. 高平叔编:《蔡元培全集》,中华书局 1984 ~ 1989 年版。
10. 陈伟:《中国现代美学思想史纲》,上海人民出版社 1993 年版。
11. 曹伯言整理:《胡适日记全编》,安徽教育出版社 2001 年版。
12. 贺麟:《五十年来的中国哲学》,辽宁教育出版社 1989 年版。
13. 胡适:《四十自述》,安徽教育出版社 2006 年版。
14. 余英时:《重寻胡适历程》,广西师范大学出版社 2004 年版。
15. 姜义华主编:《胡适学术文集》,中华书局 1998 年版。
16. 潘知常:《中西比较美学论稿》,百花洲文艺出版社 2000 年版。
17. 周作人:《鲁迅的青年时代》,河北教育出版社 2002 年版。
18. 鲁迅:《鲁迅全集》(第 1 卷),中国人事出版社 1998 年版。

19.《鲁迅论文学》,人民文学出版社1959年版。

20. 彭富春:《哲学美学导论》,人民出版社2005年版。

21. 冯友兰:《三松堂全集》,河南人民出版社2000年版。

22. 陈战国:《冯友兰哲学思想研究》,北京大学出版社1999年版。

23. 李泽厚:《中国现代思想史论》,天津社会科学院出版社2003年版。

24. 张世英:《哲学导论》,北京大学出版社2002年版。

25. 陈望衡:《20世纪中国美学本体论问题》,湖南教育出版社2001年版。

26. 张毅:《儒家文艺美学:从原始儒家到现代新儒家》,南开大学出版社2004年版。

27. 杨守森:《艺术境界论》,上海人民出版社2008年版。

28. 李泽厚:《美学四讲》,天津社会科学院出版社2001年版。

29. 李泽厚:《批判哲学的批判》,人民出版社1984年版。

30. 李泽厚:《中国古代思想史论》,天津社会科学院出版社2003年版。

31. 李泽厚:《历史本体论·己卯五说》,三联书店2003年版。

32. 王杰:《审美幻象与审美人类学》,广西师范大学出版社2002年版。

33.(苏)列·斯托洛维奇:《审美价值的本质》,中国社会科学出版社1984年版。

34.(德)叔本华:《作为意志和表象的世界》,商务印书馆1982年版。

35.(德)黑格尔著,贺麟译:《小逻辑》,商务印书馆1981年版。

36.(德)尼采著,周国平译:《悲剧的诞生——尼采美学文选》,北岳文艺出版社2004年版。

37.(德)胡塞尔:《笛卡尔式的沉思》,中国城市出版社2002年版。

38. (美)威廉·詹姆士:《实用主义》,商务印书馆1979年版。

39. (美)约翰·杜威:《哲学的改造》,商务印书馆1958年版。

40. (美)露丝·本尼迪克:《文化模式》,华夏出版社1988年版。

41. (美)M. H. 艾布拉姆斯著,郦稚牛等译:《镜与灯——浪漫主义文论及批评传统》,北京大学出版社2004年版。

42. (美)迈尔:《很长的论点:达尔文与现代进化思想的产生》,上海科学技术出版社2003年版。

43. (美)霍尔特等著,伍仁益译:《新实在论》,商务印书馆1980年版。

44. (奥)路·维特根什坦著,张申府译:《名理论(逻辑哲学论)》,北京大学出版社1988年版。

45. (英)汤因比:《文明经受着考验》,浙江人民出版社1988年版。

46. (法)雅克·马利坦著,刘有元、罗选民等译:《艺术与诗中的创造性直觉》,三联书店1991年版。

47. (法)波德莱尔著,郭宏安译:《波德莱尔美学论文选》,人民文学出版社1987年版。

48. (法)米盖尔·杜夫海纳著,孙非译:《美学与哲学》,中国社会科学出版社1985年版。

49. (法)萨特著,陈宣良译:《存在与虚无》,三联书店1987年版。

50. (日)厨川白村:《苦闷的象征》,人民文学出版社1988年版。

B. 论文

1. 靳新来:《实用主义与胡适的文学观》,《思想战线》2003年第3期。

2. (德)H. G. 梅勒:《冯友兰新理学与新儒家的哲学定位》,《哲学研究》1999年第2期。

3. 李昌舒:《新理学负的方法的美学意义》,《安徽师范大学学报》2003 年第 4 期。

4. 汪子嵩、王太庆:《关于“存在”和“是”》,《复旦学报》2000 年第 1 期。

5. 陈望衡:《论冯友兰的美学本体论》,《中州学刊》2001 年第 2 期。

6. 严志明:《冯友兰的艺术论和美论》,《中州学刊》1996 年第 3 期。

7. 程相占:《冯友兰人生境界论的审美维度》,《孔子研究》2004 年第 5 期。

8. 叶朗:《说意境》,《文艺研究》1998 年第 1 期。

9. 唐孝祥:《中国近代美学的四大特征》,《华南理工大学学报》2004 年第 2 期。

10. 肖鹰:《传统中国美学的当代文化意义》,《北京社会科学》1997 年第 2 期。

11. 刘心武、邱华栋:《在多元文学格局中寻找定位》,《上海文学》1995 年第 8 期。

12. 栾栋:《丑学百年》,《华中师范大学学报》1999 年第 4 期。

13. 杨春时:《超越实践美学　建立超越美学》,《社会科学战线》1994 年第 1 期。

14. 杨春时:《本体论的主体间性与美学建构》,《厦门大学学报》2006 年第 2 期。

15. 曾繁仁:《简论生态存在论审美观》,《贵州师范大学学报》2004 年第 1 期。

16. 彭锋:《冯友兰“人生境界”理论的美学维度》,《北京大学学报》1997 年第 1 期。

17. 杜卫:《中国现代的“审美功利主义”传统》,《文艺研究》2003 年第 1 期。

18. 周劭馨:《中国审美文化与审美哲学》,《南京社会科学》1990 年第6期。

19. 陈望衡:《美是一种价值的形容词——简评蔡元培的美本体论》,《安徽师范大学学报》2000年第4期。

后　记

毋庸置疑,人类是有历史记忆的存在。正是靠着历史的记忆,人类才得以贯古通今地发展。换句话说,任何当下的发展都有历史的印迹。20世纪的中国美学业已成为历史。对21世纪的美学研究者来说,如何书写这段既饱受争议又极具开拓性的美学历史,确实是一大难题。对此,我们提炼出无功利的“审美”与有功用的“价值”这两个既对立又统一的关键词加以概括,并以梁启超、王国维、蔡元培等七位价值取向鲜明的美学家的思想为线索来描绘20世纪中国审美价值论的历史,希望这种粗浅的尝试能对当下中国美学的发展尽一点绵薄之力。

正如20世纪中国美学的矛盾性质一样,我们的研究也充满着各种矛盾。2003年,郭太安教授提出了“20世纪中国审美价值论”的研究设想,并初步拟定了研究范围。2007年,我应邀负责理论方面的研究,并就书稿的写作思路制定了具体方案。2010年,在我与郭老师的组织下,初稿完成。尔后,由于郭老师退休以及出版经费等问题,书稿迟迟未能出版。但凡事有失必有得,在随后的七年里,我发现原书稿存在很多问题,因此陆续加以补救与完善。现在读者所看到的书稿就初稿来看已有根本性的变化,其中删减、重写了很多章节。目前书稿共有八章,其中导论、第五章、第八章由我撰写;第一、二章由枣庄学院的裴媛媛老师与我合作、修改完成;第三章由聊城大学的郭太安老师完成;第四章由聊城大学的孔令辉老师撰写,由我修改完成;第六章由山东师范大学的董龙昌老师撰写,由我修改完成;第七章由李娜老师与我合作、修改完成。全书的统稿、出版等相关事宜也由我处理。

罗素在《西方的智慧》中认为，宽容是研究空气活跃的社会的一个先决条件。言论与思想的自由是使探索者有可能让真理引导他到那应去之处的自由社会的伟大促进剂。海德格尔也有“道路，而非著作”的感慨。我们认为，“20 世纪中国审美价值论研究”亦是一条路，是一条通向审美的现实之路。这条道路不免有杂草丛生的地方，希望读者以及同行专家能多多理解和包涵。

本书能顺利出版离不开聊城大学文学院、社科处领导的支持与关怀，更离不开齐鲁书社刘强、周磊两位责编老师以及刘海军先生的辛勤汗水。最后，我还要特别感谢我的同窗好友齐鲁书社副社长赵蓉涛先生的鼎力相助。

殷学明

2017 年 8 月

图书在版编目（CIP）数据

20世纪中国审美价值论研究 / 殷学明等著. — 济南：齐鲁书社,2017.12

ISBN 978-7-5333-3901-2

Ⅰ.①2… Ⅱ.①殷… Ⅲ.①审美意识—美学史—研究—中国—20世纪 Ⅳ.①B83-092

中国版本图书馆CIP数据核字(2017)第330010号

20世纪中国审美价值论研究

20 SHIJI ZHONGGUO SHENMEI JIAZHILUN YANJIU

殷学明 等 著

主管单位	山东出版传媒股份有限公司
出版发行	齊魯書社
社　　址	济南市英雄山路189号
邮　　编	250002
网　　址	www.qlss.com.cn
电子邮箱	qilupress@126.com
营销中心	(0531)82098521　82098519
印　　刷	山东德州新华印务有限责任公司
开　　本	880mm×1230mm　1/32
印　　张	10
插　　页	2
字　　数	260千
版　　次	2017年12月第1版
印　　次	2017年12月第1次印刷
印　　数	1—800
标准书号	ISBN 978-7-5333-3901-2
定　　价	**38.00元**